Software Development Effectiveness

Principles and Practices from Silicon Valley

高效研发

硅谷研发效能方法与实践

葛俊◎著

机械工业出版社
China Machine Press

图书在版编目（CIP）数据

高效研发：硅谷研发效能方法与实践 / 葛俊著 . -- 北京：机械工业出版社，2022.1（2023.7 重印）

ISBN 978-7-111-69817-3

I. ①高…　II. ①葛…　III. ①软件开发 – 研究　IV. ① TP311.52

中国版本图书馆 CIP 数据核字（2021）第 259204 号

高效研发：硅谷研发效能方法与实践

出版发行：机械工业出版社（北京市西城区百万庄大街 22 号　邮政编码：100037）

责任编辑：陈　洁　　李　艺　　　　责任校对：马荣敏

印　　刷：北京建宏印刷有限公司　　版　　次：2023 年 7 月第 1 版第 3 次印刷

开　　本：186mm×240mm　1/16　　印　　张：19

书　　号：ISBN 978-7-111-69817-3　　定　　价：89.00 元

客服电话：（010）88361066　68326294

什么是研发效能，为什么要关注研发效能

为什么写作本书

最近这十几年，国内互联网产业的发展速度不亚于硅谷，在商业模式创新方面甚至完成了超越，但是我们在研发效能方面始终比较落后。难以否认的是，在互联网行业繁荣发展的背景下，国内很多公司采用了“拼工时”的做法，却忽略了最应该关注的研发效能。

你是否也曾为下面这些问题感到困扰?

团队角度:

1）加班也不少，但是产品发布还是常常延期，上线后产品问题频发。

2）从需求分析、产品设计、开发、测试到部署一个环节都不少，但最终发布的产品却与用户需求偏差很大。

3）产品发布上线时出现大量提交、合并，导致最后时刻出现很多问题，团队成员集体熬夜加班，却将大把的时间花在了等待环境、等待验证上。

4）开发提测质量不好，大量压力聚集到测试这一步，导致代码返工率很高。引入单元测试、代码审查，效果却不明显。

个人角度:

1）疲于应付业务，没有精力去精进技术。

2）工作过程中有大量的电话、即时聊天消息干扰，工作思路常常被打断。

3）对众多的工具（比如 Git、命令行）的使用仅限于表层，工作效率较低，想提高却因为工具太多不知道从何下手。

4）有知识焦虑，但是没有找到好的办法系统地提高个人工作效率。

这其实是研发效能出现了问题。那么，研发效能到底是什么呢？一提到研发效能，很多人的第一反应都是开发的速率，也就是能否快速开发、发布产品。但事实上，速率只是效能的三大支柱之一。

相比快，产品开发更重要的是方向正确，因为不能为用户和公司真正提供价值的产品做了也是白做。另外，高效能还需要有可持续性，否则短期的高产出可能会严重伤害长期的产出。比如，连续熬夜加班虽然短期能增加一定的产出，但其带来的身体问题会导致后续工作效率低下，得不偿失。

因此，研发效能的完整定义应该是持续为用户产生有效价值的效率。它包括有效性（Effectiveness）、效率（ Efficiency）和可持续性（Sustainability ）三个方面。简单来说，就是能否长期、高效地开发出有价值的产品。对于团队研发效能和个人研发效能来说，其核心都是这三个方面，只不过在价值的侧重点上有所不同。团队研发效能更注重对公司、团队、客户产生价值，而个人研发效能更注重个人的产出、技术的成长、个人的提高。

可喜的是，最近几年，国内越来越多的公司开始在研发流程、工具、文化等方面下功夫，很多百名研发人员规模的公司开始组建专门的效能团队，以提高整个公司的研发效能。

这是一个很好的现象和趋势。但很多公司在推进研发效能的时候，常常不知道从何下手，或者花了精力、加大了投入却看不到效果，产出抵不上投入。比如，我在一些公司做内训和顾问工作的时候，经常会遇到类似以下案例的情况。

1）想通过指标度量的方式来衡量团队的效能，要求每个团队达到一定的测试覆盖率。研发团队在产品完成后进行突击来编写单元测试，最终达到了要求，但产品质量却没有提高。

2）引入业界先进工程实践，学习 Google 使用大的代码仓，但因为基础设施不成熟，对大量二进制文件支持很差，结果算法团队有很多的二进制模型文件，每次执行 git clone 命令都需要半小时，导致怨声载道。

3）希望建设工程师文化来提高产出和活跃气氛，跟公司管理层以及 HR 商量了好几条价值观在公司宣传推广，还组织了几次团建活动，但是收效甚微，大家真正工作起来还是老样子。

这些问题的根源都在于，软件开发的灵活性决定了研发效能提升的困难性：需要关注的点太多，可以使用的方法也很多，但如果只是简单照搬业界研发实践的话，效果往往不好，有时甚至会造成负面效果。

在这方面，硅谷的互联网公司做得要好很多。在 2000 年互联网泡沫之后，美国的互联网产业从疯狂增长进入“精耕细作”的阶段，通过比拼效能在竞争中取得优势，并在此过程中积累了很多经验。

其中，Facebook 的研发效能非常高，更是硅谷公司中的一个典范。比如，在 2012 年 Facebook 月活达到 10 亿的时候，其后端服务及前端网站的部署采用的是每周一次全量代码部署、每天一次增量代码部署，以及每天不定次数的热修复部署，但部署人员只有 2.5 个（0.5 个是因为有一人是来自工程师团队的自愿报名的助手），达到平均每个部署人员支撑 4

亿用户的惊人效率。

又比如，社交网络出现 Bug 的时候，调测起来非常麻烦，因为要复现 Bug 场景中错综复杂的社交网络数据困难且耗时。但 Facebook 采用开发环境与生产环境共享一套数据的方法，使开发人员可以非常方便地在自己的机器上复现 Bug，以进行调测。当然，这样的数据共享机制背后有着强大的技术和管理支撑来规避风险。

2010 到 2013 年，我在 Facebook 基础平台团队的内部工具组工作。作为核心成员，我研发并开源了研发工具套件 Phabricator。2013 到 2015 年，我又作为效能工具的使用者参与了 Facebook 对外产品的研发。这几年的工作，让我对 Facebook 如何提高研发效能有了越来越清晰的理解，认识到研发效能的提高需要整个公司在研发流程、工程方法、个人效能和文化管理等方面进行精心设计。

离开 Facebook 之后，我在硅谷的 Stand Technologies 公司（后文简称 Stand）、国内的两家创业公司以及华为等担任过技术总负责人、CTO、技术专家和团队主管等，带领百人技术团队进行研发。

比如，2017 到 2018 年，我在华为开发工具部主导开发下一代集成开发环境，旨在为软件开发工程师提供全栈的端云一体工具平台，为 2 万多名开发人员服务，从而提高公司整体的研发效能。同时，我也尝试将研发效能的工程实践引入华为。比如，我在团队组织了几次黑客马拉松（Hackathon）活动，平均 10 个开发人员就产出一个项目，每 10 个项目中就有 1.5 个成功落地。

工作 17 年来，我在研发效能团队工作过，也在产品团队中推行过研发效能，涉及国内外不同类型、不同规模的公司，所以对怎样在一个公司或者团队中引入效能实践有比较丰富的经验。

在这里，我想将自己之前的经验和教训进行一次系统的梳理，希望能够帮助对效能有期待又有困惑的同行者，当然对自己也是一次温故知新的机会。

本书结构

在本书中，分五个部分系统讲述如何做到研发的高效能。

- **研发效能综述（第 1～3 章）**。这一部分讲解研发效能的定义、模型，并着重介绍研发效能度量的正确使用方法，希望帮助读者梳理研发效能的主脉络，构建清晰的知识图谱。
- **个人高效研发实践（第 4～15 章）**。这一部分讲解如何提高个人效能，具体涉及深度工作、Git、命令行、Vim、工具集成等内容，旨在帮助读者提高技术的专精程度，实现持续成长。每个开发人员都应该提高自己的效能，只有这样才能持续学习、持续提高，避免被业务拖着跑。
- **研发流程优化（第 16～21 章）**。这一部分讲解研发流程优化的基本目标和原则、代码优化、分支管理、DevOps、团队协同等话题，希望帮助读者深入理解研发过程中的关键流程以及流程优化的基本原则，使读者能够针对自己的实际情况，找到最合适的工程实践，让软件开发的整个流程更加顺畅、高效。

- **团队高效研发实践（第 22～30 章）**。这一部分讲解团队高效研发实践过程中各关键步骤的高效工程方法，内容涉及研发环境搭建、代码审查、合理处理技术债、开源利弊分析、测试等，同时对研发流程及工程方法的趋势进行解读和展望，希望帮助读者加深对这些具体工程方法的理解，并学会正确地使用这些方法。
- **管理和文化（第 31～36 章）**。这一部分系统分析硅谷管理和文化，尤其是 Facebook 的工程师文化，并根据我在国内外公司的具体落地经验，给出推荐的文化引入和建设方法。

这里要着重强调一下**个人高效研发实践部分**。团队由个人组成，所以团队研发效能和个人研发效能密不可分。然而，个人研发效能是很多公司和团队在进行提效工作时容易忽略的一个点。所以在本书中我会在个人效能方面多花一些笔墨，介绍如何从指导思想、工具、沟通等方面提高个人效能，往 10x 程序员的方向努力。

研发效能和软件开发一样，都具有很大的灵活性，提高研发效能不是生搬硬套就能做好的。所以**我会着重讲解目标，带你深入了解效能实践背后的原理，然后才是具体的实践**。因为只有深刻理解原理，才能灵活运用。

同时，我会分享大量成功的案例，带读者一起了解国内外公司的优秀做法，分析它们成功的经验。当然，我也会分享失败的案例，分析其背后的原因。不过更重要的是，我希望读者能够跟着我一起分析，通过对比思考，找到真正适合团队和自身的实践。这正是我写作本书的真正初衷。

致谢

首先要感谢我的家人。家里刚添了老二，非常忙碌，而图书创作又非常耗时，我的整个家庭都对我写书非常支持，让我腾出时间专心进行创作。尤其是我妻子，承担了很多的家务。没有她的辛苦付出，本书就不可能产生。

其次要感谢机械工业出版社提供这样的一个平台，让我能够把这些年的经验分享出来。

最后要感谢极客时间，这本书是极客时间的“研发效率破局之道”专栏的扩展。感谢极客时间团队在我创作专栏时给予的鼎力相助。

Contents 目录

第五部分　管理和文化

第一部分 Part 1

研发效能综述

本书的第一部分是研发效能综述，主要从以下几个方面对研发效能进行全局介绍：

- 如何高效学习和实践方法论
- 研发效能模型
- 研发效能度量

第1章 Chapter 1

高效学习、实践方法论

在正式介绍本书内容之前，我们首先对如何高效学习、实践方法论进行一些讨论。

本书将讲述大量用于提高软件研发效能的方法，希望能够帮助读者真正把它们应用到自己的工作中去，为团队、公司和个人创造更大的价值。所以，高效学习和实践方法论是高效阅读本书的基础。

在软件研发史上，最不缺的就是方法论。以开发方法为例，从敏捷到精益再到看板，层出不穷。但是，这些方法的实施效果却常常不理想。敏捷是一个典型例子。无论是在硅谷还是在国内，绝大部分实施敏捷开发的团队收到的效果并不理想，导致大家对这个概念争议很大，Scrum 有时甚至成了贬义词。

相比之下，Facebook、Google 等高效能公司并没有强调使用 Scrum、看板等工具，研发效能却很高。**这是不是说敏捷开发这个方法论本身有问题呢？**

事实上，虽然 Facebook、Google 等公司没有明确提及敏捷开发这一方法论，或者说没有严格使用 Scrum 等框架，但它们在开发流程中却实实在在应用了敏捷开发方法论的精髓，比如 Facebook 的著名口号 " Move Fast And Break Things（快速行动，破除陈规）" 就包含很强的敏捷意味。敏捷在这些公司的高效研发中具有非常重要的作用。这也恰恰说明一个问题：**方法论实施效果不好，往往是因为使用者没有正确使用。**

那么，应该如何高效学习、实践方法论呢？首先推荐黄金圈原则。

1.1 使用黄金圈原则

在学习方法论的时候，我推荐使用美国著名作家、企业顾问西蒙·斯涅克（Simon Sinek）总结的 Why-How-What 黄金圈原则，运用该原则包含的结构性思考方法学习方法论的思想、原则，并最终选择或者定制适合自己的具体实践方法。

Why-How-What 黄金圈原则包括三个同心圆（参见图 1-1）：最里面的圆是 Why，是这个方法论的目标，也即最终要解决的问题；中间的圆是 How，指的是这个方法论的原则、指导思想；最外层的圆是 What，指的是这个方法论的具体实践。

这三个圆从内向外展开，是一个从抽象到具体、从通用到定制的过程。

- 目标有很强的通用性，基本不会有歧义。比如，敏捷的目标就是快速应对变化。
- 原则的通用性则差一些，有些原则并非放之四海而皆准。比如，敏捷中有一条原则——“面对面交谈是最好的沟通方式”就不一定适合所有团队。
- 具体实践的通用性就更差了，很少有实践可以完全照搬。

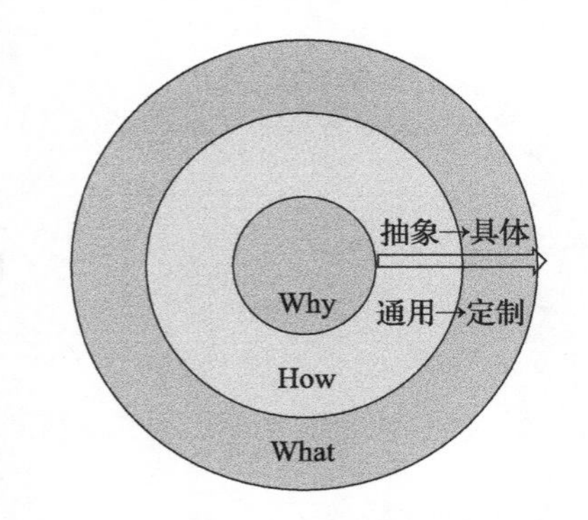

图 1-1 Why-How-What 黄金圈原则

在使用一个方法论的时候，一定要从内向外看，时刻确保该方法论切合实际情况，满足具体需求。我们必须首先**深入理解这个方法论的目标和原则**，然后根据原则因地制宜地选择具体实践。在真实工作场景中，我们往往还需要在已有实践上根据自己团队或者个人的实际情况做些修改才能达到效果，否则将事倍功半。

还是以很容易出现问题的 Scrum 为例。敏捷的目标是快速应对变化，而 Scrum 就是用来服务这个目标的。但是，很多团队在使用 Scrum 的时候，严格照搬 Scrum 的具体方法，而严格照搬本身就已经违背了敏捷的目标。

与之形成鲜明对比的是，Facebook 的众多团队严格使用 Scrum 的很少，而是一直在大力优化管理、开发等流程来快速应对变化，以最快速度找到并满足用户的最新需求。具体来说，他们很早就引入了 A/B 测试、灰度发布、每周定时全量代码部署等实践。这些都是和敏捷方法论相吻合的，也是 Facebook 业务成功的关键技术支撑。

1.2 如何有效落地实践

了解了方法论的目标和原则，选定了具体实践之后，就到了落地实践的时候了。以我看到的情况而言，很多公司在这一步并不顺利：推行一些高效实践的效果并不好，员工的态度有反弹，有的时候还会产生比较大的负面效果，比如产能下降、内部矛盾激化、离职率升高等。

这里举一个具体的案例。国内某一线互联网大厂的一个团队推行全栈开发模式实践，减少测试人员并让开发人员自测。这种做法在硅谷非常常见，如 Facebook、Google、Spotify 等高效能公司都在用，并取得了很好的效果。但是该团队在推行了几个月之后，效果却不好。最大的负面效果是开发人员工作负担增大，负面情绪比较大。有个开发人员的原话是："开发人员写单测就够痛苦的了，现在还要写接口测试和UI测试，请问这样的模式是否合理？是否可持续？"经过深入了解，我发现核心问题在于该团队从上到下强制推行开发自测的方法，而且在减少测试人员的同时并没有添加任何开发人力，使得每一个开发人员的工作量在短期内大幅度增加，团队成员自然会产生负面情绪。

更具体一些，这次落地实践不成功有以下三点原因。

1）全栈的开发模式是从全局上节省时间。比如原先需要15个开发人员、10个测试人员，转型之后，完成相同工作量只需要18个开发人员、2个测试人员。总体减少5个人，但开发人数有所增加。显而易见，这次实践并没有考虑人员数量这方面。

2）引入效能实践，短期一定会有一个适应的过程，需要耐心和时间。这是正常的现象，而这个团队并没有设立合理的心理预期。

3）测试框架不好、流程不畅导致编写测试耗时增加，这进一步增加了开发人员的负担。

针对这些情况，该团队引入了以下解决办法。

1）让一部分测试人员转型，招聘更多开发人员，以调节不同角色的比例。

2）转型期预留一些过渡时间，避免出现在业务交付量不变、开发人员数量不变的同时突然增加太多效能相关工作的情况。

3）在框架、流程、工具等方面投入人力物力，帮助开发人员更高效地自测。

采取这些措施之后，落地过程比原先顺畅了很多。开发人员渐渐体会到开发自测对产品质量、对个人把控全局的益处，越来越喜欢这种做法。几个月以后，开发自测这一高效实践顺利落地，在提高产品质量的同时降低了总人力的投入。

通过这个例子可以看到，落地高效研发实践时，简单粗暴地应用是不行的，需要运用一定的技巧。通常来讲，可以参考以下步骤和方法。

从全局出发寻找并解决最主要瓶颈

首先要从全局出发，找到系统的最主要瓶颈，并集中精力解决这个瓶颈，再寻找并解决下一个瓶颈。要从全局入手，避免一上来就扎到某个竖井中去。非重点的局部优化即使有效，对整体效能的提升也有限。另外，在解决瓶颈问题的过程中，应该收集数据并将其作为检验改进是否有效的参考标准。

采用从试点到全局的顺序进行推广

可以采用试点的方式进行推广。在高效实践落地的过程中，我们常常需要寻找合适的实践，还需要对这个实践做一些调整和定制。在这个摸索的过程中，先在小范围内试点，第一个好处是，发现问题比较容易调整，能够较快找到合适的实践。

试点的第二个好处是能够降低风险。如果一上来就在整个公司进行推广，那么在寻找最佳实践的过程中走的弯路，整个公司都要体验，这样会造成巨大的浪费。而如果采用试点的方式，则可以先在小范围内进行摸索，在找到合适的实施方式之后再推广到全公司。虽然试点团队不能完全代表全公司，在将通过试点得到的实践推广到公司范围时常常需要做些调整，但是试点的实践还是可以大大减少这个摸索过程中产生的浪费。

试点的第三个好处是试点团队在适应新的实践之后，可以作为“教练”去帮助其他团队进行推广。有这样一个拥有成功经验的种子团队，实践推广起来会顺畅很多。

自下而上与自上而下相结合

落地研发效能实践与落地其他实践一样，如果能够同时得到管理层和基层研发人员的支持，推广起来就会顺畅很多。换句话说，自上而下与自下而上的推动结合起来最有效。

在缺乏自上而下的支持的情况下，最有效的办法是让公司的决策层看到引入研发效能实践会对公司带来哪些好处，且这样的好处是决策层最关心的。举个例子，如果你用数据证明采用某个发布实践可以使公司服务的宕机时间减少 80%，使公司成本降低 5%，那么你就比较容易得到决策层的支持。如果你只是口头阐述这个实践能够提高发布效率，说服力会大大降低。

而在缺乏自下而上的支持的情况下，首先不要给基层研发人员太大压力，比如在引入新工作任务时要预留时间。其次要让大家看到个人的收益。比如，全栈的开发模式不仅可以让大家在开发过程中不需要依赖测试人员，从而行动更快，更有掌控感，而且可以让大家对系统有更全面的了解，从而有利于自己的技术成长和职业发展。针对不同的实践找到这些收益，让研发人员了解并真正感受到，团队自然有了自下而上的动力。

对引入新实践的阵痛有心理预期，有全局对策

在引入新的实践时，需要看到除了改进点之外的其他需要调整的地方，因为实践的引入往往不是孤立的。只对一个具体实践进行调整，其他相关措施不能跟上的话，效果肯定不好。上面提到的引入全栈实践就是一个典型例子。全栈是一个实践的点，但是也需要采取增加开发人员等其他措施。

每个具体实践会有特定的相关措施，但一般来说均包括以下几个方面。

- **人员结构调整**：采取新的实践之后，人员的工作内容有所改动，我们需要对团队的人员结构进行调整。
- **计划调整**：引入新的实践后，往往会在短期增加工作量，这就需要为这些工作量计算工作时间，进而调整工作计划。
- **绩效考评调整**：采取新的实践之后，需要调整考评的关注点，从而在管理方面推动新的实践。
- **技术设施建设、框架建设**：需要投入技术设施、框架等方面的建设来推动高效实践的落地。

总的来说，推广实践的落地是一项充满挑战性的工作。尤其是在短期，在高效实践的效果还不是那么明显的时候，团队容易产生挫折感，甚至半途而废。不过，只要我们从长远的发展着眼，并在实践的推广过程中灵活调整，就一定能够较快落地，从高效实践中获益，继而在竞争中获得优势。

小测试

1）Why-How-What 黄金圈原则被运用在方法论的学习和使用上时，Why、How、What 分别指代什么？

2）在应用黄金圈原则学习方法论的时候，应该从外向内看还是从内向外看？为什么？

Chapter 2 第 2 章

研发效能定义及模型

在介绍研发效能的定义及模型前，先来了解下为什么要关注研发效能。

2.1 为什么要关注研发效能

2019 年 3 月 26 日，一位昵称为 996icu 的用户在 GitHub 上创建了名为 996.ICU 的项目，自此 996 这个话题被推上了风口浪尖，该项目也在几个月之内就拿到了 25 万多颗星。朋友们也常常问我："硅谷的公司有没有 996？"

在硅谷，很少有公司要求 996。不过，在初创公司，因为业务紧张以及同事间的激烈竞争，加班也很常见。但是硅谷的公司和国内的公司有一个很大的区别：硅谷的公司一般是任务驱动的，它们只要求员工完成任务，并不关心员工到底花了多少时间；而国内很多实行 996 的公司不仅要求完成任务，还强调工作时长。事实上，专注时长的这种做法在软件开发行业是不合理的，因为长期加班并不能保证持续的高效产出。

从我身边许多开发者以及我自身的经验来看，每天能够高效地产出代码五六个小时已经相当不错。短期突击加班会提高产出，但如果长期加班的话，效率、质量必定会下降。长期加班会产生更低效的架构，引入更多的 Bug，导致后期需要花费更多的精力去修复，得不偿失。

长期加班还会导致无效加班。比如，我的一位在国内一流互联网公司工作的朋友反馈，他所在的公司实行 996，很多人加班其实是在磨洋工，明显是低效加班，甚至坐在工位上上网耗时间的"无效加班"也时有发生。连一流的互联网公司中都会出现这种情况，可想而知，其他推行 996 工作制的公司大概率也会存在这种问题。

长期加班效果不好，那么面对激烈竞争，我们到底应该如何应对？对于这个问题，我们需要从软件开发本身的特点上来寻求解决办法。

软件开发是一个创造性很强的过程，开发者之间的效率相差很大。比如，“10x 程序员”的生产效率可以达到普通开发者的 10 倍。这样巨大的效率差别，在团队层面也有同样的体现。如果能够提高团队的研发效率，那么产品的产出和质量都会大幅提升。**所以，相比工作时长，公司更应该关注研发效能**。

2.2　研发效能定义

在展开研发效能的讨论之前，我们先回顾一下前言中给出的研发效能的定义，如图 2-1 所示。

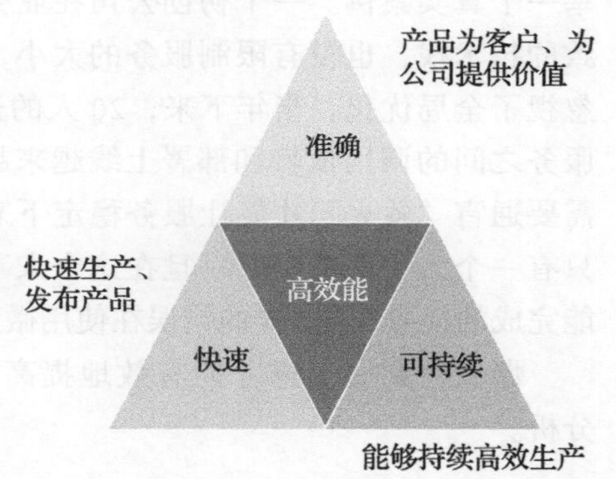

图 2-1　研发效能定义

硅谷的很多知名公司，比如 Google、Facebook、奈飞等，在研发效能上做得很好（这也是它们业务持续成功的重要因素），是研发效能的标杆。

以前言中提到的 Facebook 的部署上线流程为例。Facebook 在达到 10 亿月活的时候，部署人员只有 2.5 个[⊖]，达到平均每个人支撑 4 亿用户的惊人效率。

Facebook 做到这一点的基础是不断提高的研发效能。还是以上面的部署流程为例，原来的部署已经非常高效，但是在 2017 年，Facebook 又引入了持续部署，做了进一步优化，实现了更高效率的部署上线。试想一下，如果 Facebook 采用堆人、堆时间的方法，那得增加多少人、加多少班才能实现同样的效果？

注重研发效能对个人也有巨大好处，它能够让开发者更加聚焦于产出价值，更容易精进自己的技术，同时让团队更容易建立起好的技术氛围，进一步促进团队生产效率提高，从而形成良性循环，支撑持续的高效开发。

2.3　提高研发效能的“坑”

因为研发效能的巨大作用，近年来，国内公司越来越注重提高研发效能，许多公司甚至专门成立了工程效率部门。但是，在真正开展研发效能提升工作时，它们却常常因为**头绪太多无从下手，或者因对方法了解不够而刻板地实施，导致画虎不成反类犬的效果**。究其原因，这与软件研发的高度创造性和灵活性紧密相关。

自软件行业诞生至今，开发者们充分发挥自己的聪明才智，不断创造新的方法、流程

⊖　这里说部署人员只有 2.5 个，是因为其中有一个人是来自工程师团队的自愿报名的助手，只能算半个。

和工具来提高生产效率。互联网产业爆发以来，这一趋势更为明显：从最初的瀑布研发流程、敏捷到精益，从持续集成、持续发布到持续部署，从实体机、虚拟机到Docker，从本地机器、数据中心到云上部署，从单体应用、微服务再到无服务应用，新的工具、方法层出不穷。

面对如此多的选择，如果能处理好，则开发体验好，产品发布速度快，研发过程处于持续的良性发展状态。但如果处理不好，就会事倍功半，出现扯皮、重复劳动、产品质量不好、产品不可维护的情况。

微服务的不合理引入就是一个典型的例子。自从亚马逊成功大规模地应用微服务后，微服务逐渐形成风潮，很多公司在不清楚其适用场景的情况下盲目跟风，结果踩了很多坑。举一个真实案例。一个初创公司在业务还没开展起来的时候就采用微服务，但没有要求一致的技术栈，也没有限制服务的大小，于是开发人员怎么方便怎么做，只考虑局部优化而忽视了全局优化。半年下来，20人的开发团队创建了30多个服务，使用了5种开发语言。服务之间的调用依赖和部署上线越来越复杂，难以维护，每次上线后问题不断，他们经常需要通宵"救火"才能让服务稳定下来。同时，知识的共享程度非常有限，有好几个服务只有一个人了解情况，一旦在这个人不在的时候出现问题，解决问题就基本上成了"不可能完成的任务"。这样的错误在使用微服务的公司中非常普遍。

那么，到底怎样才能有效地提高研发效能呢？我们应该从研发活动的本质入手进行分析。

2.4 研发活动的本质

要想提高研发效能，我们需要**深入了解研发活动的本质，从纷乱的表象和层出不穷的方法中看到隐藏的模型，找到基本原则**，然后从这些原则出发，具体问题具体分析，最终找到合适的方法。这是由软件研发的灵活性所决定的。软件研发的灵活性决定了在软件研发的实践过程中会出现各种情况，我们必须洞察本质，才能随机应变。

Facebook正是这样做的。Facebook针对研发制定了一些基本原则，很多研发实践遵循这些基本原则。比如，Facebook有一个叫作"**不要阻碍开发人员**"（Don't Block Developer）的基本原则贯穿于公司的大量研发和管理实践中。下面用两个具体场景来解释Facebook是如何将这一原则应用到日常研发活动中的。

1）**本地构建脚本的运行速度要足够快**。开发人员在写完代码之后，都要运行一个脚本进行构建，把新做的改动在自己的开发机器沙盒环境中运行起来，以方便做一些基本检查。这个操作非常频繁，如果它的运行时间太长，就会阻塞开发。因此，确保这个脚本的快速运行就是内部工具团队的一个超高优先级的任务。我们对每次脚本的运行进行埋点跟踪，一旦运行时长超过1.5分钟，我们就会停下手中的工作，想尽一切办法为这个本地脚本的运行加速。

2）**商业软件的采购**。对售价在一定金额以下的商业软件，开发人员可以自行购买，先斩后奏，购买之后再报销。这个金额不低，足够购买一般的软件。我个人就经历过两次在晚上加班时需要购买商业软件的情况。如果等主管审批，就需要等到第二天。但公司相信工程师能够在这样的情况下做出利于公司的决定，所以我可以直接购买并使用。这样一来，除了能提高这几个小时的开发效率外，更重要的是，我感到自己受到信任和拥有权力，工作积极性高涨。

这两个应用场景虽然差别很大，但都是基于"不要阻碍开发人员"这个原则的。Facebook 之所以会有这个原则，正是因为它认识到了，**开发流程的顺畅性是生产优质软件的关键因素，只有这样才能最大限度地释放开发人员的创造性和积极性**。相比之下，很多公司更注重强管理下的流程和制度，而忽略了开发的顺畅性，结果是开发人员工作起来磕磕绊绊，又何谈高效呢？这实际上违背了软件研发的本质。

下面，我们就来探讨软件研发的本质特点，然后基于这些特点，搭建一个研发效能的模型。希望你可以灵活运用，找到提高研发效能的主要着力点。这个思路将是贯穿整本书的主线索。

软件研发的本质特点可以用一句话概括：**软件开发是一条非常灵活的流水线**。

2.4.1　软件研发本质之一：流水线

我们先来看流水线这个特点。这条流水线从产品需求出发，经过开发、测试、发布、运维等环节，每一个环节的产出流动到下一个环节进行处理，最后交付给用户。软件研发整体流水线如图 2-2 所示。

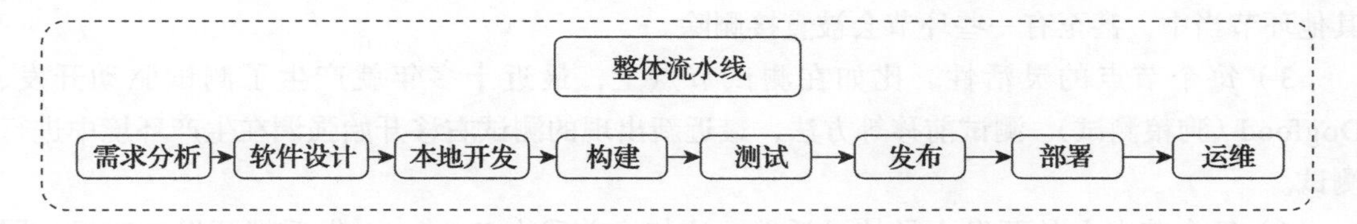

图 2-2　软件研发整体流水线

另外，这条流水线的每个环节都还可以细分。比如，本地开发环节可以细分为几个部分，如图 2-3 所示。

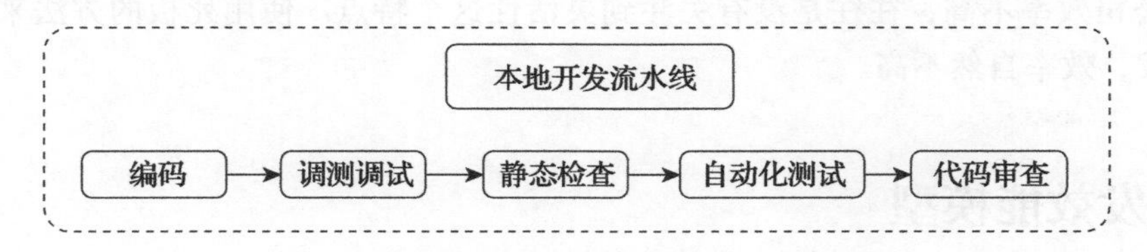

图 2-3　本地开发环节细分

这种流水线工作方式在传统制造业中很普遍，也已经有了很多经验和成功实践。最典型的就是汽车生产中使用的丰田生产体系（Toyota Production System，TPS）。所以，**软件研发常常可以参考传统制造业的经验来提高效能**。比如，瀑布模式就类似于传统流水线的处理方法：它强调每个环节之间界限分明，尽量清晰地定义每一个环节的输入和输出，保证每一个环节产出的质量。

2.4.2 软件研发本质之二：灵活性

与传统制造业相比，软件研发又具有超强的灵活性。具体体现在以下 4 个方面。

1）最终产品目标的灵活性。传统流水线的目标确定，而互联网产品的最终形态通常是在不断的迭代中逐步明确的，相当于一个移动的标靶。尤其是最近几年，这一灵活性愈发明显。

2）节点之间关系的灵活性。比如流水线上的多个节点可以互相融合。

3）每个节点的灵活性。每一个生产环节都会不断涌现出新的生产方式 / 方法。

4）每个节点上的开发人员的灵活性。与传统制造业不同，软件研发流水线上的每一个工作人员，也就是每个开发人员都有很强的灵活性，主要表现在对一个相同的功能，可以选择很多不同的方式、工具来实现。

与流水线相比，灵活性使得研发效能提高有更多的发挥空间。高研发效能的很多方法都是针对灵活性制定的。

1）最终产品目标的灵活性。在精益开发实践中，常常使用 MVP（Minimal Viable Product，最小可行性产品）来不断验证产品假设，经过不断调整，最终形成产品。

2）节点之间关系的灵活性。DevOps 就是在模糊节点之间的边界，有一些环节会融入其他环节当中，甚至有一些环节会被直接删除。

3）每个节点的灵活性。比如在测试节点上，最近十多年就产生了测试驱动开发、Dogfood（狗粮测试）、测试前移等方法，最近新出现的测试右移开始强调在生产环境中进行测试。

4）每个节点上的开发人员的灵活性。比如之前我在 Facebook 做后端开发的时候，同样一个代码仓，有的同事使用命令行的编辑环境 Vim/Emacs，有的使用图形界面 IDE，有的使用 WebIDE；在实现一个内部工具的时候，大家可以自己选择使用 Python、Ruby 或者 PHP。这其中的每一个选择都很可能影响研发效能。

很多公司效率不高，往往是没有关注到灵活性这个特点。使用死板的方法来进行灵活的软件研发，效率自然不高。

2.5 研发效能模型

基于上述软件研发的流水线和灵活性这两大特点，我们可以系统性地从四个角度对软件研发进行提效。先来看一个研发效能模型，如图 2-4 所示。

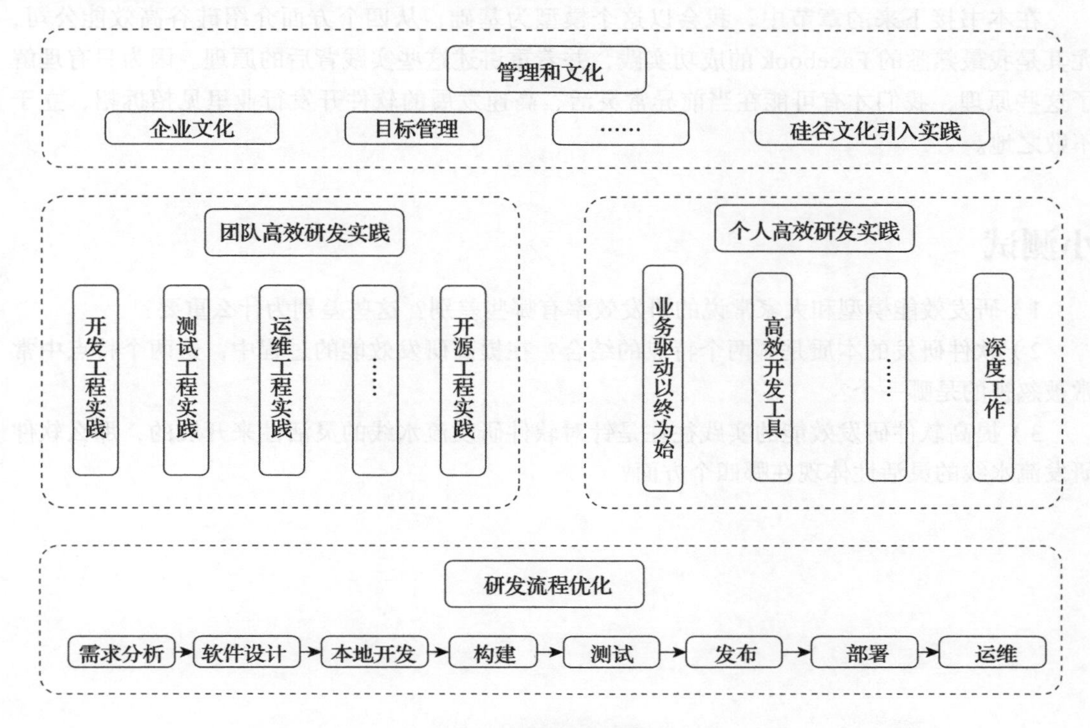

图 2-4　研发效能模型

1）研发流程优化，主要针对灵活性特点的第一、二两个方面，也就是最终产品目标的灵活性和节点间关系的灵活性进行优化。具体来说，针对最终产品目标的灵活性，主要是提高流程的灵活性，让它能聚焦最终产生的用户价值，以终为始地指导工作，击中移动的标靶。而针对节点之间关系的灵活性，则主要聚焦流水线的顺畅性，以保证用户价值的流动受到的阻力最小。

2）团队高效研发实践，主要是针对灵活性特点的第三个方面，也就是每个节点的灵活性进行优化，聚焦每一个生产环节的工程实践进行提高。

3）个人高效研发实践，主要是针对灵活性特点的第四个方面，也就是每个节点上开发人员的灵活性，来提高个人研发效能。争取让每个开发人员都能适当地关注业务、以终为始，同时从方法和工具上提高开发效率，实现 1+1>2 的效果。

4）管理和文化。任何流程、实践的引入和推广，都必须有合理的管理方法来支撑。同时，文化是一个团队工作的基本价值观和潜规则。只有建立好文化，才能让团队持续学习，从而应对新的挑战。所以，要提高效能，我们还需要管理和文化这个引擎。

简单来说，我们可以把提高研发效能的问题分为上述四个模块，对研发效能的研究进行抽象，继而分而治之。**研发流程优化、团队高效研发实践、个人高效研发实践以及管理**

和文化这四个模块就组成了研发效能模型。

在本书接下来的章节中，我会以这个模型为基础，从四个方面介绍硅谷高效能公司，尤其是我最熟悉的Facebook的成功实践，并着重讲述这些实践背后的原理。因为只有理解了这些原理，我们才有可能在当前异常灵活、高速发展的软件开发行业里见招拆招，立于不败之地。

小测试

1）研发效能模型和大家常说的研发效率有哪些差别？这些差别为什么重要？

2）软件研发的本质是哪两个特点的结合？在提高研发效能的过程中，这两个特点中常常被忽视的是哪一个？

3）提高软件研发效能的实践往往是针对软件研发流水线的灵活性来开展的，那么软件研发流水线的灵活性体现在哪四个方面？

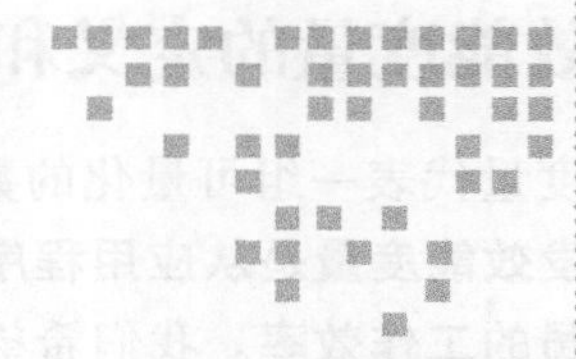

第3章 Chapter 3

效能度量谜题

提到研发效能，效能度量是一个避不开的话题。

技术管理者，尤其是高层管理者在聊起研发效能的时候，常常会提起效能度量这个话题。这是因为度量是一个非常重要且有效的管理手段。管理学大师彼得·德鲁克曾经说过："一个事物，你如果无法度量它，就无法管理它。"要想提高研发效能，管理者自然希望利用效能度量这个工具。

按照直观的理解，软件研发的效能度量应该是一件比较容易的事。毕竟数据驱动的手段在软件研发过程中被大量采用，比如使用漏斗指标和A/B测试来指导产品发展的方向。然而事实正好相反，效能的度量是一个出了名的难题，至今没有哪家公司敢声称自己已经找到了效能度量的完美答案。很多业界大牛也发表过"研发效率不可度量"的观点。比如，马丁·福勒在"Cannot Measure Productivity"（无法衡量生产效率）一文中指出："这是我认为我们必须承认无知的地方。"

另外，周思博（Joel Spolsky）在一篇名为"Hitting the High Notes"（飙高音）的文章中写道，衡量程序员的工作效率相当困难，原因如下：

- 几乎任何你能想到的指标（比如调测过的代码行数、功能点个数、命令行参数个数）都很容易被"做数字"；
- 我们极少要求两个程序员做完全相同的事情，所以很难获取大型项目的有价值度量数据作为参考。

下面我们就来深入讨论效能度量，从失败案例中总结难点，从成功案例中总结经验，最后给出正确使用度量提高效率的原则、方法和步骤。

3.1 研发效能度量的定义和作用

研发效能度量代表一组可量化的数据或参数，用来跟踪和评估开发过程的健康状况。换句话说，**研发效能度量是从应用程序开发的生命周期中获取数据，并使用这些数据来衡量软件开发人员的工作效率**。我们希望通过这样的度量，根据客观的数据而不是个人的主观意见做决策，从而达到以下目标。

1）**跟踪团队的表现，提高团队的绩效**。通过确定研发效能度量指标，公司可以明确团队和成员的工作预期，使得开发人员目标更清晰，从而更专注地投入研发。同时，这些生产指标可以作为"晴雨表"，帮助团队定位并消除影响工作效率的不良因素，最终达到提高团队绩效的目的。

2）**提高项目计划的精确度**。团队负责人可以通过度量来估算一个需求端到端的成本（包括收集成本、系统设计成本、开发测试成本及运维成本等），了解每项活动在项目总成本中的占比，从而更好地确定这些活动的优先级。同时，我们可以了解哪些步骤有较大风险和不确定性，从而提高预测项目进展的精准度。

3）**了解流程是否高效，寻找需要改进的关键领域**。我们可以衡量进行每项研发活动所需的时间，并估算其对质量和生产效率的影响，然后比较成本和收益，最终确定哪些步骤是高效的，哪些步骤需要改善。我们还可以对不同的实践进行 A/B 测试，以此来选择更好的方法。

提高团队绩效，提高计划精确度，以及寻找需要改进的关键领域，有助于简化工作流程，发现瓶颈，帮助团队持续改善现有产品的生命周期，从而更高效地生产出质量更好的产品。

3.2 效能度量的三个失败案例

基于上述作用，绝大多数公司非常重视研发效能的度量，或多或少地采用了度量这个管理手段。但遗憾的是，能够将其用好的公司少之又少，最常见的情况是错误使用，导致负面效果远大于正面效果。

下面给出三个真实的失败案例，以便从中总结效能度量的难点。

失败案例一：全公司范围内推行一套效能度量指标

某大型公司为了提高效能，专门成立了一个接近百人的团队，通过详细调研，制定了一套研发效能度量指标，并引入和开发了相应的工具。客观来讲，这些度量数据的质量都很不错。

准备就绪后，该公司找了几个团队做试点，并把这些效能度量数据作为参考供团队使用。三四个月下来，试点效果不错，这几个团队的产出速度均有了一定的提高。于是公司高层决定在全公司范围内推行这套方案。

然而随着推广范围的扩大，有相当一部分团队发现它们的研发流程跟试点团队差别较大，需要花费相当多的时间去收集度量数据，并且受益不明显，得不偿失。因为公司很大，产品研发模式多种多样，所以这样的情况不在少数。其中最极端的情况是，有的团队因为开发环境和这套效能度量工具的环境差别实在太大，不得不专门为这个工具部署一个独立的环境，然后团队的小组长每周六到这个环境里专门为度量系统提供数据，还常常被迫提供一些"假数据"，以满足度量系统的需求。

因此，这些团队觉得这套方案并不适合自己，公司内逐渐出现了一些反对的声音。但是，公司推进这套流程的态度非常强硬，为了顺利推进，还把这套流程与团队绩效绑定到一起，一旦某个团队的指标未能达到要求，就直接扣绩效分。于是，效能度量的负面作用逐渐凸显。大量团队为了好的绩效而被迫去玩"数字游戏"。

这套方案在全公司范围推行一年多，可以说是怨声载道。明明是一套高质量的度量系统，却阻碍了很多团队业务的发展，也严重影响了员工的积极性。直至最后这个情况被反馈到一位高管那里，这套度量系统才被完全取缔。

失败案例二：某中型公司专注推行质量相关指标

有一家 500 人左右的公司，其组织架构按照职能进行水平划分，并没有进行矩阵式管理。为了提高公司的产品质量，QA 团队提出了一组软件质量方面的度量指标，包括 Bug 严重性定义、每一个发布里不同级别的 Bug 的未解决率以及上线的一些质量流程等。QA 团队得到了公司高层的支持，开始在公司内强制推行这些指标。

这些指标针对的主要是开发活动，但开发团队却认为这些度量用处不大。他们认为，公司研发过程中的真正问题在于产品定义变化过快，常常在冲刺开始后还不断更改需求。这就导致开发和测试团队即使拼命加班仍会错过发布日期，产品的 Bug 也不少。所以开发团队提出，真正应该度量的是产品需求的稳定性。但是，公司高层认为产品需求的变化是为了满足用户的需求变化，所以没有批准开发团队的这个要求。

结果是开发人员觉得公司效能度量不但不能帮助他们工作，反而束缚了他们的手脚，让他们工作起来更加吃力，于是工作积极性下降，离职率上升。同时，产品质量并没有因为这些度量指标的推行而提高。直到我写下这一节的时候，该公司还处于这个状态。

失败案例三：某创业公司专注度量开发、测试、上线准确度相关指标

一家由十多个人组成的、拿到了 Pre-A 轮投资的创业公司，正处在研发产品、寻找市场吻合度的阶段。该公司 CEO 和产品副总坚信数据驱动的作用，于是对研发流程定义了严格的度量和指标，比如 App 上线周期准时率、Bug 的解决速度、性能参数等。

整个研发团队很专业，也很敬业。他们花了很多精力去严格完成这些度量指标，做到了绝大部分情况下准时、高质量地上线产品。但是，CEO 和产品副总并不是产品专家，他们只关注研发过程中的数据，却没有收集数据去快速试错和寻找产品方向。最终结果是虽然产品的每一个发布都很准时，质量也非常高，但由于在寻找市场需求吻合度方面动作迟缓，用户增长缓慢。因此，一年半以后，资金耗尽，投资人失去信心，公司倒闭。

上述三个案例只是不同规模公司的三个典型场景，类似的失败案例数不胜数。那么，问题到底出在什么地方？效能度量为什么这么难？

3.3 效能难以度量的三大原因

关于效能难以度量的原因，这里主要从三方面进行阐述。

原因一：使用部分指标衡量复杂整体

软件开发是一项创造性很强的知识性工作，非常复杂，且伴随有大量不确定因素。比如，软件产品的需求变化很快，需求文档的更新常常滞后于工程实现，甚至有的敏捷方法论提倡完全抛弃需求文档。又比如，软件产品的实现方式有很大的不确定性。一个功能可以采用多种语言、框架、平台，使用不同的研发流程实现。在这种情况下，我们很难通过度量来衡量这些研发方法和中间过程的优劣。

要客观衡量这样一个复杂且灵活的系统，我们需要覆盖全部参数，至少是大部分参数。但是这种衡量的代价太大，会导致我们花费大部分时间去做度量而不是去做功能。退一步说，即使我们愿意花时间去度量，软件研发的灵活性特点也会让我们难以准确找到所有参数及其正确度量方式。

所以，**研发效能难以度量的根本原因在于，我们很难用部分参数来度量一个复杂的整体**。

在这种客观困难面前，我们尝试用部分指标来衡量研发效能全局，自然得不到准确结果。这时，如果为了强推度量而将这些指标与研发人员的利益挂钩，就很容易造成研发人员通过“做数字”来欺骗度量系统的情况。也就是说，研发人员可能会针对这些被度量的指标采取一些措施，即使这些措施会导致其他未被度量的指标下降，甚至总体效能下降也在所不惜。

关于这个主题，美国著名学者罗伯特·奥斯汀（Robert Austin）在《衡量和管理组织绩效》一书中给出这样的结论：如果你不能度量一个事物的所有方面，那就不要去度量它，否则，你将得到“做数字”的欺骗行为。

失败案例一中的公司尝试用一套统一的指标覆盖众多不同团队的效能，又实施度量与绩效挂钩的举措，自然很容易出现“做数字”的不良行为。事实上，让度量和绩效挂钩是使用度量时最常见并且后果非常严重的错误，一定要留意。

原因二：人们倾向于关注局部指标

研发效能难以度量的第二个原因和上文提到的根本原因相关，但有其特殊性，所以单独进行讲解。很多公司都有竖井（silo），所以人们常常会把注意力放到某一两个竖井上，进行局部优化，因为它们跟自己团队的效率最相关。但是局部优化并不代表全局优化，甚至会让全局恶化。

在失败案例二中，推行质量方面的指标就是在进行局部优化。这样做能提高QA竖井指标，却不能提高产品质量，还会导致员工积极性受损，影响团队之间的关系。

这样的问题很容易出现在按职能划分团队的公司中。因为在这样的组织划分下，公司更容易出现竖井，而竖井中的人们更容易按照竖井来考虑小团队的表现。

原因三：度量指标难以直接与用户价值关联

研发效能难以度量的第三个原因在于，度量指标一般用来度量软件产品的生产过程和质量，但是公司真正需要关注的是产品能否解决用户问题，即能否产生用户价值，前者难以直接与后者关联。换句话说，技术产品输出和用户价值输出之间的沟壑难以打通。

失败案例三聚焦度量开发、测试等工程方面的指标，就是犯了这样的错误。产品质量再好，发布时间再准时，如果没有用户价值也都是白费工夫。

以上就是效能难以度量的三个主要原因，除此之外，还有一些其他原因，分析如下。

- 度量数据的收集难易程度不同，人们倾向于拿容易收集的数据去关联效率，但事实上可能难以收集的数据对度量才真正有用。比如代码行数容易衡量，但是用处很小；而产品用户价值的度量要困难得多，但用处也大得多。
- 软件开发和实践有一个滞后效应。比如，在团队中引入代码审查，在刚开始实行的时候，总体效率会出现短时间的下降，一两个月后才会逐步显现正面效果。问题是，你现在要怎样度量它呢？

3.4 效能度量的正面案例

那么，在研发软件时，我们是不是应该放弃使用度量效能的方法来指导工作呢？如果答案是肯定的，这对于软件团队管理者和个人开发者而言将会是一个难以接受的事实。幸而真实情况并非如此。如果使用得当，效能度量可以给研发团队带来很大好处。它能够帮助团队找到问题、寻找解决方案并且验证效果。同时值得一提的是，这些收益在个人维度也有体现。

下面我们来看一个使用效能度量的正面例子。国内有一个20人左右的研发团队，其研发流程混乱，产品发布经常推迟，但是大家都不清楚问题出在哪儿。于是，团队负责人决定引入数据驱动开发：项目经理正式跟踪研发过程中每个部分的耗时，并在功能发布后复盘。复盘时大家发现，整个研发过程耗时分布如下：

- 开发耗时1周；
- 联调耗时1周；
- 测试、发布耗时1周。

大家一致认为联调是最需要优化的地方。于是对联调部分进行深入讨论，发现根本原因在于前后端沟通不顺畅，甚至多次出现后端改动了 API 支持新功能，但前端不知道，还在使用现有 API 并采取多次调用的方式来完成功能的情况。

为解决这个问题，团队引入了一个 Mock Service，并规定：在每个功能开发之前，前后端要规定好 API 格式，并由后端产生一个 Mock Service，让前端从一开始就有明确的 API 可以调用；后端如果要改变 API 格式，必须通知整个团队，并立即更新这个 Mock Service。这种方法最大限度地避免了沟通不畅造成的时间浪费。

同时，在改进的过程中，项目经理继续跟踪研发过程中每部分的耗时并查看效果。两个月以后，这个团队的平均开发周期有了明显改善，各个部分的耗时分布如下：

- 定义和生成 Mock Service 耗时 1 天；
- 开发耗时 1 周；
- 联调耗时 1 天；
- 测试、发布耗时 3 天。

可以看到，虽然定义和生成 Mock Service 需要额外增加一天，但是联调周期缩短为 1 天，测试、发布周期缩短为 3 天。整个开发周期从 3 周降到 2 周，改进效果显著。

在上面这个成功使用效能度量的例子中，该团队主要做对了以下几点。

1）目标驱动：出发点是解决发布经常推迟的问题。

2）从全局的角度选择度量指标：度量产品生产周期中各个部分的数据，而不是直接查看某个竖井。

3）使用度量来寻找问题，帮助提高效能，而不是做绩效考评，并使用度量来检验改进措施的效果。

事实上，这几点正是使用度量提高研发效能的根本原则和方法。下面我们逐一进行讨论。

3.5 使用效能度量的根本原则

使用效能度量的根本原则：**效能度量不要与绩效挂钩，而应该作为参考和工具，帮助团队提高效能**。这是使用效能度量最重要的一点，再怎么强调也不为过。

因为我们无法覆盖 100% 的度量指标，所以度量与绩效挂钩就一定会产生“做数字”的现象。这时，使用效能度量非但不能起到正面效果，还会对公司和团队造成伤害。管理者常常倾向于使用度量与绩效挂钩这种方法，是因为它能具体到数字，方便管理。但遗憾的是，这个方法行不通。我们一定要注意避免这种错误。

Facebook 就刻意避免把效能度量跟绩效挂钩。比如，在代码审查工具 Phabricator 上并没有包括审核的提交个数、代码审核的时长、代码审核通过率等常见指标。如果有团队提出要获取这些数据，那么工具团队会运行脚本生成数据交给团队主管，他们并不能自己随时获取。团队成员也不能在 Phabricator 网站上直接看到这些数据。这也是一个比较典型的主动避免度量，从而避免将它与绩效挂钩的例子。

不能把效能度量与绩效挂钩，那怎样才能使用度量提高效率呢？事实上，度量一旦与绩效脱离关系，就可以作为重要参考和工具，帮助团队持续进步。比如：

- 缺陷密度，可以让团队了解产品质量的走向；
- 新旧 Bug 占比，一定程度上可以反映技术债的严重程度。

即使是代码行数这样广受诟病的度量指标，如果只是用作参考，也可以帮助团队和成员提高。

那为什么在跟绩效脱离关系之后，度量指标就开始起作用了呢？这是因为在脱钩之后，大家没有必要在不考虑全局的情况下专门针对某个指标进行不合理的优化。于是，一个度量参数的提高往往是在没有造成其他负面效果的情况下完成的，在这种情况下，该参数的提高往往意味着整体效能的提高。如果用来参考的指标又很合理的话，那么对效能提高的促进作用就会很大。

3.6 正确使用效能度量的方法

有了上面的原则，下面给出几种正确使用效能度量的方法。

目标驱动，选择正确的度量指标

度量不是目的，只是手段。我们首先要明确需要解决什么问题，然后根据这个目标，寻找合适的指标和方法进行度量。这就要求我们对效能度量的分类有一个比较系统的了解。我们先来看一下传统的研发效能度量方式。

传统的研发效能通常称为**研发效率**，更专注研发速度，即交付产品的速度。这种定义方式对**研发速度和质量进行了拆分**。然而这两者密不可分，必须放到一起综合考虑。因为如果只有速度而没有质量，那么交付的内容价值就会大大降低。研发效能的定义把质量也包括了进来，所以我们对效能的度量也包括对质量的度量。

质量是一个比较大的话题，这里只对传统的质量度量做一个简单的分类供参考。业界对软件质量一直有系统性的研究，并且在不断演变。比较权威的标准有 ISO9126-3 和由它衍生的 ISO25000:2005。基于这些标准，IT 软件质量联盟（Consortium for IT Software Quality，CISQ）把软件质量分为以下 5 类：

- 可靠性
- 效率
- 安全性
- 可维护性

❑ 规模[一]

下面我们来看后互联网研发模式中的效能度量分类。

传统的软件质量度量方式在软件发展过程中起到了很大的规范和促进作用，但是在互联网研发模式出现之后，由于对软件研发灵活性的不够重视，这种方式显现出较大的局限性。首先，它没有关注准确性，也就是产品是否精准满足用户需求，以及是否能快速调整以满足用户的真正需求。其次，它忽略了个人效能。虽然团体效能包含了个人效能，但是由于软件研发中每一个开发者都有极大的灵活性，他们之间的产出可能会有巨大差别，所以应该单独对个人效能进行研究。

一个更完整的、更适应当前研发模式的度量分类应该包含以下四类。

- ❑ **准确度**：关注产品是否跟计划、用户需求吻合，能否提供较大的用户价值。例如功能的采纳率，即有百分之多少的用户使用了该功能。
- ❑ **速度**：天下武功，唯快不破，速度指标主要用来衡量团队研发产品的速率。比如前置时间（从任务产生到交付的时长）。
- ❑ **质量**：如果质量有问题，产品的商业价值会大打折扣。质量包括产品的性能、功能、可靠性、安全等方面。
- ❑ **个人效能**：个人开发过程中的效率指标，比如开发环境生成速度、本地构建速度等。

图 3-1 是我总结的一张研发效能度量指标分类图。图中共列出了 40 多个指标，但这里并不会给出每个指标的详细解释，只是在后文具体推荐某个指标的时候会详细讲解。其他指标从名字上可以看出个大概，需要的时候可以方便地在互联网上找到定义。

有了这些基本的度量指标，我们就可以根据自己团队的目标进行选择。这是一个定制化的过程，每个团队根据目标的不同会有不同的选择。这里给出一些比较通用的例子。

提供用户价值是公司存在的根本，因此与之相关的指标是最重要的。从这个角度来看，以下几个度量指标比较有效。

1）净推荐值（Net Promoter Score，NPS），是指通过调研了解用户满意度，实用性很强。如果你不了解的话，可以看一下《NPS 是什么？怎么用？完整 NPS 介绍和应用案例》这篇文章[二]。

2）系统 /App 宕机时间（System/App Downtime）和严重线上事故数（Incident），衡量的是系统的可用性，通常与用户价值直接挂钩。

3）热修复上线时间（Hotfix Time），指的是一个热修复从编码完成到部署再到生产的时长，关系到解决重大缺陷的效率，与用户价值强相关。

当然，这只是通用的建议，在实际工作中不一定要采用上面这 3 个指标，而应该根据团队情况，找到最能直接衡量产出有效性的指标。

[一] 规模指的是软件产品与大小相关的一些参数，比如代码行数、功能点。

[二] https://zhuanlan.zhihu.com/p/38117396。

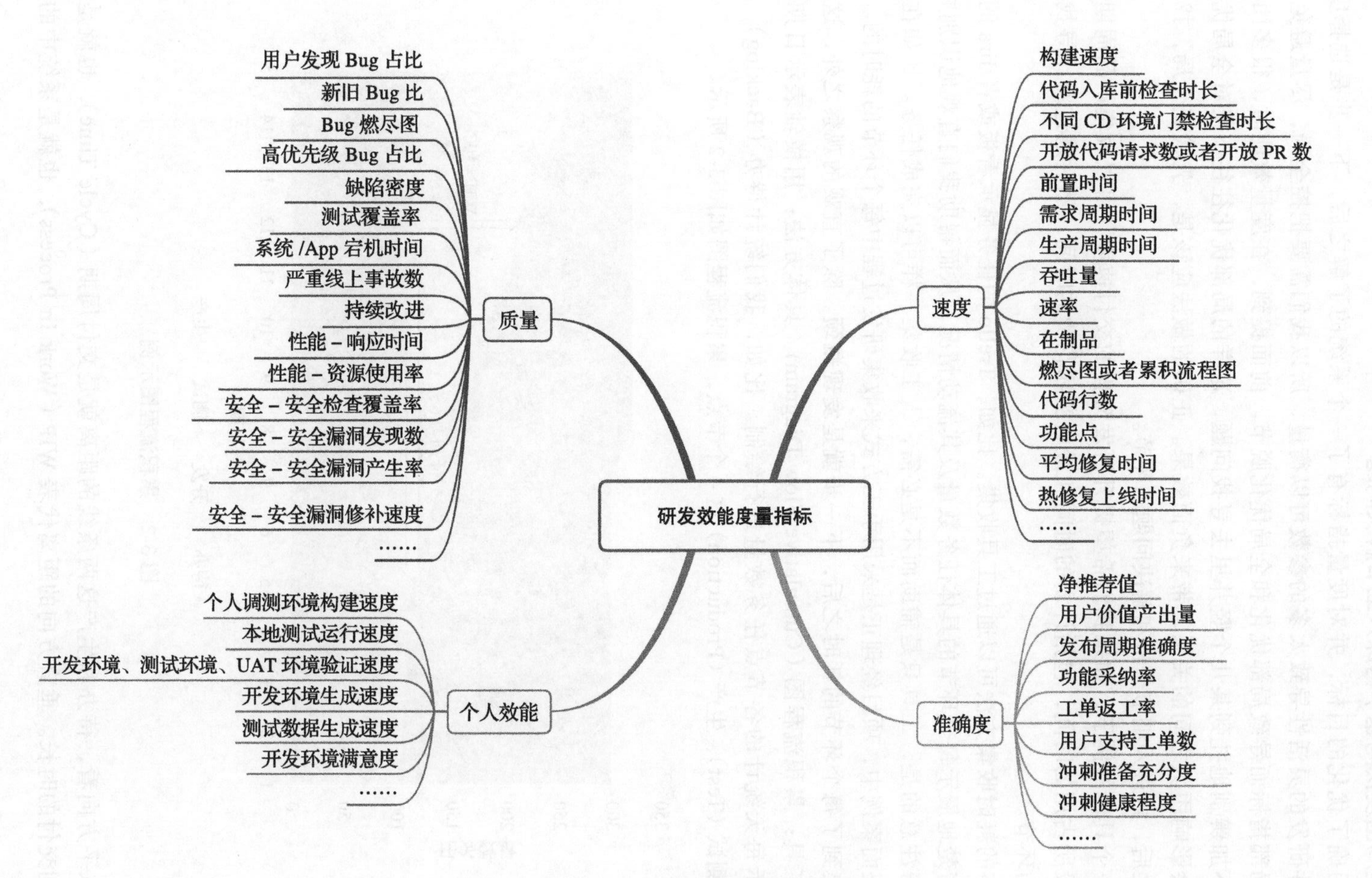

图 3-1　研发效能度量指标分类

先全局出发找问题，再深入细节解决问题

在明确了优化的目标，并对度量指标有了一个系统的了解之后，下一步是选择度量。因为软件研发的灵活性导致太多的参数可以衡量，所以我们需要把控全局，尽量避免只关注一些局部指标而导致局部优化和全局优化脱节。前面提到，在度量效能时，很多团队一上来就不加辨别地扎到某几个竖井里去寻找问题，这样的局部优化往往不仅对全局优化无效，还会影响团队之间的关系，带来负面效果。正确的做法应该是，先检查全局，找到关键瓶颈之后，再进入细节分析和解决问题的环节。

举一个具体的例子，如果我们希望提升研发流程的交付速度，可以收集产品周期中每一个阶段所占用的时间，包括计划的时间和最后实际花费的时间，然后通过对比寻找问题最严重的环节。

具体的**耗时收集**方法可以通过工具收集。比如，Trello 的任务显示看板或者 Jira 的看板都可以清楚地展示每个环节的具体任务数量及其流动情况，从而帮助我们直观地识别瓶颈。但是值得注意的是，工具只是辅助而不是必需，人工收集一样可以完成任务。比如在前面提到的正面案例中，项目经理正是采用手工方式来收集研发过程中每个环节的耗时的。

收集到了每个环节的耗时之后，下一步就是**发现瓶颈**。除了直观的观察之外，这里推荐一个工具：累积流程图（Cumulative Flow Diagram）。具体方法：用横轴表示日期，用纵轴表示每天统计的各节点任务数量进行绘制。比如，我们统计待办（Backlog）、开发（Dev）、测试（Test）、生产（Production）这 4 个节点，累积流程图如图 3-2 所示。

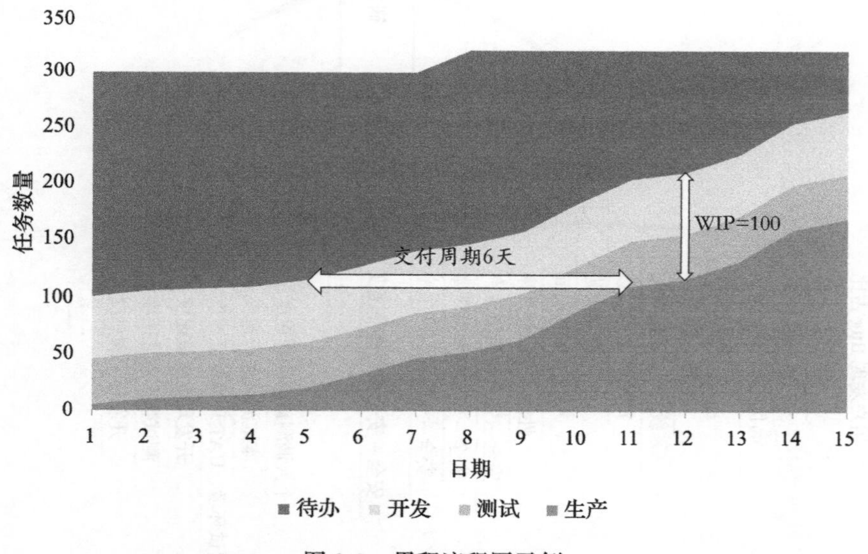

图 3-2 累积流程图示例

从水平方向看，待办和生产这两条线的距离就是交付周期（Cycle Time），也就是从开始开发到交付的时长。垂直方向的距离代表 WIP（Work In Process），也就是系统中的任务数。通过图 3-3，任务在流程中的流动情况一目了然，让我们能够直观地发现问题。比如，WIP 数值变大、交付时间变长通常代表研发效能下降。

累积流程图对于查找全局瓶颈非常有用。实际上，我们还可以通过它预估发布日期、查看开发是否被阻塞等。这里提供一篇参考文章《累计流程图解密》[1]，它详细讲述了如何通过累积流程图寻找问题并进行调整。

使用度量定位问题和验证解决方案

3.5 节提到，效能度量应该作为衡量提高方案的标准。在我们确定了指标和问题瓶颈之后，就到了制定提高方案并执行的阶段。这个时候，效能度量的作用就在于提供数字化的支持，来验证我们的提高方案是否有效。在我们的正面案例中，在采用 Mock Service 措施之后的两个月中，项目经理在每个产品发布周期中继续收集数据，供复盘时参考。

在 Facebook，有 4 套以上数据展示面板工具。这些面板工具使用起来非常灵活，研发人员可以定制面板，展示对自己有价值的效率度量，比如上线前高优先级 Bug 数、未完成 Bug 数、燃尽图等。每个团队都会**主动使用这些面板**以提供自己团队最需要的参考度量数据，帮助团队达成业务目标。

关注个人维度的指标提高效能

个人效能相关的度量直接反映研发人员的开发效率及其对研发的满意度，对团队产出影响很大。然而在实际工作中，这些度量往往不被重视。所以，无论采用的是哪一种解决方案，管理者 / 内部效能团队都应该关注研发人员的高频活动，并自动化和优化这些步骤，以让研发人员能够专注研发。

个人维度的指标也有很多，其中比较关键的有以下三个：

- ❑ 本地构建时长；
- ❑ 本地测试时长；
- ❑ 联调环境获取时长。

这三个指标合在一起，构成了“个人调测环境构建速度”。它描述的是从研发人员在本地完成一个改动，到能够进行本地调测的时长。研发人员每次修改并自行验证都要经历这个步骤，所以对它的优化非常重要。我以前在 Facebook 的时候，对后端代码及网站的绝大部分修改可以在一分钟之内在本地开发机器上使用线上数据进行验证，非常顺畅，效率极高。

大多数公司做不到这样的高效。我在一家公司甚至见过这样的情况：一个修改需要在本地编码，上传到服务器编译，再通过工具下载到另一台机器上验证。这个过程至少需要一个小时，在这种情况下，在验证时即使发现一个简单的拼写错误，修改之后再次验证也至少需要再花费一个小时。不难想象在这种情况下开发人员的沮丧心情。这家公司如果能

[1] https://ruddyblog.wordpress.com/2018/04/23。

解决这个个人效能维度上的痛点，必然对提高产出和鼓舞士气有重大作用。

获取尽量公平的主观效能评价

尽管我们很难找到客观的方法去衡量研发效能，但这并不意味着我们无法衡量它。一个办法是，对它进行**尽量公平的主观衡量**。事实上，我们在平时的工作中也确实是这么做的。

比如，在一个团队里面，大家通常都能对谁是技术大牛达成共识。这个主观的对个人效能的衡量就是比较公平公正的。它是我们的大脑依据平日收集的点滴事实做出的判断，虽然主观但却公正。所以，一个有效获取效能评价的办法是**收集人工反馈，来帮助我们做出尽量公平的主观评价**。

具体来说，**针对研发环境、流程、工具的效能进行评价，可以使用公司成员对研发效能满意度的净推荐值**。虽然现在还没有很强的理论依据证明这个指标可以大幅提高研发效率，但从我看到的许多真实案例来说，事实确实如此：满意度提高让员工工作更积极，而工作积极又能提高满意度，是一个良性循环。

我在 Facebook 内部工具团队工作时，我们每个季度都使用调查问卷来收集开发人员的建议，另外，我们还有类似 IRC 聊天室的工具供大家讨论和反馈意见。这些反馈都会成为工具团队调整工作任务及其优先级的依据。

至于调查问卷的内容，具体可以关注以下几个方面：

- 冲刺的准备充分度
- 团队沟通有效性
- 冲刺过程效率
- 交付价值如何
- 交付信心如何
- 对产品方向及路线的兴奋度等

至于**针对个人研发效能进行评价，则可以采用 360 度绩效考评的方式来收集同事之间的评价**。评价的标准基于在用户价值输出上做出的贡献，包括自身产生的价值以及帮助团队成员产生的用户价值。如果一个员工可以很好地产出用户价值，那他的研发效率通常不会差。事实上，Facebook 就是使用这种方式来评价员工效能的，虽然主观但很公正。

表 3-1 列出了一些可以用来收集反馈的问题，涵盖开发效率、准确度、质量、团队贡献等方面，可以作为简单参考。

表 3-1 可以收集反馈的问题

类别	问 题
开发效率	上个季度是否完成了合理的工作量？ 修复错误的效率如何？
准确度	多大程度上按设计需求工作？ 修复 Bug 返工率如何？

（续）

类别	问　题
质量	代码入库前有没有做足够的开发自测？ 代码提交的原子性如何？
专注、学习	是否专注提高技术？ 是否对软件开发充满热情？
团队贡献	是否主动对团队工作（比如流程、效率）做贡献？ 代码审核速度和质量如何？
个人责任	是否首先假设错误在自己的代码中？ 是否理解自己对其代码正常工作负全部责任？

小测试

1）在进行效能度量时人们最容易犯的典型错误是什么？针对这一典型错误，正确的度量使用原则是什么？

2）净推荐值一般用于调研用户满意度，但是用来度量效率也很有效，你觉得这是为什么？

3）你能从如图 3-3 所示的累积流程图中看出什么问题吗？

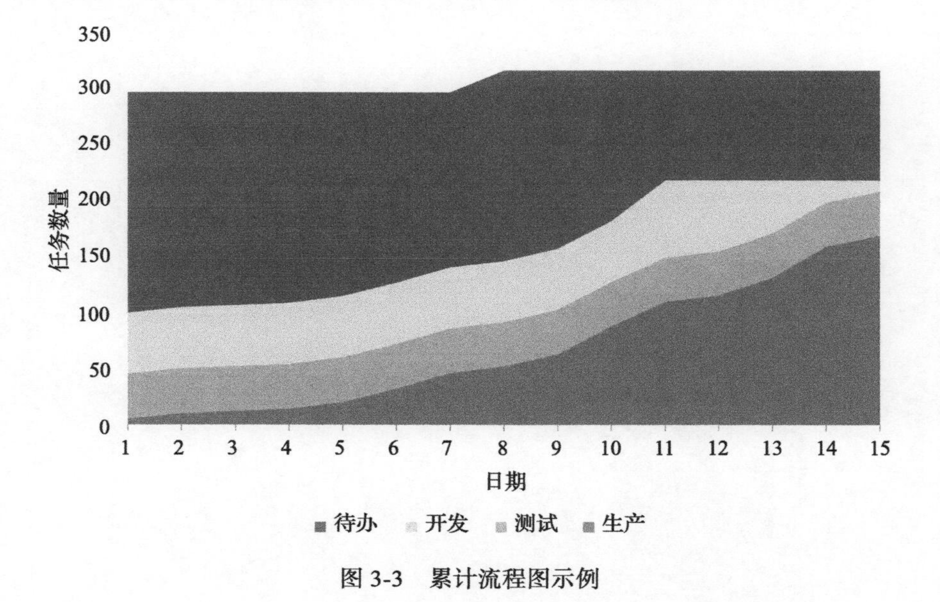

图 3-3　累计流程图示例

第二部分 Part 2

个人高效研发实践

程序员界有一个说法是“10x 程序员”，也就是“10 倍程序员”，意思是一个好的程序员，其工作效率可以达到普通程序员的 10 倍。这听起来似乎有些夸张，但是却是客观存在的真实情况。

由于软件研发具有高度灵活性，针对一个相同的任务，往往会有多种不同的解决方案可供选择，同时，每个解决方案又各自有不同的具体实现方法。这些不同的方案方法之间的效率差距就造成了程序员之间的效率差距。当要解决的问题比较简单、规模比较小的时候，这种效率差距还不太明显。而一旦问题变得复杂之后，这些不同方案方法在设计复杂度、实现难度、可调试性、可维护性等方面的差距就会显著拉开，从而造成研发人员之间的巨大效率差异。即使是在 Facebook，在大部分开发人员的能力都比较接近的情况下，还是有一些特别突出的开发人员的水平可以达到平均水平的三四倍。

在本书的第二部分，我们对个人效能提升进行详细、深入的讨论，介绍如何提高个人效能，帮助研发人员向“10 倍程序员”靠拢。

前面介绍过，按照系统的模块划分，研发效能可以分为研发流程优化、团队高效研发实践、个人高效研发实践以及管理和文化四个模块。**之所以首先讨论个人高效研发实践，是因为个人效能不仅决定了研发个体的效率，也极大程度上决定了团队的效率**。团队的研发工作由每一个研发人员完成，个人效能的高低自然左右了团队总体效能的高低，这一点显而易见。

然而现实中有一个奇怪的现象，很多公司在开展提效工作时，会大量关注流程优化、团队高效研发实践而忽视个人效能的部分。这种片面的提效方式虽然引入了先进的流程和方法，却经常在很大程度上限制了研发人员的创造性，伤害了大家的工作积极性，最终导致提效工作效果差强人意，还常常会对团队研发氛围形成长期的伤害。

出现这种情况的根本原因在于管理者使用传统的管理手段而忽视了软件研发的特殊性。研发流程优化和团队高效研发实践的确是提高研发效能的重要办法，我们在后面的章节也会详细讨论，然而这些实践一旦脱离了对个人效能的关注而单独存在时，就会出现上面提到的负面效果。

所以我们希望通过深入探讨个人效能，达到以下两个目的：

1）给研发人员提供个人高效研发实践的原则、思路，以及一些具体的方法和工具，以帮助个人实现技术和能力的成长；

2）给团队管理者的效能提升工作提供参考，以确保流程、管理等方面的实践能够促进而不是阻碍个人效能的提高。

为了能够系统、全面地帮助个人提高研发效能，我们将从研发效能的准确性、速度、可持续这三个要素入手进行思考。从我的经验来看，在那些10x程序员中，只有极少数是凭借天赋，绝大部分都是依靠后天的持续学习和提高，逐步成为高效能程序员的。他们的提高有迹可循，可以复制。事实上，几乎所有的个人高效研发实践都以研发效能三要素为基础。所以，下面我们就围绕这三个基本要素对个人研发效能进行解读，给出系统的提高思路和具体的提高方法。

首先，我们针对单个要素进行讨论。

- **准确性**：如何在定义任务、寻找解决方案，以及实现方案的过程中聚焦最重要的任务。
- **速度**：个人研发工作中哪些部分最适合提速，又有哪些具体方法。
- **可持续**：如何在精力管理、软件开发原则以及日常工作中有意识地确保自己有充足的精力完成眼前的工作，并且不断进步，以面对将来的挑战。

除了这三个单项讨论，我们还会对**工具的高效选用**进行专项讨论。这是因为选好和用好工具，能够从速度和可持续这两个方面有效地帮助我们提高个人研发效能。

同时，在每部分的讲述过程中，我们会**从管理者视角进行思考**，简单讨论如何通过建设团队环境和氛围来帮助团队成员提高个人效能，实现个人和团队的双赢。

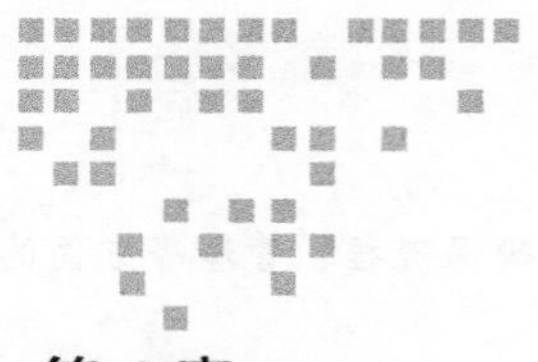

Chapter 4 第 4 章

精准打击目标：通过提高准确性来提高投入产出比

工作中常常出现这样的情况：有些研发人员忙忙碌碌，工作勤奋，但是成长不快，对团队贡献也不大；有些研发人员则相对轻松，且总是可以很快对团队做出很大的贡献，同时自身也不断成长，在某一方面成为专家。这两类人在智力、背景和经历方面差别并不大，但是时间和精力的投入产出比却有着天壤之别。

出现这种情况的原因很多，但最常见的根本原因在于两者做事的**准确性**存在巨大差别。前者做事没有在大局上做很多考虑，而后者会在任务选择和方案选择上从大局出发认真思考，尽量找到最优解。也就是说，后者会有意识地提高做事的准确性，从而赢在起跑线上。这正是个人研发效能的第一个要素：准确性。

要提高个人研发的准确性，首先要做好选择。在展开具体工作之前有两个做选择的机会点：任务选择和方案选择。所以首要任务是在这两个点上分别寻找最关键的任务以及最高效的解决方案。除了重点关注这两个选择之外，我们还需要关注一个重要工具：高效沟通。高效沟通可以帮助我们寻找重要的任务和解决方案，还可以在方案开始实施之后，帮助我们把握方向，及时调整，以保持研发活动的准确性。

下面我们就从这三个方面分别展开讨论：

1）以终为始，寻找最重要的任务；

2）追根究底，寻找最高效的解决方案；

3）高效沟通，利用信息的准确传递来寻找、调整目标。

4.1　以终为始，寻找最重要的任务

我们都清楚，做正确的事比正确地做事更为重要。这一点不言自明。难点在于如何去实现，如何去找到正确的、最有效的事。我们可以通过三个步骤来提高做事的准确性：自己定义任务；聚焦目标，以终为始；无情的筛选，少即是多。

4.1.1　自己定义任务

GTD（Getting Things Done）的创始人大卫·艾伦（David Allen）提出，日常任务可以分为 3 种：

1）预先计划的任务（Pre-defined Work），比如迭代之初就计划好的功能开发任务；

2）临时产生的任务（Work As It Appears），比如 Bug、邮件、临时会议等；

3）自己定义的任务（Defining Work），即根据当前状况，自己决定需要做的任务。

工作中，我们常常会因为需要处理大量前两种任务而忽视第三种任务。然而事实上，缺少对第三种任务的关注，会让我们在执行前两种任务时浪费不必要的时间和精力。具体来说，预先计划好的任务的优先级常常会随着时间的推移而改变。有些之前优先级很高的任务在今天看来优先级大大降低，有时甚至不再需要完成。我们如果不从大局上思考而一味只是去执行的话，很容易把宝贵的精力花费在不重要的事情上。而临时产生的任务，常常会因为窄化效应，让我们当时觉得它很重要，到了事后回顾时才发现它是可以推迟甚至不做的。

这时，如果我们能够花一些时间对最新时局进行全局分析，就可以更好地辨别这些情况，从而找到真正重要的任务，减少浪费，提高投入产出比。

所以，我们应该在每天的工作间隙，花一些时间考虑自己去定义任务，问一问自己以下几个问题：

- ❑ 预先定义的任务是否还需要做？
- ❑ 有没有其他更重要的任务应该替代当前手上的任务？
- ❑ 临时产生的干扰任务怎么处理？需要我来处理吗？

这些思考可以帮助我们更好地从当前任务的细节中抽身出来，让我们思路更清晰，避免把时间花在低优先级的任务上，提高准确性，进而提高投入产出比。

4.1.2　聚焦目标，以终为始

聚焦目标，以终为始，为目标服务的任务才最重要。

作为高效开发人员，常见的目标包括业务成功、帮助团队、个人成长这三个。我们可以围绕这三个方向进行思考。当然，如果能找到三者重合的任务最好。

我有个朋友在工作中常常要用到面板，但现有的面板系统对他的场景支持不够友好。于是，他自己花时间实现了一个基于 Python 的 DSL 的面板系统，以帮助自己更高效地完成

任务。工具做好第一版之后，团队成员都很喜欢，使用者越来越多。逐渐地，很多其他团队的成员也开始使用这个工具。比如我个人也用它给我们团队做了一个面板。半年后，公司立项，由这个朋友主导，把这个工具逐渐发展成为公司最受欢迎的面板系统。

这个面板工具任务，就是一个把业务成功、帮助团队和个人成长三者相结合的案例。第一，这个系统为他的个人工作提供了不少帮助；第二，由于他的工作会大量使用 Python，所以这个项目对他的个人技术成长也带来一定好处；第三，这个项目解决了团队痛点，所以也能帮助团队。

当然，这种一举三得的情况比较理想，日常工作中并不总能找到。在三者不能兼得的情况下，我们首先应该关注帮助业务成功的任务，因为业务成功是我们工作的最根本目标，是基础。在业务成功的基础上，推荐下一步考虑帮助团队成长的任务。因为帮助团队的同时，往往会给自己带来一些直接或间接的成长机会。

4.1.3 无情的筛选，少即是多

生命有限，而工作无限，所以我们必须要对工作排优先级。

很多人都有一个倾向，就是贪多，认为越多越好，我曾经也这样。比如，计划学习这个语言、那个框架，在自己的书单里添加几十本书，在书签页中添加几百篇要读的技术文章，等等。结果是想做的任务越来越多，却因为时间有限，只能浅尝辄止，还把自己弄得非常疲惫。痛定思痛，我后来下决心做减法。通过长期的习惯培养，我逐渐能够比较坚决地对任务进行筛选，从而把时间花在最重要的任务上了。过程不易，但效果很好。

我在提高筛选能力的过程中发现**“数字 3 原则”很有效，即强制把要做的事、要达到的目标，限制在 3 个以内。**

我曾参加过一个增进自我了解的工作坊，其间有一个练习，帮助我们明确自己最关注的道德品质。首先，我们要在一个有 50 项品质的列表上勾选出 25 项自认为最重要的；然后，在这 25 项品质中，再选出 10 项最重要的；最后，从这 10 项里再筛选出 3 项。第一轮筛选很轻松，第二轮筛选时就有了一些难度，到了第三轮 10 选 3 时真的非常困难。这 10 项品质我觉得都很重要，但规则强迫我对它们进行排序，放弃那些不是我价值观中最核心的原则。我从来没有想过这样一个选择练习就能够让我如此痛苦。然而当我做出决定之后，我意识到少即是多的重要性：我对自己的了解竟然通过这样一个练习明显加深了。

这个经历对我触动非常大，所以我在后续的工作计划中，也强迫自己使用数字 3 原则，无论是三年规划、半年规划、本周规划，还是当天工作，都“无情”地筛选出最重要的 3 件事。这个方法对提高准确性的效果非常好。

4.2 追根究底，寻找最高效的解决方案

明确了最重要的任务，下一步是寻找最高效的解决方案。

首先回顾一下研发人员和产品经理合作的典型方式：产品经理决定如何在业务上满足用户需求，设计业务解决方案；研发人员则从产品经理手中接过业务解决方案，开始技术上的设计和实现。

这种工作方式，由于研发人员没有关注解决方案的设计，所以有很大的局限性。作为研发人员，我们对技术实现最熟悉，所以如果我们能把业务目标和技术实现结合起来思考，常常能对业务的解决方案做出一些改进，甚至重新设计出更好的方案。而这样的改进，对个人研发效能的提高帮助非常大。

这里举一个我自己亲身经历的例子。我在做 Phabricator 项目时，曾收到一个任务：解决用户进行内部讨论时模态弹窗遮挡弹窗下代码的问题。在继续阅读下面的内容之前，你可以先思考一下自己收到这样的任务会如何做，再对比我的经历，收获会更大。

这个任务的描述很简单，就是去改进 Phabricator 所使用的 JavaScript 库，让它支持用户使用鼠标对模态弹窗进行拖动。但是，当我了解这个 JavaScript 库后，发现工作量很大，需要三四天才能完成。正当我考虑如何下手时，一个经验丰富的同事提醒我先别着急做这样的大改动，可以想想看还有没有能够更简单地解决这个问题的方法。

我觉得这个建议非常有道理，于是仔细分析了用户需求，并与产品经理进行了沟通和讨论。结论是，要解决代码被遮挡的问题，并不一定要拖动模态弹窗，还有一个比较简单的办法就是放弃使用模态弹窗，而直接在被讨论的代码和下一行代码之间插入一个文本框供用户进行讨论。这样不仅解决了代码被遮挡的问题，而且因为无须改动底层库，直接将工作时间降为一天。同时，它给用户提供了额外的方便：因为没有模态弹窗，用户写讨论内容时可以上下滚动代码窗口去查看更大范围内的代码，代码审查的体验有了一定提高。

这个经历让我印象非常深刻。此后，我在接到任何任务时，都会先考虑它到底要解决什么问题，有没有更好的解决方案。花些时间深入思考，往往能节省很多工作时间。

所以，**开发人员也要对业务有一定的了解**。面对任务的时候，要多问几个为什么，与产品经理和团队成员充分沟通，了解到底要解决什么问题，只有这样，我们才能以解决问题为出发点，找到最高效的解决方案。

4.3 高效沟通，利用信息的准确传递来寻找、调整目标

“代码胜于雄辩”是 Linux 和 Git 的作者 Linus Torvalds 所说的，很多程序员应该听说过，甚至把它作为座右铭。很多时候，对程序员来说，代码的确是最重要的一件事，因为程序才是程序员最实实在在的产出。

然而，这句话也给相当一部分程序员带来一定误导，让大家忽视了沟通、表达的重要性。事实上，作为一个高效的程序员，只有代码是不够的。首先，除了 Hello World，几乎所有的程序都是由多人协作完成的。这就决定了我们的工作不只是写代码，还需要跟软件开发中的其他角色，包括其他程序员打交道。沟通是必不可少的。高效的沟通可以大大提

高个人研发效能中的准确性。用之前 3.4 节中讨论的一个例子来说明：后端开发人员为支持新功能实现了新的 API，但前端开发人员不知情，仍使用原有 API，并采取多次调用的方式完成功能。在这个案例中，因为沟通不畅，导致团队使用错误的方案解决问题，大大降低了研发的准确性。

事实上，除了提高研发准确性之外，高效沟通还有一个重要作用：帮助研发人员提高个人影响力。我们知道，在市场上，由于包装、宣传的不同，相同价值的商品的销量和价格会有巨大差异。要成为高效的程序员，我们可以把自己比作一家公司，我们的程序产出就是我们的产品。如何能够把我们的产品卖得更多更贵，从而产生更大的价值？ 我们的个人影响力就是一个重要因素，而沟通就是提高个人影响力的一个基础手段。当然，提高个人影响力一定不能矫枉过正。例如一些程序员过于关注外在包装，只关注 PPT 而忽视了真正的业务产出。这种做法不可能长久，因为业务产出是外在包装的基础，空中楼阁是靠不住的。

确认了沟通的重要性，下面我们来看四个针对程序员的比较有效的高效沟通原则：同理心原则、外在与内在同样重要、冰山原则以及建设性冲突。

4.3.1 同理心原则

绝大部分人在沟通的时候都是在考虑自己。有研究数据表明，只有 10% 的人在沟通的时候会做到真正的倾听，其他绝大多数都是在等待轮到自己说话的机会。

然而，沟通是一个双方交流的过程，我们沟通的目的往往是希望在对方身上起作用，所以要从对方的角度考虑如何沟通。具体来说，我们需要做到至少以下三个方面：

- 了解对方的知识背景，从而使用他能理解的语言去沟通；
- 了解对方想要知道什么，从而能够不绕弯路，高效答复；
- 了解对方的出发点，从而结合自己的出发点找到双赢的方向。

4.3.2 外在与内在同样重要

中国的文化比较内敛，我们从小受到的教育也强调内在美，所以我们很容易忽视外在表现的重要性。我在美国工作时就吃了不少这方面的亏。我辛苦做出来的东西，却被善于表现的人抢走了大部分功劳，然后才逐渐认识到，过于内敛实际上是不可取的，很多情况下外在表现同样重要。

比如，你的内心对一个人非常好，但是你的脾气很暴躁，总对他发脾气，做出对他不好的举动。那么，你对这个人到底是好还是不好呢？我认为你的实际行为、外在表现都对这个人造成了真实伤害，你内心的好并没有实际作用。所以，你对他是不好的。

外在与内在同样重要在开发工作上表现为我们不但要重视实际的工作，也要重视别人对我们工作成果的感知。**很多开发人员从内心抵触 PPT，我觉得这就是高效工作的一个重要阻碍**。我们确实需要花一些精力，去考虑如何把我们做出的东西更好地呈现出来。当然，我并不是说要来虚的，具体做出有用的东西才是王道，是前提。

4.3.3　冰山原则

冰山原则是美国软件界专家周思博提出来的。

这个原则对软件技术人员和非技术人员间的高效交流非常有用。它指的是一个软件应用系统很复杂，就像一座冰山一样巨大。但是，正如巨大的冰山只有很小的一部分露出水面一样，软件系统也只有其中一小部分对用户可见。如果你的沟通对象对软件不熟悉，他就会认为，冰山上的可见部分就是全部工作，或者说是绝大部分工作。

这样的结果是，软件开发人员在做项目进展演示的时候，如果界面演示得很完整、漂亮，对方就会认为你的工作做得差不多了，即使你已经提前强调过这只是在界面上做的一个演示模型，也不会有效果。因为对方在潜意识里认为你的工作已经做基本完成。

所以，我们**在做演示的时候，要尽量把界面的完成程度和项目的进展程度对应起来。**比如，不要把界面做得太漂亮，显示的文字可以用“XXX”，而不要用真实数据。只有这样，才能让对方对项目的真实进展有比较客观的感知。周思博在《揭露“冰山”的秘密》[1]中专门讲了这个话题，很有意思，推荐阅读。

4.3.4　建设性冲突

建设性冲突是指冲突各方目标一致，但由于实现目标的途径手段不同而产生冲突。

从团队角度来看，建设性冲突可以帮助团队成员发现问题，促进公平竞争，是提高组织效率的有效手段。

同时，从个人高效研发角度来说，建设性冲突也是提高准确性的有效工具。这一点在产生高质量、高效率的设计方案方面表现得尤为突出。在软件研发过程中，由于其巨大的灵活性，我们会有许许多多的设计方案。一个程序员，无论经验如何丰富，都很难考虑得面面俱到。而这时，建设性冲突的两个基本核心就决定了它能帮助我们对这些方案做到深层次的分析和比较，从而找到最佳答案。

- 第一个核心是争论。只有在争论的过程中大家才能对问题进行深层次的挖掘，从而碰撞出思想的火花。
- 第二个核心是目的一致。大家冲突的目的不是谁输谁赢，而是将产品设计得更可靠、更高效。

在具体进行建设性冲突实践的时候，要围绕上面这两个核心进行。以下是一些具体建议。

- 放下面子，用开放的心态去接受他人的方案。这一点对资深程序员尤为重要。
- 不要害怕冲突，敢于提出反面意见。事实上，在 Facebook 内部，大家的级别互相

[1] https://www.joelonsoftware.com/2002/02/13/the-iceberg-secret-revealed/。

都是不可见的。这样做的目的就是为了让大家不要因为级别的差异而不敢或者不愿意表达意见。

- 如果争论过于激烈，可以明确表达自己争论的目的不是输赢，而是大家一致追求的优秀架构和产品，这样可以让大家冷静头脑，再次明确建设性冲突的目的一致的核心出发点。

这些年，我在工作中，很有幸遇到几个愿意一起进行建设性冲突实践的同事，其中有经验丰富的架构师，也有工作一两年的新手。这些良性的争论让大家受益匪浅，在提高产品质量的同时，也提高了每个参与者的视野和技术能力。

总的来说，沟通是程序员容易忽视的一个能力，也是我们增值的一个有效手段，它和编码相辅相成，互相促进。

4.4 管理者视角

以上讨论了个人如何在任务选择和方案选择方面提高准确性，以及如何使用高效沟通这一工具帮助我们提高效能。下面我们从管理者视角出发，考虑如何围绕这三个方面去设计、修改团队实践，从而帮助研发人员提高个人研发活动中的准确性。

1）**推动全栈研发**。在全栈研发的模式下，研发人员对整个产品以及整个流程有更多的了解和把控。这样就更容易从结果出发，找到最高效的解决问题的办法。如果团队没有采用全栈研发模式，应该鼓励研发人员多参与到相关环节的讨论中去。比如让研发人员参与产品设计以及测试方案的讨论，让测试团队参与研发人员的设计方案讨论以及运维人员的部署方案相关讨论。

2）**鼓励进行设计方案讨论**。很多团队或多或少都会有一些设计方案的讨论，但这样的讨论往往数量不够、深度不够。团队的管理者应该多安排和鼓励团队成员在开始具体工作之前多花一些时间考虑、讨论应该如何解决问题，而不是简单思考之后马上扑到实现的细节中去。这样的建议对于经验不太丰富的研发人员来说，尤其有效，因为他们更容易犯这种对设计方案思考不足的错误。

3）**鼓励高效沟通**。首先要纠正部分团队成员对沟通的理解误区，让他们了解沟通与编码同样重要，有条件的话，可以提供一些相关培训，但也要注意不能矫枉过正，要杜绝只注重外在包装、PPT而忽略编码的错误。

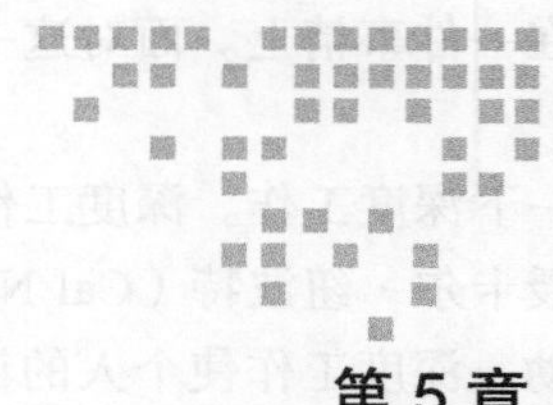

第 5 章 Chapter 5

唯快不破：如何利用速度提高个人研发效能

前一章介绍了如何通过准确性提高个人研发效能，这一章讨论第二要素：速度。

“天下武功，唯快不破”是研发人员经常挂在口头的一句话。虽然常常有一些开玩笑的成分包含其中，但“快”的确是高效研发的一条铁律。“快”之所以重要，主要有两个原因。第一，显而易见，在方向正确的前提下，任务完成得快，效率自然就高。第二，“快”可以让我们迅速得到反馈，从而可以尽快调整方向，有效减少软件研发的不确定性给研发效能带来的负面影响。

所以，利用速度提高个人研发效能，主要体现在以下两个方面：

- 应用高效实践提高完成任务的速度；
- 应用快速迭代的思路获取快速反馈。

下面我们详细介绍两者的实用方法和技巧。

5.1 应用高效实践提高完成任务的速度

应用高效实践提高完成任务的速度包括以下两个方面：

- 心无旁骛，集中精力深度工作；
- 合理使用工具提速。

其中，对于第二点涵盖的快速和可持续这两个高效研发要素，会在后面的专题中讨论。这里我们只针对第一点详细展开。

在应用了上一章介绍的通过准确性及相关方法确定优先级最高的任务及其关键解决方案之后，高效完成任务的最后一步就是高效执行。然而，信息爆炸、时间碎片化给我们的时间管理和精力管理带来了很大挑战。大量的邮件、会议，海量的实时聊天消息，使我们越来越难聚焦在一件事情上。面对这一问题，深度工作和番茄工作法的结合是一个比较有效的办法。

首先介绍一下深度工作。深度工作是由麻省理工学院计算机科学博士、乔治城大学计算机科学副教授卡尔·纽波特（Cal Newport）提出的，指的是在无干扰的状态下才能**专注**进行的**专业活动**。深度工作使个人的认知能力达到极限，能够创造新价值，提升技能，而且难以复制。与深度工作相对应的是肤浅工作，指的是对认知要求不高的事务性工作，它往往在受到干扰的情况下开展。肤浅工作通常不会为世界创造太多的新价值，而且容易复制。在信息过载越来越严重的当下，我们收到大量的干扰，往往会陷入围绕肤浅工作的表面忙碌。而深度工作则是可以让我们脱颖而出，成为不可替代的人的办法。

实现深度工作的一个有效方式是记录并跟踪自己每天深度工作的时长，采用数据驱动的方式来督促自己深度工作。而番茄工作法正是一个有效的时间记录和跟踪工具。番茄工作法本身的概念很简单，是把时间划分为固定时长的工作时间和休息时间。一个番茄时间包含两部分，25 分钟的工作学习时间和 5 分钟的休息时间。它的精髓是，在每一个工作时间段，避免干扰、全神贯注。因为只有精力高度集中，减少上下文切换，才能进入深度工作状态，进而最大程度地发挥我们的心智能力，提高个人效能。这也恰好切合深度工作的定义。

在具体实施番茄工作法的时候，我们不必拘泥于 25 分钟和 5 分钟的具体数字，而应该根据自己的精力以及工作性质对番茄时钟做调整。比如针对编程工作，可以把每一个工作时段调整为 40 分钟，这样的时长既允许我们完成一定量的编程工作，又不至于太疲倦导致效率下降。在这个时间段内，我们要尽量避免实时聊天工具和电话的干扰，集中精力去做当前最重要的事情。条件允许的话，可以把手机调成静音，并关闭电脑上的提醒功能，甚至干脆离开办公区去走走，边散步边进行专注的思考。

至于实现番茄时钟的工具，手机、电脑上有很多，功能大同小异，可以尝试使用。在这里我推荐一个在 PC 端和手机端都能实现的名为 Toggl 的工具。与其他类似工具相比，Toggl 特别简单、灵活，同时提供较好的统计功能。可以通过它记录自己的深度工作时间，并周期性地查看统计数据，了解自己深度工作的进展情况和变化趋势，从而找寻可以改进的地方，提高自己执行任务的速度。

5.2 应用快速迭代的思路获取快速反馈

快速迭代不仅对产品快速找到方向有重要意义，对个人研发效能也有重要作用。以下是快速迭代应用于个人研发的几个原则和具体实践。

5.2.1 完成比完美更重要

优秀的架构往往不是设计出来的，而是在方案实现过程中逐步发展、完善起来的。

Facebook 有一条常见的海报标语——完成比完美要重要，它在产品的设计和实现上大量应用了这个思想。

在个人研发过程中，我们要时刻谨记完成了的非完美产品远比完美的半成品来的有用，避免追求完美的倾向。下面给出两个具体实践。

第一，在进行架构设计的时候**不要过度计划**。由于我们对将来的产品功能细节和所使用技术的细节不能完全确定，提前的过度设计只会给将来的自己带来束缚和浪费，应该采取的方式是对一些关键性设计问题作出解答和选择，并设计一个可以逐步演化的框架。具体来说，完成以下三点之后就可以停止阶段性的设计而开始进行实现：

- 确认自己对影响架构的关键因素有足够的了解，这些关键因素主要包括用户需求、质量要求，以及时间和人力的实际情况；
- 确认当前的设计能够满足上述关键因素；
- 确认可以接受当前设计中存在的风险和不确定性。

第二，在设计和实现功能时，应该注意**追求简单化**。有些开发人员过于追求技术，投入了大量时间去设计精美、复杂的系统。这样做没有问题，但一定要有一个度，切忌杀鸡用牛刀。因为复杂的系统虽然精美，但往往不容易理解，维护成本会比较高，修改起来会更不容易。 所以，我们在 Facebook 进行开发的时候，都会尽量使用简单实用的设计，然后快速进行版本迭代。

总之，不追求完美，不过度计划，重要的是要尽快实现功能，通过不断迭代来完善。

5.2.2　让代码尽快运行起来

我们要让代码尽快运行起来，这样才能尽快验证结果，避免在错误的方向走得太远，造成浪费。

常见的实践是先实现一个可以运行起来的脚手架，然后持续地往里面添加内容，在整个研发过程中可以经常运行代码进行验证。

如果是在一个较大的系统里工作而不容易运行新代码的话，我们可以编写脚本进行触发。比如，在 Python 项目中，可以在你的模块中添加如下代码：

```
# my_module.py
...
## 协助开发验证的代码
def main():
    print("python main function")
    # 搭建环境. Foo和Context是我们需要运行和测试的代码
    foo = Foo(
        attr_a = 'a',
        ...
    )
    context = Context(
        attr_a = 'a',
```

```
        ...
    )
    # execute your code
    foo.execute(context)
if __name__ == '__main__':
    main()
```

之后，可以在 IDE 或者在命令行运行 python my_module.py 来触发函数 __main__ 进行验证。我个人在 AirFlow 平台上工作的时候就经常采用这个方法。

让代码尽快运行起来的另外一个重要手段是使用单元测试。比如，在一个实现 RESTful API 的 Gradle 项目中，在需要运行验证没有通过 API 直接暴露的代码时，单元测试就是很方便的选择。添加好测试用例之后，可以使用 IDE 的功能或者在命令行运行 ./gradlew :service:test --tests "com.example.service.foo.BarEndpointTest" 去触发一个具体的单测用例，这样比暴露一个专门用于运行代码的端点要好很多。

注意，在这种情况下使用单元测试，我们的主要目的是运行代码，所以并不一定要做严密的测试结果验证。事实上，在开发过程中，能触发新写的代码从而帮助我们开发，是单元测试的一个重要功能。

5.2.3 设置本地代码检验机制

为了能够快速进行验证，一个重要实践是设置好本地的代码检验机制。一般来说，代码在合入团队分支之前会在流水线中运行检验以保证质量。这些检验包括静态扫描、单元测试、集成测试等。但是，如果我们编写的代码需要等到在流水线中运行时才进行验证的话，反馈延时就会过长，所以我们需要把这些验证中最适合在本地开发机器上运行的部分移植到本地开发环境中，从而尽早获取反馈。

精准测试

所谓精准测试，就是只运行和改动最相关的测试，这样的测试花费时间短，单位时间内检测出问题的可能性最大，性价比很高。如果我们所处的环境对本地进行精准测试有比较好的支持，那么一定要充分利用，在代码编写的过程中频繁进行验证、获取反馈，在问题刚出现的时候就加以解决。如果我们所处的环境对本地精准测试支持不好的话，我们就要自己去做一些这方面的工作，以帮助自己快速获取反馈。比如，可以自己编写一个 Shell 脚本，只运行当前文件夹中的单元测试用例。这样做虽然可能不够精准，但是只要运行时长可以接受的话，多运行一些额外的用例也没有关系。又比如，可以在使用 Gradle 的 Java 项目中使用如下命令行只运行某一个单元测试用例：

```
 ./gradlew :sample-service:fooModule --tests
"com.sample.service.grpc.someTest.can create an config item for a client"
--info
```

Gradle 的命令行比较复杂，我初次接触时花了一些时间才找到正确的语法，不过这些时间相比后续节省出来的时间来说就微不足道了。

在 IDE 中进行实时检查

一般来说，IDE 支持本地的代码检验，所以值得投入一些时间设置静态扫描、单元测试等功能。其中最基础的是 Linter 的使用，以及在 IDE 中运行和调试单元测试用例。比如，在上面的例子中，在 Intellij IDEA 中我们可以配置 Gradle，使之支持在 IDEA 界面中直接运行和调试单测用例。

上面这两个例子都比较简单，对于有经验的程序员来说应该是基本操作。但是如果程序运行的环境比较复杂的话，在本地设置好代码检验机制可能就不是那么容易。这个时候就需要投入一些时间寻找如何在特定研发环境中如何实现本地验证。在这里投入时间非常值得，因为本地验证的操作非常频繁，会为后续的工作节省出大量时间。

5.2.4　尽早解决合并冲突

合并冲突是影响软件效能的一个重要因素。代码合入时机晚，会造成集成过程中解决冲突的成本升高，同时也更容易产生 Bug 而导致质量问题。这两者都对研发质量和速度有较大的负面影响，也会影响个人的研发速度。

这里的核心问题在于我们获取代码集成的反馈时机太晚，也就是代码集成不够及时。解决这个问题有两种思路。

首先，应该尽快实现满足“代码原子性”的提交，并推送到团队共享代码仓中进行集成。代码原子性指的是代码提交比较小，且在推送到共享代码仓的时候不会破坏用户可见的功能。代码原子性是软件研发效能特别重要的一个概念，在后文会详细介绍。原子性的提交可以保证我们在共享代码仓上能够随时基于主干分支构建出可以运行的、直接面对用户的产品，从而极大地方便每一个研发人员尽快将代码入库，并与其他团队成员的代码进行集成，也就是持续集成，最终大大降低合并冲突导致的产品质量和研发效率问题。

其次，在自己的代码还没有成熟到可以推送到团队共享代码仓的时候，应该频繁地把共享代码仓中的代码拉到本地进行集成。这样做虽然不能让团队成员没有入库的代码进行相互集成，但是至少可以确保个人开发的代码和最新的主仓代码尽快集成，提前获取反馈，也能降低代码完成之后推送到主仓时产生冲突的可能性。

5.3　管理者视角

以上，我们详细讨论了如何提高个人研发时完成任务的速度，下面我们从管理者视角来讨论一下如何帮助团队成员提速。类似上一章，这里给出一些具体高效实践供参考。

1）调整会议时间为深度工作提供环境。有整块时间段可以让开发人员聚精会神不受干扰地工作，是实现深度工作的必要条件。管理者在安排会议的时候应该把这一因素考虑进去。比如，可以鼓励大家把会议尽量安排到每天某些固定的时间段。又比如可以采用静默时间的办法，在每周的一些固定时间段不允许安排会议，同时尽量减少电话和实时聊天工具的使用以减少互相干扰。

2）提供精准测试环境。Facebook、Google 在精准测试方面都投入大量精力做到了很好的支持，使开发人员可以在本地快速完成精准测试，及时发现问题。

3）固化个人优秀实践，并应用到团队中。团队中常常会有一些关注研发效能的成员主动寻找高效实践。团队管理者应该对这些实践进行总结，并固化到团队中去，从而让更多的团队成员提速；同时，应该对这样的高效实践总结者在绩效方面做一些奖励，让大家有总结和分享的动力。

4）推动代码原子性实践。代码原子性是代码质量和研发效能的关键因素，所以作为团队管理者，应该投入时间、精力去推动提高团队的代码原子性。具体来说，可以规定一些促进代码原子性提交的研发流程，以及针对一些相关技能（比如说 Git）做一些培训。在后文中，我们会有进一步的讨论。

第 6 章 Chapter 6

不仅是当下的成功：持续地提高个人研发效能

软件行业可能是最需要从业人员拥有持续性发展的一个行业。从诞生之日以来，软件行业就不断涌现新的语言、技术、框架。研发模式层出不穷，而且，这样的发展还在不断加速。

在这种情况下，有的研发人员一直保持良好的状态，在专业方面成为效率很高的专家，同时，在面对新的技术时也能够迅速掌握；而有的研发人员则停步不前，技术老化，容易在企业发展的过程中被淘汰。

那么，如何在软件开发这样一个持续发展的行业中面对挑战，持续进步保持领先呢？这就是我们这一章要讨论的内容。总结起来有以下四个原则可供参考：

1）做好精力管理，保持充分的精力去面对这个行业的挑战；

2）使用 80/20 原则寻找研发活动中的关键因素；

3）对关键活动进行优化；

4）目标驱动和兴趣驱动相结合，提高幸福感和保持创新的动力。

6.1 精力管理

互联网时代给人类带来的一个根本变化是消除了信息壁垒，极大方便了信息的获取。其中信息数字化将信息载入互联网，搜索引擎为信息提供快捷的索引和获取方法，大数据更进一步主动为人们推送最相关的信息。我们想学、想做的，基本上都可以从网络上获取。相比二三十年以前从纸质图书获取消息的方式，可以说是天壤之别。

信息获取的方便性对软件工作的影响更为明显。以前编程工作的一个重要部分是阅读文档，深入理解 API，现在则更多是面向 Google 编程、面向 Stack Overflow 编程，编程效率大大提高。

生活在这样一个信息时代，我们是幸运的。但是万物都有两面性。如此低成本的信息获取，带来了信息过载的问题。我们身边充斥的各种信息，无时无刻不在吸引着我们的注意力，导致我们的可用时间越来越少，需要处理的海量信息、事情却越来越多。这中间的关系一旦处理不好，很容易出现问题。比如：

- 工作从早忙到晚，但一直被业务拖着跑，绩效一般，个人也得不到成长；
- 努力在碎片时间里学习技术，似乎学了不少，但不成系统，学完不久就忘了，没什么效果；
- 工作太忙，没有时间锻炼、放松，工作效率越来越低；
- 总是被打断，无法静下心来工作和学习。

这些精力分散、下降的情况都导致我们不能持续进步和成长。所以好的精力管理是我们能够持续高效产出的必要条件。关于这个话题，已经有很多理论和实践值得我们花时间去了解和尝试，这里只给出两个比较有特点且有效的方法：拥抱无聊和反向行事日历。

6.1.1 拥抱无聊，控制手机依赖

移动互联网时代到来，人们的手机依赖症越来越普遍。大家一有空闲就拿出手机，很多人去卫生间都一定要带着手机。这样看似不浪费每一分钟，实则坏处颇多。首先，这些碎片时间很短，即使我们想用来学习，也很难进入高效的深度学习状态。其次，它会让我们形成一种自己打扰自己的倾向。所谓自己打扰自己，就是在工作的时候会不自觉地去想、去做一些与手头工作不相干的事，自己干扰自己。当我们习惯一有空闲就使用手机之后，在工作中稍有停顿，或者是遇到比较难以处理的问题时，就会不自觉地想停下来看一看手机。这正是我们习惯了用手机来填补空白时间而形成的条件反射。

降低对手机的依赖，有一个拥抱无聊的方法。具体来说，在一些非常碎片化的时间里，不要因为无聊就马上拿起手机去找一些有意思的东西放松或者学习。相反的，我们应该去尝试什么也不做，发发呆，无聊一下。其实无聊也是一种不错的状态，试着去享受它，不要让自己的大脑一直处于活跃状态。这样可以让我们得到休息，更为重要的是，拥抱无聊能够帮助我们避免养成自己打扰自己的坏习惯。

6.1.2 用反向行事日历来确保休息和高效工作

软件研发有一个特点：难以估计任务用时。这个特点对于产品的按时发布是一个很大的挑战。同时，它对研发人员的工作和生活也带来很大的负面影响。

我们在工作中经常会出现这样的情况，以为 20 分钟肯定可以完成一个小任务，在实现过程中突然发现之前的假设并不成立，解决这个问题需要花费 1 个小时！这样的不确定性给软件研发人员的日程安排带来很大挑战。为了完成任务，我们常常会在出现意外的时候选择继续工作而错过休息和吃饭的时间。

反向行事日历（Reverse Calendar）正是用来处理这种情况导致的忽略休息、影响健康以及效率低下的问题。

我们在安排日程时，通常会把工作任务优先放到日历中，而不会把运动、休息、吃饭等非工作任务放入其中。反向日历则正好相反。使用反向日历方法时，我们首先把这些非工作任务放到日历中，然后才是在剩余的时间中安排工作任务。这些**非工作任务的优先级最高**，时间到了必须执行，以确保自己得到休息。这样做似乎会耽误工作，但是事实上，它强制我们休息和锻炼，给我们带来了健康和精力，工作效率实际上是提高的。同时，我们常常会在简短的休息之后对手上的任务在全局上有更清晰的了解和把控，从而更容易找到高效的解决方案。最后，反向行事日历还有一个独特的作用，它可以通过提高紧迫感帮助我们提高工作效率。当我们在日历上把运动、休息和吃饭的时间标注出来之后，就会清楚看到剩下可以用来工作的时间非常有限，意识到必须要提高工作效率才能完成任务。从我个人的使用情况来看，这个效果非常显著。

6.2　使用 80/20 原则寻找研发活动中的关键因素

做好了时间管理以后，提高个人研发效能持续性的下一步就是在做好当前工作的同时，有意识地投入时间和精力去对自己进行提高。有人认为平时工作太忙，根本没有额外时间去提高自己，这种思路在软件行业是行不通的。平时工作再忙，也一定要花一些时间提高自己，不需要很复杂，简单的工作回顾，了解一个新技术等，都会在未来的某一刻给你带来新的收获，使我们的工作效率更高，进而节省出更多的时间。

那么，应该投入多少精力，在哪些方面投入精力去提高呢？可以遵循 80/20 原则。

80/20 原则又称帕累托法则（Pareto Principle），由帕累托对当年意大利的财富分布观察推导而来，当时的观察结果是 20% 的人口拥有 80% 的土地，而由它推出的普遍的结论是：很多情况下，仅有 20% 的变因操纵着 80% 的局面。也就是说，如果我们能够找到关键的 20% 的变因并对其进行优化，就可以影响全局。当然，80 和 20 这两个数字只是粗略的估计，实际上，不同的场景会有不同的比例，比如 95% 和 5%，90% 和 10% 等。

80/20 原则在经济、企业管理和生活当中有广泛的应用，在软件行业也是如此。比如微软研究指出，如果我们能够修复系统中发生最频繁的那 20% 的 Bug，那我们就可以避免 80% 的系统运行时错误和崩溃。同时，80/20 原则对于持续提高个人技术和能力也非常有效。

使用 80/20 原则来提高个人效能，我们需要在日常工作中留意哪些活动频率最高，哪些活动对我们的产出具有更大的影响，然后周期地对这些活动进行审视，思考有没有办法对它们进行优化、优化措施的成本，以及是否值得投入这个成本优化。如果确定值得优化，则制定计划逐步实施。

这个过程中实际上有两个 80/20 原则的应用。第一个是在优化目标的选择过程中，我们选择 20% 的关键活动。第二个是在日常工作和优化工作的时间分配上，我们只使用 20% 的时间去做优化。至于具体的数字占比，以我的经验来看，在关键活动的选择上，80、20 比较合适，而在时间分配上，90、10 比较合适。

6.3 对关键活动进行优化

通过 80/20 原则找到优化目标后，接下来要对关键活动进行优化，主要涉及两方面：研发活动中长期有效的原则和针对高频发生的活动的优化办法。下面详细展开讨论。

6.3.1 研发活动中长期有效的原则

尽管软件研发持续演化，但是终究有一些原则长期有效。一旦掌握这些原则，我们可以将其应用在不同的场景、不同的项目，从而极大提高个人研发效率。

这里详细讲解一个典型的高效编程原则：**抽象和分而治之**。

我们面对的世界非常复杂，但大脑只能同时处理有限的信息，这是人类面对的一个基本矛盾。我们应该怎样应对这个有限与复杂之间的矛盾呢？

最好的办法是把一个系统拆分为几个子系统，每个子系统涵盖某一方面的内容，并将其复杂性隐藏其中，只对外暴露关键信息。这样，我们在研究这个系统的时候，就无须考虑其子系统的细节，从而能够对整个系统进行有效的思考。如果我们需要深入了解某一个子系统，打开这个子系统来看即可。以此类推，如果这个子系统还是很复杂，我们可以再对其进行拆分。这样一来，在任何时候，我们思考时面对的元素都是有限的，复杂度下降到了大脑的能力范围之内，从而更高效地完成对一个复杂系统的理解和处理。

这个拆分处理的过程，就是我们常说的分而治之；而用子系统来隐藏一个领域的内部细节，就是抽象。抽象和分而治之，是人类理解世界的基础。

比如，我们在了解一张简单的桌子时，首先想到的是它由一个桌面和四条桌腿组成。这里，桌面和桌腿就是两个子系统：桌面就是一个抽象，代表实现摆放物品功能的一个平面；桌腿是另一个抽象，代表支撑桌面的结构。 如果我们需要进一步了解桌面或者桌腿这两个子系统，可以进一步去看它们的细节，比如两者都涉及形状、重量、材料、颜色等特征。但如果一上来就考虑这些的话，我们对桌子的理解就会陷入无尽的细节当中，无法迅速形成对整个桌子的认知。

软件研发也是这个道理，我们必须做好抽象和分而治之，才能做出好的程序。拿到一个任务之后，我们首先要做的**就是进行模块的定义，也就是抽象，然后分而治之**。

为方便理解，我在这里分享一个在 Facebook，前后端开发人员同时开发一个功能的案例。这个功能由一个前端开发人员和两个后端开发人员完成，整个研发过程至少涉及三个抽象和分而治之的操作。

- 第一个，前后端模块进行自然拆分。这时，前后端开发人员聚在一起讨论，明确前后端代码运行时的流程、后端需要提供的 API，以及交付这些 API 的时间。

- ❑ 第二个，两个后端开发人员对后端工作进行拆分，确定各自的工作任务和边界。
- ❑ 第三个，每个开发人员对自己负责的部分再进行抽象和拆分。

在这个过程中，一定要明确模块之间的依赖关系，尽快确定接口规格和可调用性。比如，在前后端的拆分中，常常会采用以下几个步骤处理 API。

1）前后端开发人员一起讨论，明确需要的 API。

2）后端人员先实现 API 的 Mock，返回符合格式规范的数据。在这个过程中，后端开发人员会尽快将代码审查的要求发给另一个后端和前端开发人员，以确保格式正确。

3）Mock 实现之后尽快推到主仓的 master 分支上（也就是 origin/master），并尽快将其部署到内部测试环境，让前端开发人员可以使用内部测试环境进行开发和调试。

4）由于这些 API 还不能面向用户，所以通常会先使用功能开关让它只对公司开发人员可见。这样的话，即使 API 的代码在 origin/master 上部署到了生产环境，也不会对用户产生影响。

通过这样的操作，前后端的任务拆分就顺利完成了。可以看到，整个过程就是一个不断抽象和分而治之的过程。

另外，在具体功能的实现过程中也会处处体现分而治之的思想。比如，前面提过的**代码原子性**就是一个例子。在实际工作中，如果用一个提交完成一个功能，那这个提交往往会比较大，所以我们需要把这个功能拆分为若干子功能。比如，在实现某个后端 API 时，我们很可能会把它拆分成数据模型和 API 业务两部分。如果这样的提交还是太大，就进一步将其拆分，把 API 业务再分为重构原有代码和添加新业务两部分。总之，目标是让每个提交都能够独立完成一些任务，但是又不太大。通常来说，一个提交通常不超过 800 行代码。综上，代码原子性使用抽象和分而治之的办法，大大提高了代码的可读性、可维护性以及产品质量。

抽象和分而治之这样的编程原则之所以值得我们投入时间熟练掌握，是因为它在软件研发过程中的很多地方普遍适用。一些经验丰富的研发人员在接触到陌生的项目、框架、语言的时候，仍然能够快速上手并迅速产出成果的一个重要原因，正是他们很好地掌握了这些持久不变的原则，并能快速应用到新的场景中去。

6.3.2 高频发生的活动

研发中总会有一些频繁发生的活动，提高这些活动的效率，自然会为我们节省大量时间。

这样的高频活动大致可以分为两类：第一类是重复，并且不需要太多思考的活动，第二类则是研发中经常使用的某些专业技术，它重复发生，但同时需要我们积极思考。

针对第一类不太需要思考的重复活动，不要重复你自己（Don't Repeat Yourself, DRY）是一个非常有效的办法。

利用 DRY 方法优化关键因素

DRY 是很多开发模式的基础，也是我们非常熟悉的一条开发原则。比如，我们把一段经常使用的代码封装到一个函数里，在使用它的地方直接调用，就是一个最基本的 DRY。我们可以用 DRY 来处理代码逻辑的重复以及流程的重复。

代码逻辑的重复

代码逻辑的重复不仅会造成工作量的浪费，还会大大降低代码的质量和可维护性。所以，我们在开发时，需要留意重复的代码逻辑，并进行适当的处理。

具体来说，在动手实现功能之前，我们应该花一些时间在内部代码仓和知识库中寻找是否有类似的功能实现。在这个调研过程中也可以直接联系做过类似功能的开发人员进行讨论和寻求帮助。另外，在寻找重复的代码逻辑时可以利用一些工具，比如有一些 IDE 可以在编码的过程中自动探测项目中可能的代码重复。

找到重复的逻辑和代码之后，主要的处理办法是，把共同的部分抽象出来，封装到一个模块、类或者函数等结构中去，避免重复造轮子。如果在开发新功能时发现有需要重构的地方，一个常见的有效处理办法是，先用几个提交完成重构，再基于重构后的代码用几个提交实现新功能。

流程的重复

在编程工作中，除了代码的重复外，还有一种常见的重复是流程的重复。比如在测试过程中，我们常常需要重复地产生一些测试数据，测试完之后再把这些数据删除。

这些重复的流程也需要 DRY，最有效的解决办法是实现自动化。以上述的测试数据产生、删除流程为例，我们可以编写脚本对其进行自动化。有些时候如果情况复杂，我们甚至需要编写一些复杂的可执行程序来实现 DRY。

流程重复还有一个特点，它常常和团队紧密相关，也就是说，很多团队成员可能都会重复这个流程。这种情况的流程重复更值得优化。推荐对其进行自动化、通用化，并提交到代码仓中供团队使用。

精通所处领域的技术

DRY 优化针对的主要是不太需要思考的重复性活动。而对于重复但又需要思考的专业活动，处理办法则是精通所处领域的技术。

也就是说，对自己工作中最常接触和使用的技术领域不满足于皮毛，而要投入时间对其学习、实践、总结，成为专家。因为在日常工作中，我们将有大量的时间花费在这个技术领域，所以成为这个领域的专家自然可以极大提高我们的研发效率。有一种说法是每个人都应该成为 T 型人才，其中 T 上面的一横指的是宽度，中间的一竖，指的是深度。我认为一横一竖相比起来，深度更为重要。我们应该在有了深度之后再去追求宽度。因为在一个方向的精通会让我们在其他相关方向达到触类旁通的效果，在接触到其他领域的时候也可以快速上手。

对所处领域的精通会给研发效能带来巨大提升，下面通过我的一个真实经历来展示。当时我刚刚加入一家公司。这家公司使用的技术栈的主要组成部分包括写服务的Java，Spring Boot，做构建的Gradle，做CI的BuildKite，做部署的Heroku，AWS的DynamoDB数据库，以及第三方服务SendGrid、Sumo Logic、New Relic、Sentry、Victor OPS，等等。刚进入公司的时候，我的工作主要是在一个已有的服务上添加功能。由于我对整个技术栈不是很熟悉，导致我的工作效率比较低。尤其是Spring Boot + Gradle部分在方便灵活的同时给开发人员带来了巨大的复杂性，使我工作起来很不顺手。不久之后我有机会做一个新的服务，也是使用相同的技术栈。这时我可以选择从原有的服务复制一个，然后在此基础上进行修改；也可以选择从头开始写一个新的服务。虽然第一个方法上手比较快，但我最终决定选择第二种办法，因为我知道这是一个能够让我熟悉整个技术栈的好机会。

刚开始实现这个新服务的时候的确比较辛苦，我需要大量查阅文档，使用网页搜索寻求帮助，并从现有的服务提交历史中寻找参考。为了深入了解Spring Boot，我还专门找了两个网上的付费视频课程进行学习。整个上手的过程比较吃力，为了赶上进度，需要经常加班，不过我在选择这种从头实现的方式时已经做好了心理准备，我知道只有这样，我才能以最快的速度熟悉整个技术栈，从而更好地把控该技术栈。不出所料，在大概一个月之后，我前期投入的效果开始逐步显现。虽然我对整个系统的理解远远达不到专家级别，甚至也根本算不上精通，但是通过亲自搭建服务，我对Spring Boot的Auto Configuration、Gradle的依赖设置、Heroku应用的部署和监控，以及Java应用于与各种第三方服务的集成有了比较深入的理解，这些都使我的研发效率大大提高。之后需要在这个新的服务里添加功能，定位、解决线上问题时，相比起一个多月以前都容易了很多。同时，在回到旧的服务上去做相关工作的时候也明显比以前得心应手了很多。

作为一名软件开发人员，我们必须要持续学习。之前在一家创业公司时，我有一个刚大学毕业两年的同事，他有一个非常好的习惯，就是每天早上比其他同事早半个小时到办公室，专门用这半个小时来学习和提高自己。他的持续学习，使得他虽然工作时间不长，但在整个团队里一直处于技术领先的位置。

6.4　目标驱动和兴趣驱动相结合

除了精力管理、寻找最值得优化的研发活动并对其进行优化之外，提高个人研发的持续性还有一个重要原则：**我们需要目标驱动和兴趣驱动相结合，提高幸福感和保持创新的动力**。

前文所描述的各种提高研发效能的原则和方法的目的很明确，都是要找到性价比最高的任务，并且以最快的速度完成它。这样的强目的性固然对提高研发效能有巨大好处，但是也有其局限性。经典恐怖电影《闪灵》中有一句谚语说得很有道理——只工作不玩，聪明的孩子也会变傻。如果一味追求目的性而不去考虑自身的兴趣发展，我们就会感觉一直都在工作，时间久了就会抑制自身的创造性和积极性，对个人研发效能带来负面影响，也会对身心健康有所损害。

事实上，软件研发是一个容易让人开心的行业。我们来看一下它的两个特点。首先，软件研发的强灵活性允许我们在研发过程中有巨大的空间去发挥创造性。其次，软件研发行业对硬件的依赖很少，使得我们可以非常方便地去“玩”一些项目。尤其近几年云服务的兴起和开源的盛行，使得一个独立开发人员可以快速在几个月内搭一个服务、建一个网站，或者开发一个App，并且不需要太大的花费。这对于其他行业来说是难以企及的奢望。这两个特点给软件研发工作者在日常工作及生活中感受快乐提供了很好的条件。我们应该尽量充分利用它们，把兴趣和工作结合起来。

首先，在工作中留意自己的兴趣和团队方向重合的部分，尽量寻找对公司和团队有价值，同时又符合自己兴趣的项目和任务。在这样的情况下，创造性和积极性自然会有大幅度的提升。比如我在之前加入一家公司的时候，发现团队特别缺乏内部工具。研发人员有比较多的日常工作需要手动完成，但由于一些鉴权和部署方面的局限，大家不太容易去创建内部工具。因为我个人一直对效率和工具比较感兴趣，所以我就花了一些时间做调研，确认了建立一个内部工具平台的可能性。这个工具平台可以完成部署和提供鉴权的功能，让开发人员迅速在其之上搭建新的工具。我花了一点时间做POC，然后和团队主管申请去做这个内部工具平台的新项目。因为这的确是团队的一个痛点，所以申请很快得到批准。大概一个半月之后平台搭建完成，马上就有好几个工具开始在上面开发，大家都对这个平台非常满意。它既对团队提供了较大的价值，又符合我的兴趣，所以整个项目做起来感觉很愉快。

如果在工作中找不到与自己兴趣比较吻合的项目，我们也可以在业余时间去做一些自己感兴趣的项目。比如，参与一些开源项目或者自己启动一个开源项目。又比如，积极参与公司组织的黑客马拉松（Hackathon）之类的活动等。这样也能很好地激发自己的工作兴趣。

6.5 管理者视角

最后，和前面两章一样，我们简单讨论一下如何从管理者视角出发，来关注、促进团队成员个人研发效能的可持续性发展。这里给出几个实践供参考。

1）看产出而不是看工时。研发效率高的公司往往注重产出，而研发效率偏低的公司往往更注重工时。工时的多少只能在一定程度上反映工作态度，却不能反映产出。所以关注工时对提高个人研发效率有害无益。软件团队的管理者应该基于产出来评估员工绩效。这样可以促进大家去有效率的工作，而有效率的工作可以让大家更持久地高效产出。

2）提供类似 Google 20% 创新时间的实践。如果条件允许，推荐给员工提供20%的创新工作时间，也就是一个礼拜有一天的时间可以用来做自己认为对公司有价值的项目。

研究表明，这样的实践对公司是有很大好处的。如果没有条件提供那么多创新工作时间，也应该尽量给团队成员提供空间，让他们能够自己去思考、定义项目，找到既对团队有价值，又符合自身兴趣的工作任务。

3）组织 Hackathon，提高员工工作积极性。 Hackathon 是一种有效激发员工工作积极性的活动。在这个活动中要注意强调大家尽量去做自己感兴趣的事情，而不要强调业务产出。

Chapter 7 第 7 章

高效选用工具提高研发速度

前面的章节针对软件研发的准确性、速度、可持续三个方面进行了专项的详细讲解。下面我们对工具的选用进行一个专题的讨论。工具的高效选用是提高个人软件研发速度和可持续性的重要发力点。由于这一部分内容相对具体，所以后文会使用较多的篇幅深入细节讲解，希望能够给读者带来最直接的效能提升效果。

谈到研发效能，一定离不开工具。“工欲善其事，必先利其器”，是受到广泛认可的一句话。工具可以让我们聚焦在产出价值的任务上，对提高研发速度有很大帮助，同时，工具也能够让我们对已有工作进行优化，从而腾出时间进行持续性发展。

工具对研发效能的作用毋庸置疑。然而，在工具上应该投入多少时间、精力，以及应该如何对其进行优化，却没有定论。有的程序员使用较多的工具，并投入额外精力进行配置，力图实现完美的工具环境；有的程序员则只用少量工具，但对其实现熟练掌握；还有一些程序员对工具的投入则很少，只做最基本的了解，认为这些已经够用。

那么，到底什么是工具使用的最佳实践，如何能够以最高性价比利用工具帮助我们提高个人研发效能呢？

首先要明确的是，工具只是用来辅助完成任务，解决问题的能力才是根本，不能本末倒置。所以在工具上花费大量时间，没有目的性，只是为了优化而优化的做法是不可取的，我们的目标应该是完成工作任务，而不是成为工具专家。

同时，工具虽然只是一个辅助，但却是非常重要的辅助。它可以减少不必要的时间花费和昂贵的上下文切换，让我们能够将注意力集中在任务本身。如果使用得当，可以大幅提升研发效率，甚至可以因此引发业务发展的质变。所以，对研发人员来说，投入时间和精力对工具进行优化是绝对值得的。

至于优化的原则，可以用一句话概括：**应用 80/20 原则找到对效能提高最关键的工作**

场景，使用工具进行优化。简单来说，就是要选对和用对工具。选对工具指的是，要针对不同的任务，找到合适的工具来提高效率。而用对工具指的是，要分配适量的时间和精力熟练掌握工具，同时要时刻注意投入产出比。

在后面的几个章节中，我们将对工具的选用进行详细而具体的讨论。

- 首先，对工程师工作中最常见的场景进行分析，并有针对性地对其进行工具优化。
- 其次，对常见的关键工具进行详细讲解。覆盖的工具包括 Git、Vim，以及命令行工具集。
- 最后，对工具的集成进行讨论。讲解如何通过工具之间的互相协作，实现 1+1 大于 2 的效果。

Chapter 8 第 8 章

工程师常见工作任务的系统性工具优化

选用工具的基本原则是 80/20 原则，即只优化工作中最值得优化的环节。日常工作中最常用的操作因为发生频率高，所以是最值得优化的。这一章我们对工程师工作中最常见场景进行分析，并有针对性地对其进行工具优化。

因为每个人的工作场景不同，每个人的常见操作也不同，所以最值得优化的操作也就不同。不过总的来说，工程师的日常工作可以大概分为操作系统上的通用操作、输入和编辑、知识管理、浏览网页以及编程五种。下面我们就按照这些操作类别来逐个介绍一些典型的工具和高效使用方法。

值得一提的是，这些工具是我个人精心挑选出来的，所以难免会跟个人的工作环境和喜好有一定关系，不过，这些推荐背后的**优化思路是一致**的。对读者产生启发是我推荐这些工具的最终目标。相比起来，具体的工具介绍反而不是那么重要。比如，因为我最近的工作电脑是 macOS，所以下面推荐的适用于苹果生态的工具会偏多一些。但是，一旦你掌握了这些优化的思路，在 Windows 系统和 Android 系统找到类似的工具也就不是什么难事。

8.1 第一个任务类别：操作系统上的通用操作

操作系统上的通用操作主要有窗口切换、程序启动、窗口管理、剪贴板管理等。这些操作普遍且频繁，值得优化。

窗口切换、程序启动

各大操作系统对窗口切换都有一些自带的支持。比如，macOS 支持 Cmd+Tab，Cmd+`，Windows 系统支持 Alt+Tab 或者 Win+Tab。**至于程序启动**，macOS 支持 Spotlight，Windows 系统支持 Win 键或者 Win+R 启动任务。但由于这两个操作非常频繁，并且操作系统自带的功能过于基础，所以值得进一步优化。

在 macOS 系统上，Alfred、QuickSilver 这两个工具很不错。Windows 系统的话，推荐 Wox。

这些工具的用法简单并且类似，都是使用一个快捷键启动，然后输入过滤条件，查找需要运行或者切换的程序，然后回车即可。比如使用 QuickSilver 启动、切换程序时，如图 8-1 所示，可以使用 Alt <space> 触发 QuickSilver，然后输入 VC< 回车 > 切换到 VS Code。

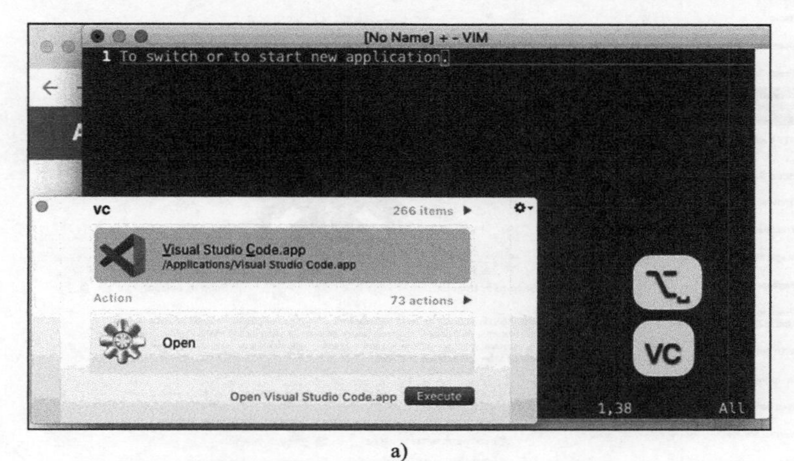

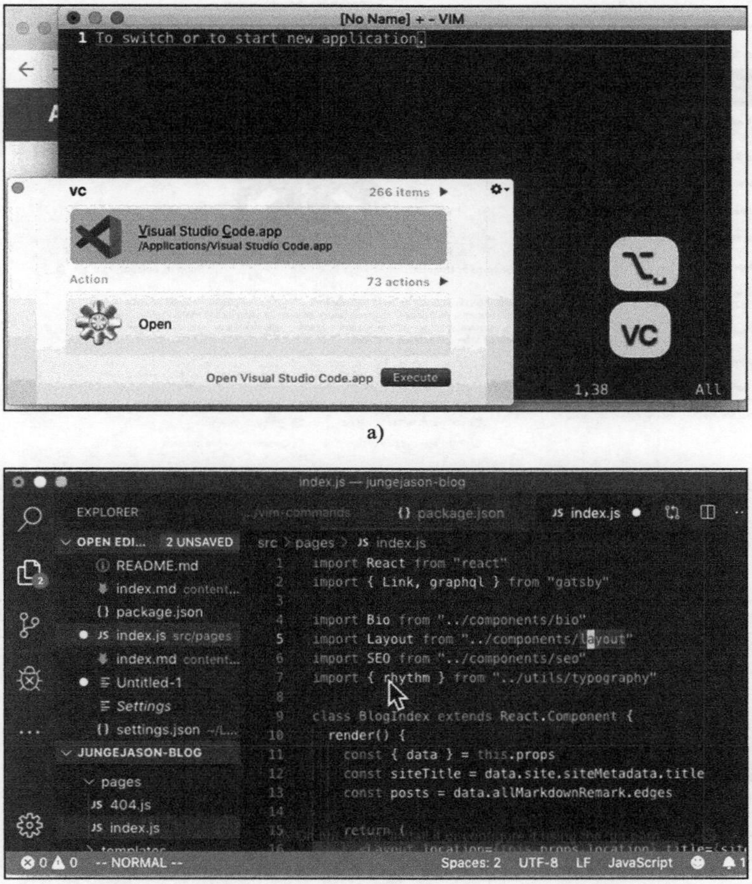

a)

b)

图 8-1　Quicksilver 启动、切换程序

窗口管理

窗口管理的常用操作包括挪动、缩放。在 macOS 中，我一般使用 BetterTouchTool 这个工具来完成这些任务：

- 把窗口摆放到屏幕的某一个位置时（比如屏幕的左上角），窗口自动摆放并缩放；
- 按住 Opt 键，无论光标在窗口的任何位置，都可以通过挪动鼠标拖动窗口；

- ❑ 按住 Cmd+Opt 键，无论光标在窗口的任何位置，都可以通过移动鼠标来改变窗口大小。

具体的配置如图 8-2、图 8-3 所示。

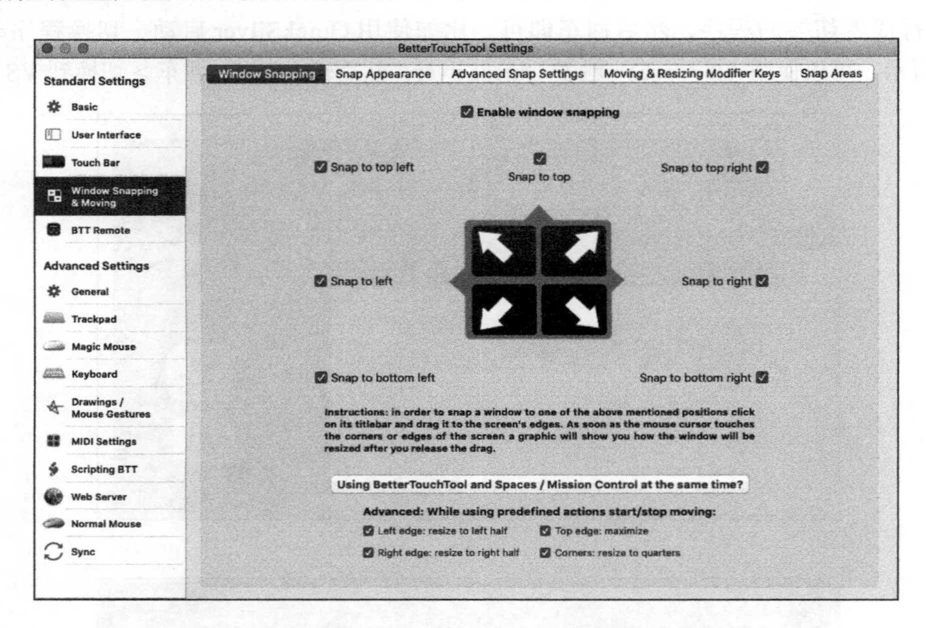

图 8-2 BetterTouchTool 窗口自动摆放并缩放设置

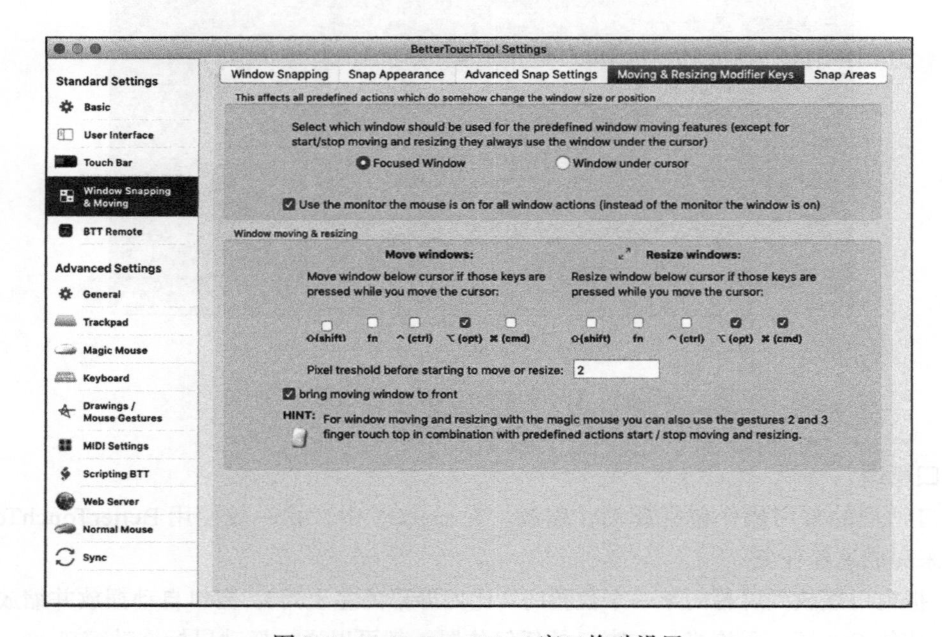

图 8-3 BetterTouchTool 窗口拖动设置

BetterTouchTool 的功能非常强大，以上几个功能只是冰山一角。推荐使用！

剪贴板管理

默认情况下，操作系统自带的剪贴板只能保存一条记录，但如果我们使用剪贴板历史管理工具的话，可以保存和使用多条历史备份内容，非常方便。

在 macOS 上，我使用的是 Quicksilver 或者 Clipy。Windows 上类似的工具也有很多，比如 Ditto。

8.2　第二个任务类别：输入和编辑

关于输入和编辑文档，下面推荐 4 类工具，分别是语音输入、文字快速输入、重新定义按键和实体键盘。

语音输入

近几年人工智能在语言识别方面有长足进步，语言输入的精准度越来越高，可以在越来越多的场景下帮助我们节省大量时间。事实上，本书的部分内容的初稿就是使用语音输入的。

至于具体软件，我常用的是讯飞输入法，有时也使用苹果自带的语音输入工具。

在电脑上使用语音输入有一个技巧，可以把手机作为麦克风。这样输入的效果非常好，尤其是旁边有人说话的时候，手机麦克风的过滤功能就非常棒。在手机上，我经常使用讯飞输入法的语音便签功能，保存录音的同时还可以直接把语音转为文字，对于记录灵感来说特别方便。

文字快速输入

常用的文字段落，我们可以设置生成文字的快捷方式（用缩写代替），这样我们只需要输入少量几个字母就能自动生成这些常用文字。

至于具体工具，macOS 上最流行的是 TextExpander，它可以方便地生成预先定义的字符串、当天日期，也可以很方便地指定文字生成之后的光标所在位置等。

比如，经过下面的配置之后，只要输入缩写；mj 就可以生成日记模板，并把光标放到第一个任务处。

```
## %Y-%m-%d:
今天关键任务
%|
-
成功之处，不足之处
-
```

模板中 %Y-%m-%d 是自动生成当前日期的格式；| 指定文字生成之后的光标所在位置，如图 8-4 所示。

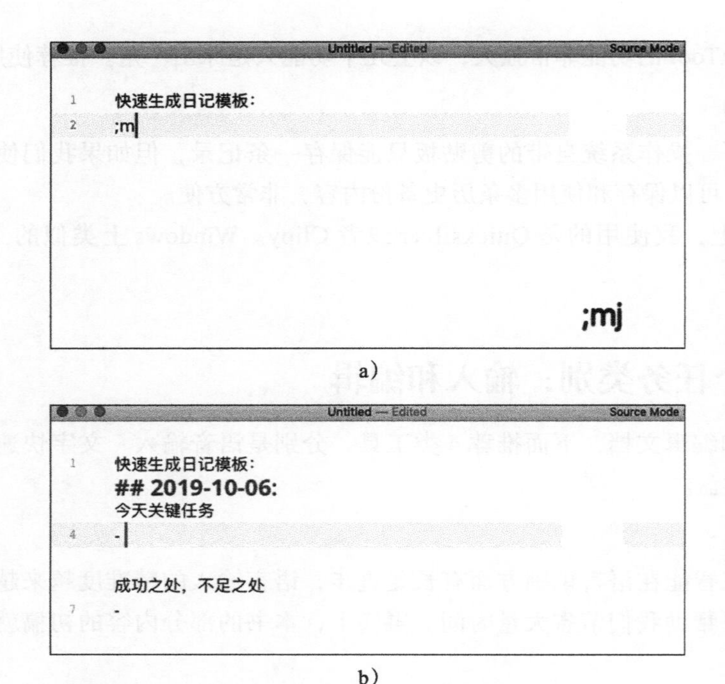

图 8-4 TextExpander 的使用

在 Windows 系统上，开源且免费的 AutoHotkey 非常强大。它不但可以进行文本扩展，还可以用来运行程序。下面是一个运行程序的例子。在这个配置下，你可以使用 Win+V 直接切换到 Vim。如果 Vim 先前没启动的话，则会启动 Vim。

```
;;; switch to vim
#v::
if WinExist( "ahk_class Vim" )
{
  WinActivate
}
else
{
  run, vim
}
Return
```

重新定义按键

键盘的默认设置往往不是符合我们程序员需求的最佳配置，需要进行一些改动才能让工作更加流畅。具体需要对哪些按键重定义，则因人而异。不过对绝大多数程序员来说，最实用的一个重定义应该是把大写锁定键（Caps Lock）转换成 Ctrl 键。因为 Caps Lock 的位置很方便但使用频率却很低，而编程中常会用到 Ctrl 键，这个重新定义对程序员非常有用。

至于重新定义按键的工具，在 macOS 上我使用的是 Karabiner-Elements，在 Windows 上使用 AutoHotkey 就可以。

另外一个程序员常用的按键是 Esc 键，但是它的位置也在角落，按起来不太方便。一个解决办法是不再简单把 Caps Lock 重新定义为 Ctrl，而是进行如下复杂重定义：

- 单独使用 Caps Lock 时，将其重定义为 Esc 键；
- 当 Caps Lock 和其他键共同使用的话，则将其重定义为 Ctrl 键。

这样配置之后，Ctrl 和 Esc 这两个常用按键就都可以使用 Caps Lock 键实现了。这样，通过左手小拇指就可以很方便地操作。

在 Karabiner-Elements 中的具体设置方法如下：

```
"rules": [
  {
    "manipulators": [
      {
        "description": "Change ctrl to esc if pressed alone.",
        "from": {
          "key_code": "caps_lock",
          "modifiers": {
            "optional": [
              "any"
            ]
          }
        },
        "to": [
          {
            "key_code": "left_control"
          }
        ],
        "to_if_alone": [
          {
            "key_code": "escape"
          }
        ],
        "type": "basic"
      }
    ]
  }
]
```

实体键盘

选择一款顺手的键盘很重要。键盘的选用，我看重的是手感和键盘布局。手感的话，机械键盘的确好一些，你可以根据自己的体验选择一款合适的。而布局的话，左右手按键分离较远的一般会好一些。

根据这些原则，我平时使用 Kinesis Pro2 键盘，如图 8-5 所示。它的按键部分中间凹陷，所以手指与每一行按键的距离都差不多，输入时很轻松。另外，它的特殊键由大拇指控制，这个特点我也非常喜欢。除了 Kinesis Pro2，HHKB 也是我常用的一款键盘，如图 8-6 所示。

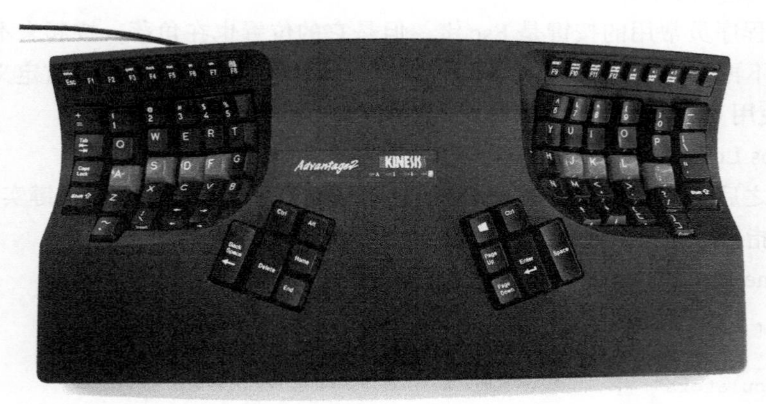

图 8-5 Kinesis Pro2 键盘

图 8-6 HHKB 键盘

值得一提的是，这两款键盘因为键位比较特殊，使用起来会需要一段时间适应。不过对于一个长期打字的程序员来说，这些时间的投入是值得的。

8.3 第三个任务类别：知识管理

作为软件工程师，我们需要持续有效地学习新知识，同时需要管理大量的信息。以下 6 类工具能够在这个过程中对我们提供帮助。

云盘

云盘用来确保存储的内容不会因为本地电脑的意外情况而丢失。目前，市面上的各种云盘都可以满足这个需求。这里我有一个小建议，使用云盘时最好能够使用本地的同步工具，自动地将本地文件夹里的内容同步到云盘。

笔记

我挑选笔记工具的原则包括支持云同步、支持电脑和手机端同时访问。印象笔记、macOS 自带的 Notes、石墨文档等都不错。另外，Notion 是一个灵活而强大的笔记工具，推荐试用。

编写文档的工具

相较于笔记工具来说，写文档的工具还有一个挑选原则是支持 Markdown。当前我使用以下组合实现在笔记本、iPad、iPhone 上编写 Markdown 文档：

- 在 iPhone 和 iPad 上使用 1Writer；
- 在电脑上使用 Typora；
- 使用 iCloud 进行同步。

如果需要大量对文字进行编辑的话，我会使用 Intellij IDEA 产生一个项目，以方便对多个文件做处理。

思维导图

对于思维导图，我考虑的比较重要的特性包括跨平台、方便使用快捷键、方便导入 / 导出其他格式。我以前一直使用 FreeMind，它基于 Java 实现，在 Windows、macOS 和 Linux 系统上都可以使用，快捷键配置也很强大，但它的一大缺陷是不能在手机上使用。所以，最近两年我转移到了 XMind 2020 上面。它可以在电脑和手机上同时使用并自动同步，显示也比较美观。

截屏、录屏

我个人对截屏、录屏工具的选用原则是标注功能要好，同时要可以把录屏保存成 GIF 格式。我现在最常用的是 Monosnap 和 iShot。录屏的时候，我们常常希望把当前的键盘输入显示到屏幕上，推荐使用 KeyCastr；编辑 GIF 文件的话，我使用的是 GIF Brewery 3。

另外，还有一个对命令行终端进行录制的比较方便的工具——asciinema。它可以把你在终端的操作和输出用 JSON 形式保存下来，也可以上传到 asciinema 的网站上，还可以方便地在你自己的网站上引用显示。但这个工具的缺点是无法显示键盘的按键操作。

处理 PDF 文件的工具

PDF 文件格式在学习、工作和生活中很常见。对于处理 PDF 文件的工具，我主要关注基本的标注功能，以及是否支持在平板电脑上使用电子笔操作。在电脑上，我通常使用福昕阅读器和 macOS 自带的 Preview；在手机和平板上，我主要使用的是 PDF Expert。

学习 PDF 格式的文件的一个比较高效的方式是，把 PDF 文件放到笔记软件中，然后在笔记中直接对其进行操作。印象笔记和苹果自带的 Notes 都支持这个功能。

8.4 第四个任务类别：浏览网页

访问互联网是非常高频的操作，所以值得单独列成一类进行优化。对开发人员，我推荐使用 Chrome 和 Firefox，因为两者都有很强的扩展功能，对开发活动比较友好。另外微软最近推出的 Edge 也不错。因为最近几年我主要使用 Chrome，所以接下来我会介绍一些我常用的 Chrome 插件和技巧。

第一个插件是 Octotree[㊀]，如图 8-7 所示。它会在你访问 GitHub 查看项目时，在窗口左侧以树形结构清晰明了地显示代码仓结构。

图 8-7 Octotree

第二个插件是 Pocket for Chrome[㊁]。它需要与 Pocket 配合使用，实际上就是一个在线的网页书签保存服务，但它的推荐功能很优秀，并且对手机端的支持也很好。

第三个插件是 smartUp Gestures[㊂]。通过它，你可以按住鼠标右键不放，在屏幕上画一些形状，也就是手势（Gesture），来进行一些操作。

我最常使用的功能有切换到左边（或右边）一个标签页、向下（或向上）翻页至网页末尾（或网页开头）、返回网页访问历史的上一页（或下一页），以及关闭当前标签页。图 8-8 显示了通过“上左”手势，方便切换到左边一个标签页的操作。

㊀ https://www.octotree.io/。

㊁ https://getpocket.com/chrome/。

㊂ https://chrome.google.com/webstore/detail/smartup-gestures/bgjfekefhjemchdeigphccilhncnjldn?hl=en。

图 8-8　smartUp Gestures 插件

8.5　第五个任务类别：编程

和编程工作相关的工具非常多，也是值得我们重点优化的最重要部分。它包括编辑器（比如 VS Code、Vim）、IDE（比如 Visual Studio 和 JetBrains 系列）、代码仓管理工具（比如 Git 和 HG）、API 测试工具（比如 Postman），以及命令行工具等。我们会在后面的章节详细介绍这些内容。

8.6　小结

无论是“磨刀不误砍柴工”，“工欲善其事，必先利其器”，还是乔布斯曾说过的，你不能强制要求大家提高生产力，你必须提供工具，让大家发挥他们的最大能力，强调的都是工具的重要性。

作为开发人员，我们要选对工具、用对工具，才能更好地提高效能。希望本章推荐的工具能帮助你对日常工作中最常见的操作进行思考，寻找值得优化和可以使用工具优化的地方，提高工作效率，提高个人的研发效能。至于具体使用哪款工具，是一个仁者见仁，智者见智的问题。

最后，需要强调的是，工具只是辅助，编程工作更重要的还是思考。所以，我们要时刻留意投入产出比，不要花费过多的时间在工具研究上，出现舍本逐末的情况。

Chapter 9 第9章

高效 Git 基本操作

上一章我们介绍了工程师的五种常见工作场景，并分别针对前四种场景推荐了一些工具。下面几章将对第五个场景“编程”进行讨论，并对几个与编程相关的重要工具进行详细介绍。

第一个介绍的重要工具是 Git。我会详细讲述如何使用 Git 助力实现代码原子性，通过这个具体的应用场景，展示如何高效使用 Git。内容较多，会占用两章的篇幅。本章讲解 Git 支持原子性的五种基础操作，下一章则介绍 Facebook 开发人员如何具体应用这些操作去实现代码原子性。

下文在进行讲解的时候，主要使用 Git 命令行，而不是 Git 图形界面的工具。这样做的原因在于前者更具有通用性。不过常见的 Git 图形界面工具，包括 IDE 的 Git 插件，通常也能够实现文中描述的绝大部分功能。你也可以参考帮助文档，了解对应的操作在自己的工具中的实现。

9.1 Git 和代码原子性

毫无疑问，Git 是当前最流行的代码仓管理系统，可以说是开发人员的必备技能。它非常强大，使用得当的话将有助于个人效能的大幅提升。这其中最典型的例子就是它可以帮助我们提升代码提交的原子性。

前面的章节已经介绍过代码提交的原子性，这里给出详细定义。**代码提交的原子性指的是一个提交包含以下三个特点：**

- 提交包含一个不可分割的特性、子特性、修复或者优化；
- 提交大小合适读者阅读；

- 代码入库不会影响分支上的功能。

之所以要强调代码提交的原子性，是因为它有以下几大好处：

- 提高代码可读性，从而提高代码质量；
- 促进代码早日入库，从而提高 CI；
- 促进代码拆分，从而实现更好的架构；
- 方便问题定位和回滚，从而提高产品可靠性。

而 Git 之所以能够方便我们实现原子性提交，主要有两方面的原因：

- Git 提供方便、灵活的提交和分支处理功能，使得我们可以灵活地产生提交、修改提交、拆分提交，甚至改变提交的先后顺序；
- Git 是一个分布式代码仓管理系统，每个开发人员在本地都有一个代码仓，从而可以放心在本地代码仓中使用上述功能，不用担心会影响远程共享代码仓。

需要注意的是，在第 9 章和第 10 章里，我只详细介绍针对代码原子性相关的 Git 操作，而关于 Git 的一些基础概念和使用方法，推荐你参考《图解 Git》[1]这篇文章。

9.2　Git 支持原子性的五种基本操作

首先简单介绍 Git 的三个区域：本地工作区（Working Dir）、缓冲区（Staging Area）、版本库（Local Repo），以及在这些区域之间进行状态转换的一些常用命令，如图 9-1 所示。

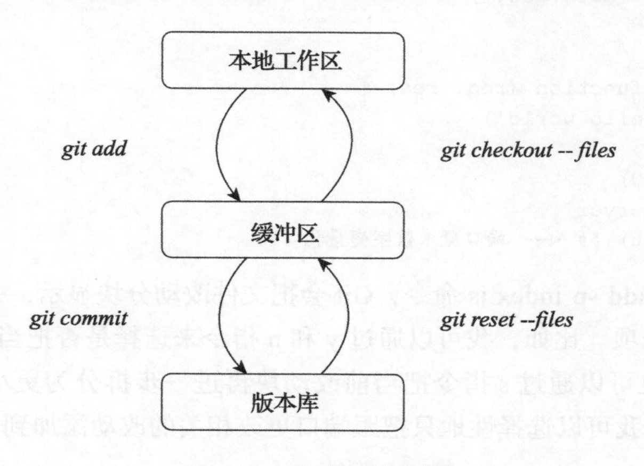

图 9-1　Git 的三个区域

Git 支持原子性的操作有 5 种，下面分别详细介绍。

基本操作一：把工作区里代码改动的一部分转变为提交

如果目标是把整个文件添加到提交中，操作很简单：先使用 git add <file-name> 把需要

[1] https://marklodato.github.io/visual-git-guide/index-zh-cn.html。

的文件添加到 Git 缓冲区，然后使用 git commit 命令提交即可。这个操作比较常见，大家应该都比较熟悉。

但在工作中，一个文件里的改动往往会包含多个提交的内容。比如，开发一个功能时，我们常常会顺手修复一些格式规范方面的内容；再比如，当一个功能比较复杂的时候，修改它常常会涉及几个提交内容。

在这些情况下，为了实现代码提交的原子性，我们就需要只把文件里的一部分改动生成提交，剩下的部分则暂时不产生提交。针对这个需求，Git 提供了 git add -p 命令。

比如，在下面这个例子中，我在 index.js 文件里有两部分改动，一部分是添加一个叫作 timestamp 的端点，另一部分是使用变量来定义一个魔术数字端口：

```
## 显示工作区中的改动
> git diff
diff --git a/index.js b/index.js
index 63b6300..986fcd8 100644
--- a/index.js
+++ b/index.js
@@ -1,8 +1,14 @@
+var port = 3000  ## <-- 魔术数字变量化
  var express = require('express')
  var app = express()
## 添加endpoint
+app.get('/timestamp', function (req, res) {
+  res.send('' + Date.now())
+})
+
  app.get('/', function (req, res) {
    res.send('hello world')
  })
-app.listen(3000)
+// Start the server
+app.listen(port) ## <-- 端口魔术数字变量化
```

这时，运行 git add -p index.js 命令，Git 会把文件改动分块显示，并提供针对这些代码块单独进行操作的选项。比如，我可以通过 y 和 n 指令来选择是否把当前改动块添加到 Git 的提交缓冲区中，也可以通过 s 指令把当前改动块再进一步拆分为更小的改动块。换句话说，通过这些指令，我可以选择性地只把跟端口更改相关的改动添加到 Git 的缓冲区中。

```
> git add -p index.js
diff --git a/index.js b/index.js
index 63b6300..986fcd8 100644
--- a/index.js
+++ b/index.js
@@ -1,8 +1,14 @@
+var port = 3000
  var express = require('express')
  var app = express()
```

```
+app.get('/timestamp', function (req, res) {
+  res.send('' + Date.now())
+})
+
  app.get('/', function (req, res) {
    res.send('hello world')
  })
-app.listen(3000)
+// Start the server
+app.listen(port)
Stage this hunk [y,n,q,a,d,s,e,?]? s
Split into 3 hunks.
@@ -1,3 +1,4 @@
+var port = 3000
  var express = require('express')
  var app = express()
Stage this hunk [y,n,q,a,d,j,J,g,/,e,?]? y
@@ -1,7 +2,11 @@
  var express = require('express')
  var app = express()
+app.get('/timestamp', function (req, res) {
+  res.send('' + Date.now())
+})
+
  app.get('/', function (req, res) {
    res.send('hello world')
  })
Stage this hunk [y,n,q,a,d,K,j,J,g,/,e,?]? n
@@ -4,5 +9,6 @@
 app.get('/', function (req, res) {
    res.send('hello world')
  })
-app.listen(3000)
+// Start the server
+app.listen(port)
Stage this hunk [y,n,q,a,d,K,g,/,e,?]? y
```

当整个文件的所有改动块都处理完成之后，通过 git diff --cached 命令可以看到，我的确只是把需要的那一部分改动，也就是端口相关的改动，添加到了缓冲区：

```
> git diff --cached
diff --git a/index.js b/index.js
index 63b6300..7b82693 100644
--- a/index.js
+++ b/index.js
@@ -1,3 +1,4 @@
+var port = 3000
  var express = require('express')
  var app = express()
@@ -5,4 +6,5 @@ app.get('/', function (req, res) {
```

```
    res.send('hello world')
  })
-app.listen(3000)
+// Start the server
+app.listen(port)
```

通过 git diff 命令，可以看到，与端点相关的改动仍留在工作区：

```
> git diff
diff --git a/index.js b/index.js
index 7b82693..986fcd8 100644
--- a/index.js
+++ b/index.js
@@ -2,6 +2,10 @@ var port = 3000
  var express = require('express')
  var app = express()
+app.get('/timestamp', function (req, res) {
+  res.send('' + Date.now())
+})
+
  app.get('/', function (req, res) {
    res.send('hello world')
  })
```

最后，再通过 git commit 命令，产生一个只包含端口相关改动的提交，实现将本地代码改动的一部分转变为提交的目的。

如果你想深入了解 git add -p 的内容，可以参考“git add -p: The most powerful git feature you're not using yet”[⊖]这篇文章。

这个操作的简单流程如图 9-2 所示。

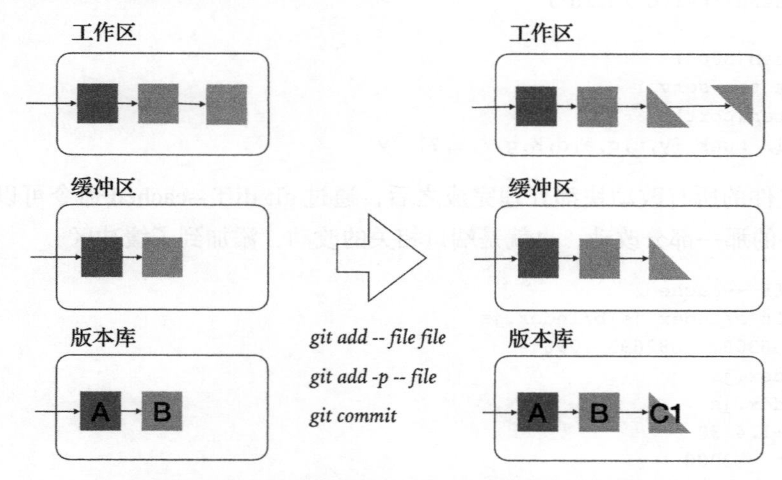

图 9-2 把工作区代码里改动的一部分转变为提交

⊖ https://johnkary.net/blog/git-add-p-the-most-powerful-git-feature-youre-not-using-yet/。

基本操作二：对当前提交进行拆分

在上面的操作中，我们通过git add -p，把工作区中的代码拆分成多个提交。但是，如果需要拆分的代码已经被放到一个提交中，如何处理？我们可以对当前提交进行拆分。注意，当前提交，指的是HEAD分支指向的提交。

下面继续以前文的代码为示例来解释其具体操作。如果我已经把关于端点的改动和端口的改动放到了同一个提交里，应该怎样拆分？

这时，我可以先“取消”已有的提交，也就是把提交的代码重新放回到工作区中，然后使用9.3节中的方法重新产生提交。注意这里的取消是带引号的，因为**在Git里所有的提交都是永久存在的，所谓取消，只不过是把当前分支移到了需要取消的提交的前面而已。**

首先，我可以使用git log查看历史，并使用git show确认提交包含了改动和端口改动：

```
## 查看提交历史
> git log --graph --oneline --all
* 7db082a (HEAD -> master) Change magic port AND add a endpoint
* 352cc92 Add gitignore file for node_modules
* e2dacbc (origin/master) Added the simple web server endpoint
...

## 查看提交
> git show
commit 7db082ab0f105ea185c89a0ba691857b55566469 (HEAD -> master)
...
diff --git a/index.js b/index.js
index 63b6300..986fcd8 100644
--- a/index.js
+++ b/index.js
@@ -1,8 +1,14 @@
+var port = 3000
 var express = require('express')
 var app = express()
+app.get('/timestamp', function (req, res) {
+  res.send('' + Date.now())
+})
+
 app.get('/', function (req, res) {
   res.send('hello world')
 })
-app.listen(3000)
+// Start the server
+app.listen(port)
```

然后，使用git branch temp命令产生一个临时分支temp，指向当前HEAD。temp分支的作用是预防代码丢失。如果后续工作出现问题，可以使用git reset --hard temp把代码仓、缓冲区和工作区都恢复到这个位置，从而不会丢失代码。

```
> git branch temp
```

```
> git log --graph --oneline --all
* 7db082a (HEAD -> master, temp) Change magic port AND add a endpoint
* 352cc92 Add gitignore file for node_modules
* e2dacbc (origin/master) Added the simple web server endpoint
...
```

下一步，使用 git reset HEAD^ 命令，把当前分支指向目标提交 HEAD^，也就是当前提交的父提交。在没有接 --hard 或者 --soft 参数时，git reset 会把目标提交的内容复制到缓冲区，但不会复制到工作区。所以，工作区的内容仍然是当前提交的内容，仍然有端点相关改动和端口相关改动。换句话说，这个命令让代码仓回到了对这两个改动进行提交之前的状态：

```
> git reset HEAD^
Unstaged changes after reset:
M index.js
> git status
On branch master
Your branch is ahead of 'origin/master' by 1 commit.
  (use "git push" to publish your local commits)
Changes not staged for commit:
  (use "git add <file>..." to update what will be committed)
  (use "git checkout -- <file>..." to discard changes in working directory)
 modified:   index.js
no changes added to commit (use "git add" and/or "git commit -a")
15:06:58 (master) jasonge@Juns-MacBook-Pro-2.local:~/jksj-repo/git-atomic-demo

## 改动在工作区
> git diff
diff --git a/index.js b/index.js
index 63b6300..986fcd8 100644
--- a/index.js
+++ b/index.js
@@ -1,8 +1,14 @@
+var port = 3000
  var express = require('express')
  var app = express()
+app.get('/timestamp', function (req, res) {
+  res.send('' + Date.now())
+})
+
  app.get('/', function (req, res) {
    res.send('hello world')
  })
-app.listen(3000)
+// Start the server
+app.listen(port)

## 输出为空
> git diff --cached
```

最后，可以使用 9.3 节中介绍的 git add -p 方法把工作区中的改动拆分成两个提交。这个操作的简单流程如图 9-3 所示。

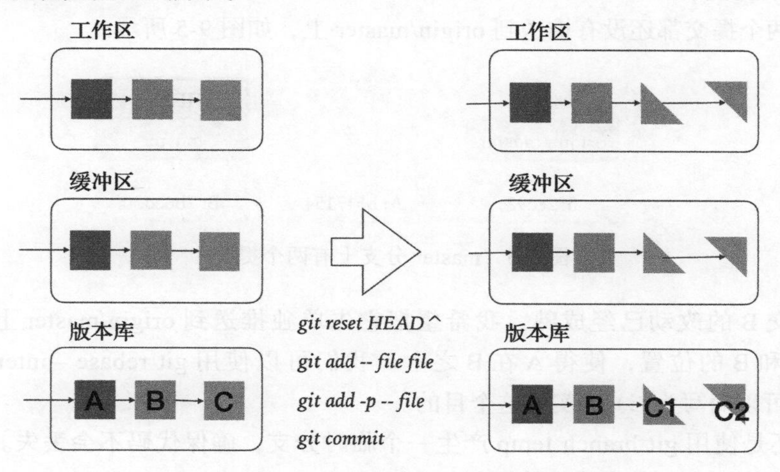

图 9-3　对当前提交进行拆分

基本操作三：修改当前提交

如果对当前提交的修改只限于提交说明（Commit Message）的话，可以直接使用 git commit --amend 命令。Git 会打开系统默认编辑器让我们对提交说明进行修改，修改完成之后保存退出即可。如果要修改的是文件内容，可以使用 git add、git rm 等命令把改动添加到缓冲区，再运行 git commit --amend，最后输入提交说明保存退出即可。这个操作的简单流程如图 9-4 所示。

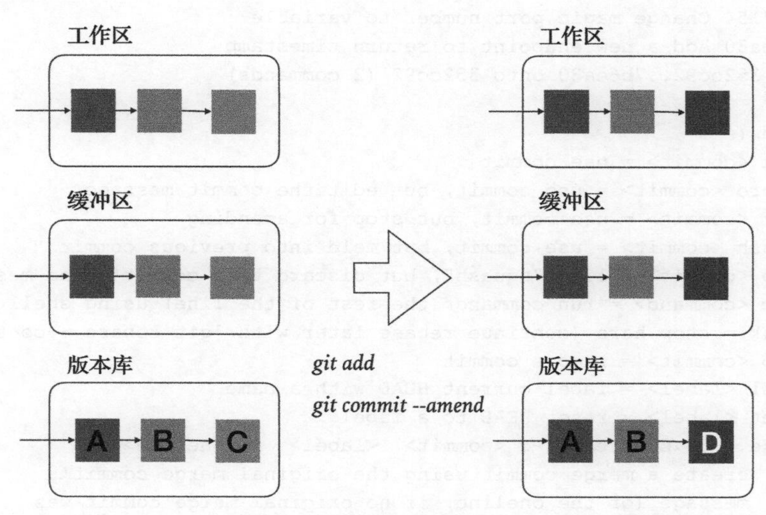

图 9-4　修改当前提交

基本操作四：交换多个提交的先后顺序

有些时候，我们需要交换多个提交的顺序。比如，master 分支上有两个提交 A 和 B，B 在 A 之上，两个提交都还没有推送到 origin/master 上，如图 9-5 所示。

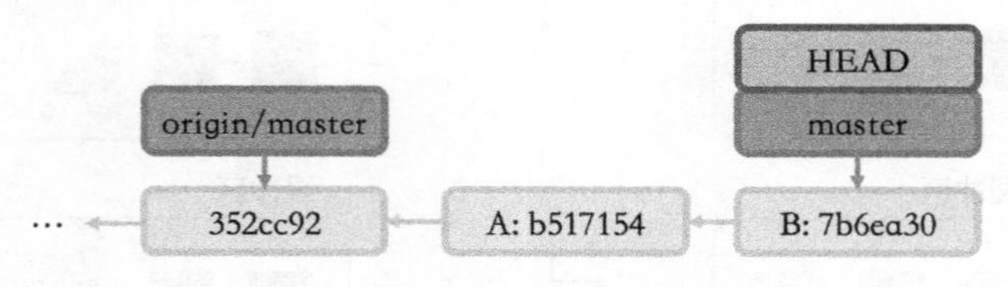

图 9-5 master 分支上有两个提交

其中提交 B 的改动已经成熟，我希望把它先单独推送到 origin/master 上去，这时就需要交换 A 和 B 的位置，使得 A 在 B 之上。我们可以使用 git rebase --interactive（选项 --interactive 可以简写为 -i）来实现这个目的。

首先，还是使用 git branch temp 产生一个临时分支，确保代码不会丢失。然后，使用 git log --oneline --graph 来确认当前提交历史：

```
> git log --oneline --graph
* 7b6ea30 (HEAD -> master, temp) Add a new endpoint to return timestamp
* b517154 Change magic port number to variable
* 352cc92 (origin/master) Add gitignore file for node_modules
* e2dacbc Added the simple web server endpoint
* 2f65a89 Init commit created by installing express module
```

接下来，运行 git rebase -i origin/master 进行提交的顺序交换。Git 会打开系统默认编辑器，让我们选择 rebase 的具体操作：

```
pick b517154 Change magic port number to variable
pick 7b6ea30 Add a new endpoint to return timestamp
# Rebase 352cc92..7b6ea30 onto 352cc92 (2 commands)
#
# Commands:
# p, pick <commit> = use commit
# r, reword <commit> = use commit, but edit the commit message
# e, edit <commit> = use commit, but stop for amending
# s, squash <commit> = use commit, but meld into previous commit
# f, fixup <commit> = like "squash", but discard this commit's log message
# x, exec <command> = run command (the rest of the line) using shell
# b, break = stop here (continue rebase later with 'git rebase --continue')
# d, drop <commit> = remove commit
# l, label <label> = label current HEAD with a name
# t, reset <label> = reset HEAD to a label
# m, merge [-C <commit> | -c <commit>] <label> [# <oneline>]
# .       create a merge commit using the original merge commit's
# .       message (or the oneline, if no original merge commit was
# .       specified). Use -c <commit> to reword the commit message.
#
```

```
# These lines can be re-ordered; they are executed from top to bottom.
#
# If you remove a line here THAT COMMIT WILL BE LOST.
#
# However, if you remove everything, the rebase will be aborted.
#
# Note that empty commits are commented out
```

rebase命令一般翻译为变基，意思是改变分支的参考基准。**具体到git rebase -i origin/master命令，就是把从origin/master之后到当前HEAD的所有提交，也就是A和B，重新有选择地放到origin/master上面**。你可以选择是否放某一个提交，也可以选择多个提交放置顺序，还可以选择将多个提交合并成一个，等等。另外，这里说的放一个提交，指的是在HEAD上应用一个提交的意思。

使用git rebase -i打开编辑器时，里面默认的操作列表是把原有提交全部原封不动地放到新的参考基准上去，具体到这个例子，是指用两个pick命令把A和B先后重新放到origin/master之上，如果直接保存并退出，则结果与使用rebase命令之前没有任何改变。

因为我需要交换A和B的顺序，所以只需要交换两个pick指令行，保存并退出即可。git rebase就会按顺序把B和A放到origin/master上。

```
pick 7b6ea30 Add a new endpoint to return timestamp
pick b517154 Change magic port number to variable
# Rebase 352cc92..7b6ea30 onto 352cc92 (2 commands)
# ...
```

至此，我们就完成了交换两个提交的先后顺序的操作。下一步，可以用git log命令来验证A和B确实交换了顺序。

```
## 以下是 git rebase -i origin/master 的输出结果
Successfully rebased and updated refs/heads/master.

## 查看提交历史
> git log --oneline --graph --all
* 65c41e6 (HEAD -> master) Change magic port number to variable
* 40e2824 Add a new endpoint to return timestamp
| * 7b6ea30 (temp) Add a new endpoint to return timestamp
| * b517154 Change magic port number to variable
|/
* 352cc92 (origin/master) Add gitignore file for node_modules
* e2dacbc Added the simple web server endpoint
* 2f65a89 Init commit created by installing express module
```

交换顺序后的简单流程如图9-6所示。

值得注意的是，A和B的commit SHA1改变了，因为它们实际上是新生成的A和B的副本，原来的两个提交仍然存在（图中虚线框部分），可以用分支temp找到它们。如果temp分支被删除，A和B会自动被Git的垃圾收集过程gc在下一次运行时清除。

事实上，git rebase -i的功能非常强大，除了交换提交的顺序外，还可以删除提交、合并多个提交。如果你想深入了解这部分内容，可以参考《Git 工具——重写历史》[1]这篇文章。

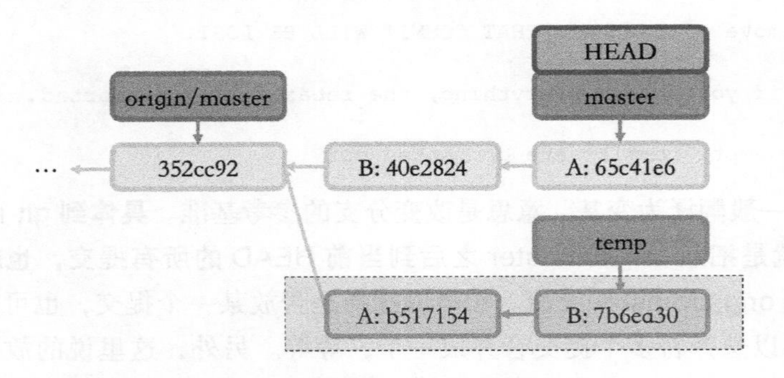

图 9-6　交换顺序后的图示

这个操作的简单流程如图 9-7 所示。

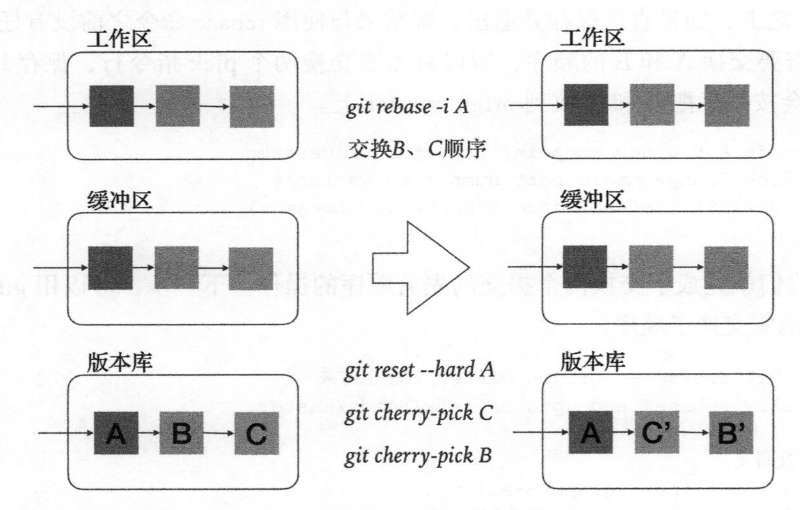

图 9-7　交换多个提交的先后顺序

基本操作五：修改非头部提交

基本操作二、三、四都是对当前分支头部的一个提交或者多个提交进行操作。但在实际工作中，为了方便实现原子性，我们有时也会需要修改历史提交，也就是修改非头部提交。对历史提交操作，最方便的方式依然是使用强大的 git rebase -i。

我们继续使用上面修改 A 和 B 两个提交的顺序的例子来说明。在还没有交换提交 A 和 B 的顺序时，也就是 B 在 A 之上的时候，如图 9-8 所示，我发现需要修改提交 A。

首先，运行 git rebase -i origin/master，然后，在弹出的编辑窗口中把原来的 pick

[1] https://git-scm.com/book/zh/v2。

b517154 这一行改为 edit b517154。其中，b517154 是提交 A 的 SHA1。

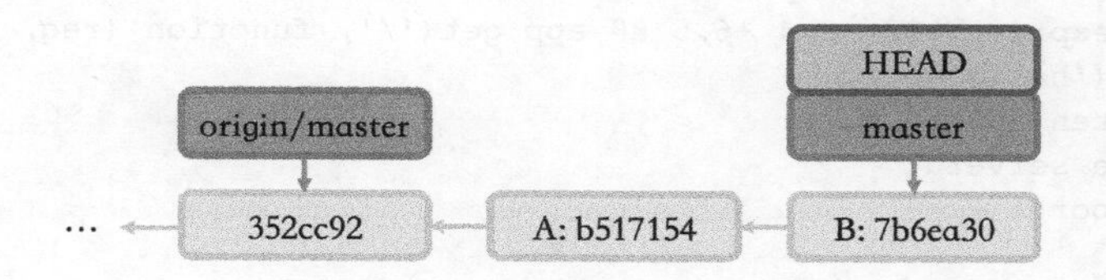

图 9-8　在未交换前需要修改提交 A

```
edit b517154 Change magic port number to variable
pick 7b6ea30 Add a new endpoint to return timestamp
# Rebase 352cc92..7b6ea30 onto 352cc92 (2 commands)
# ...
```

而 edit b517154，是告知 git rebase 命令在应用了 b517154 之后，暂停后续的 rebase 操作，直到我手动运行 git rebase --continue 通知它继续运行。这样，当我在编辑器中保存修改并退出之后，git rebase 就会暂停。

```
> git rebase -i origin/master
Stopped at b517154...  Change magic port number to variable
You can amend the commit now, with  git commit --amendOnce you are satisfied with
    your changes, run  git rebase --continue
22:29:35 (master|REBASE-i) ~/jksj-repo/git-atomic-demo >
```

这时，可以运行 git log --oneline --graph --all，确认当前 HEAD 已经指向了我想要修改的提交 A。

```
> git log --oneline --graph --all
* 7b6ea30 (master) Add a new endpoint to return timestamp
* b517154 (HEAD) Change magic port number to variable
* 352cc92 (origin/master) Add gitignore file for node_modules
* e2dacbc Added the simple web server endpoint
* 2f65a89 Init commit created by installing express module
```

之后，我就可以使用 9.3 节中提到的方法对当前提交（也就是 A）进行修改了，代码如下所示。

```
## 检查当前HEAD内容
> git show
commit b51715452023fcf12432817c8a872e9e9b9118eb (HEAD)
Author: Jason Ge <gejun_1978@yahoo.com>
Date:   Mon Oct 14 12:50:36 2019    Change magic port number to variable    Summary:
  It's not good to have a magic number. This commit changes it to a
  varaible.    Test:
  Run node index.js and verified the root endpoint still works.diff --git a/index.
    js b/index.js
index 63b6300..7b82693 100644
--- a/index.js
+++ b/index.js
@@ -1,3 +1,4 @@
```

```
+var port = 3000
  var express = require('express')
  var app = express()@@ -5,4 +6,5 @@ app.get('/', function (req, res) {
    res.send('hello world')
  })-app.listen(3000)
+// Start the server
+app.listen(port)

## 用Vim对文件进行修改，在注释部分添加at a predefined port
> vim index.js## 查看工作区中的修改
> git diff
diff --git a/index.js b/index.js
index 7b82693..eb53f5f 100644
--- a/index.js
+++ b/index.js
@@ -6,5 +6,5 @@ app.get('/', function (req, res) {
    res.send('hello world')
  })-// Start the server
+// Start the server at a predefined port
  app.listen(port)
22:40:10 (master|REBASE-i) jasonge@Juns-MacBook-Pro-2.local:~/jksj-repo/git-atomic-demo
> git add index.js

## 将修改添加到提交A中去
> git commit --amend
[detached HEAD f544b12] Change magic port number to variable
  Date: Mon Oct 14 12:50:36 2019 +0800
  1 file changed, 3 insertions(+), 1 deletion(-)
22:41:18 (master|REBASE-i) jasonge@Juns-MacBook-Pro-2.local:~/jksj-repo/git-atomic-demo

## 查看修改过后的A，确认其包含了新修改的内容at a predefined port
> git show
commit f544b1247a10e469372797c7dd08a32c0d59b032 (HEAD)
Author: Jason Ge <gejun_1978@yahoo.com>
Date:   Mon Oct 14 12:50:36 2019   Change magic port number to variable   Summary:
    It's not good to have a magic number. This commit changes it to a
    varaible.   Test:
    Run node index.js and verified the root endpoint still works.diff --git a/index.
        js b/index.js
index 63b6300..eb53f5f 100644
--- a/index.js
+++ b/index.js
@@ -1,3 +1,4 @@
+var port = 3000
  var express = require('express')
  var app = express()@@ -5,4 +6,5 @@ app.get('/', function (req, res) {
    res.send('hello world')
  })-app.listen(3000)
+// Start the server at a predefined port
+app.listen(port)
```

执行后，我们就可以运行 git rebase --continue 来完成 git rebase -i 的后续操作，Git 会自动在 A 之上应用提交 B，并把 HEAD 重新指向 B，从而完成对历史提交 A 的修改的整个过程。

```
## 继续运行rebase命令的其他步骤
> git rebase --continue
Successfully rebased and updated refs/heads/master.
## 查看提交历史
> git log --oneline --graph --all
* 27cba8c (HEAD -> master) Add a new endpoint to return timestamp
* f544b12 Change magic port number to variable
| * 7b6ea30 (temp) Add a new endpoint to return timestamp
| * b517154 Change magic port number to variable
|/
* 352cc92 (origin/master) Add gitignore file for node_modules
* e2dacbc Added the simple web server endpoint
* 2f65a89 Init commit created by installing express module
```

经过 rebase 命令，我重新生成了提交 A 和 B。同样的，A 和 B 是新生成的两个提交，原来的 A 和 B 仍然存在，如图 9-9 所示。

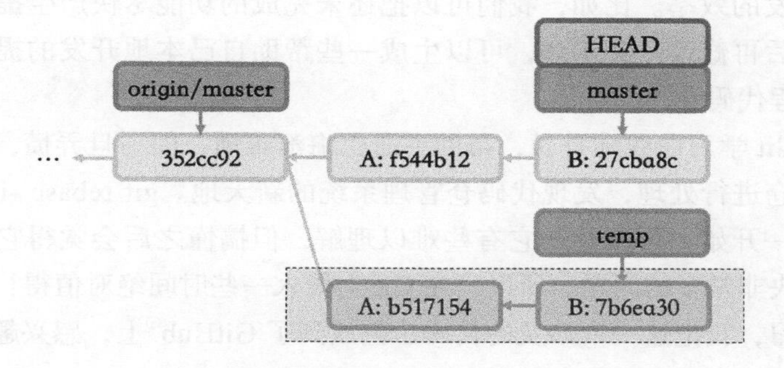

图 9-9 重新提交 A 和 B

以上就是修改历史提交内容的步骤。这个操作的简单流程如图 9-10 所示。

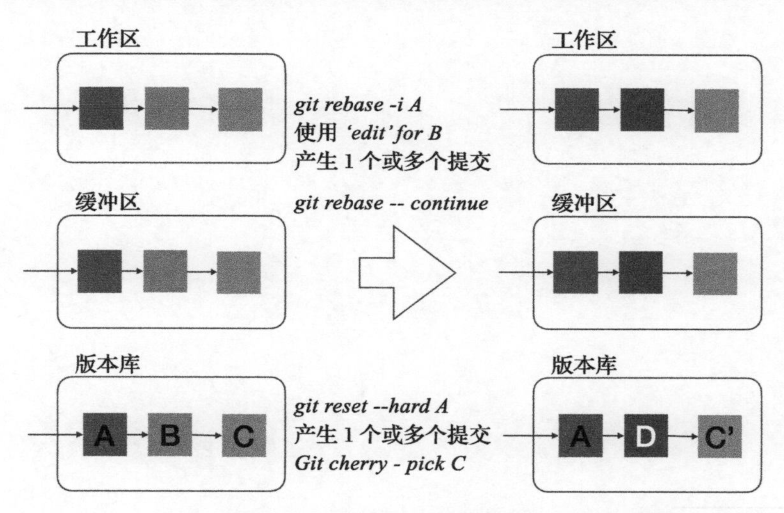

图 9-10 修改非头部提交

如果我们需要对历史提交进行拆分的话，步骤也差不多：首先，使用 git rebase -i，在需要拆分的提交处使用 edit 指令；然后，在 git rebase -i 暂停的时候，对目标提交进行拆分；拆分完成之后，运行 git rebase --continue 即可。

9.3 小结

以上就是 Git 支持代码提交原子性的五种基本操作，包括用工作区改动的一部分产生提交、对当前提交进行拆分、修改当前提交、交换多个提交的先后顺序，以及对非头部提交进行修改。掌握这些基本操作，可以让我们更灵活地对代码提交进行修改、拆分、合并和交换顺序，为使用 Git 实现代码原子性的工作流打好基础。

这些基本操作非常强大且实用，除了可以用来提高代码提交的原子性外，还可以帮助我们提高日常开发的效率。比如，我们可以把还未完成的功能尽快产生提交，确保代码不会丢失，等到以后再修改。又比如，可以生成一些帮助自己本地开发的提交，始终放在本地，不推送到远程代码仓。

在我看来，Git 学习曲线陡且长，帮助手册也晦涩难懂，但一旦弄懂，它能让你非常灵巧地对本地代码仓进行处理，发现代码仓管理系统的新天地。git rebase -i 命令就是一个非常典型的例子。一开始，你会觉得它有些难以理解，但搞懂之后会觉得它非常有用，使用它可以高效地解决非常多的问题。所以，在 Git 上投入一些时间绝对值得！

为了方便学习，我把这一章涉及的代码示例放到了 GitHub[⊖]上，感兴趣的读者可以自行上网查看。

⊖ http://github.com/jungejason/git-atomic-demo。

第 10 章 Chapter 10

实现代码提交的原子性的 Git 工作流

有了上一章介绍的 Git 的五个基本操作作为基础，本章将介绍如何使用 Git 实现代码提交的原子性。借助 Git 的强大功能，开发人员可以使用以下两种开发模式（工作流）来实现代码提交的原子性：

1）**单分支开发模式**：使用一个分支，完成所有需求的开发；

2）**多分支开发模式**：使用多个分支，每个分支开发一个需求。

在本章的描述中，需求包括功能开发和缺陷修复，用大写字母 A、B、C 等表示；每个需求包含不定数量的提交，每个提交用需求名 + 序号表示。比如，A 可能包含 A1、A2 两个提交，B 可能只包含 B1 这一个提交，而 C 则可能包含 C1、C2、C3 三个提交。

需要强调的是，这两种工作流中的一个分支和多个分支，都存在于开发人员的本地机器中，而不是远程代码仓中的功能分支上。另外，这两种 Git 工作流对代码提交原子性的助力作用，跟主代码仓是否使用单分支没有关系。也就是说，即使你所在团队的主仓没有使用单分支开发模式，仍然可以使用这两种工作流来实现代码提交的原子性。

10.1 工作流一：使用一个分支完成所有需求的开发

这种工作流的最大特点是，**使用一个分支上的提交链，大量使用 git rebase -i 来修改提交链上的提交**。这里的提交链，指的是当前分支上还没有推送到远端主仓共享分支的所有提交。

首先，我们需要设置一个本地分支来进行需求开发，通过这个分支和远端主仓的共享分支进行交互。本地分支通常直接使用 master 分支，而远端主仓的共享分支一般是 origin/master，也叫作上游分支（upstream）。

通常来说，master 是默认产生的分支，并且它已经在跟踪 origin/master，不需要做任何设置。我们可以通过查看 .git/config 文件进行确认：

```
> cat .git/config
...
[remote "origin"]
  url = git@github.com:jungejason/git-atomic-demo.git
  fetch = +refs/heads/*:refs/remotes/origin/*
[branch "master"]
  remote = origin
  merge = refs/heads/master
```

可以看到，master 分支里有一个 remote = origin 选项，表明 master 分支在跟踪 origin 这个上游仓库；另外，config 文件里还有一个 remote "origin" 选项，指定了 origin 这个上游仓库的地址。

除了直接查看 config 文件外，Git 还提供了命令行工具。我们可以使用 git branch -vv 查看某个分支是否在跟踪某个远程分支，然后使用 git remote show <upstream-repo-name> 去查看远程代码仓的细节。不过因为 config 文件简单直观，所以我常常直接到 config 文件里面进行查看和修改。

```
## 查看远程分支细节
> git branch -vv
  master       5055c14 [origin/master: behind 1] Add documentation for getRandom
      endpoint

## 查看分支跟踪的远程代码仓细节
> git remote show origin
* remote origin
  Fetch URL: git@github.com:jungejason/git-atomic-demo.git
  Push  URL: git@github.com:jungejason/git-atomic-demo.git
  HEAD branch: master
  Remote branch:
    master tracked
  Local branches configured for 'git pull':
    master  merges with remote master
  Local ref configured for 'git push':
    master pushes to master (fast-forwardable)
11:07:36 (master2) jasonge@Juns-MacBook-Pro-2.local:~/jksj-repo/git-atomic-demo
```

关于远程跟踪上游代码仓分支的更多细节，比如产生新分支、设置上游分支等，可以参考“Git: Upstream Tracking Understanding”这篇文章。

设置好分支之后，我们来看单分支开发模式的具体步骤，大致包括以下 4 步：

1）一个原子性的提交完成后，使用第 9 章中提到的改变提交顺序的方法，把它放到距离 origin/master 最近的地方；

2）把这个提交发送到代码审查系统（下文以 Phabricator 为例）进行质量检查，包括代码审查和机器检查，在等待质量检查结果的同时，继续进行其他提交的开发；

3）如果发送到 Phabricator 的提交没有通过质量检查，则需要对提交进行修改，修改之后返回第 2 步；

4）如果发送到 Phabricator 的提交通过了质量检查，就把这个提交推送到主代码仓的共享分支上，然后继续其他分支的开发，回到第 1 步。

请注意第 2 步的目的是确保入库代码的质量，可以根据团队实际情况进行检查的配置。比如，可以通过提交 PR 触发机器检查的工作流，也可以运行单元测试自行检查。如果没有任何质量检查的话，至少也要进行简单手工验证，让进入远程代码仓的代码有起码的质量保障。

下面我设计了一个案例，尽量模拟真实开发场景，来详细讲述这个工作流的操作步骤。大致场景如下：我起初在开发需求 A，这时来了更紧急的需求 B。于是，我开始开发 B，把 B 分成两个原子性提交 B1 和 B2，并在 B1 完成之后先推送到远程代码仓共享分支。

这个案例的目的是为了说明 Git 操作，所以提交的改动内容设计得很简单。

阶段 1：开发需求 A

某天，我接到开发需求 A 的任务，要求在项目中添加一个 README 文件，对项目进行描述。具体操作是先添加 README.md 文件，然后用 git commit -am 'readme' 快速生成一个提交 A1，确保代码不会丢失。

```
## 文件内容
> cat README.md
## This project is for demoing git
## 产生提交
> git commit -am 'readme'
[master 0825c0b] readme
  1 file changed, 1 insertion(+)
  create mode 100644 README.md
## 查看提交历史
> git log --oneline --graph
* 0825c0b (HEAD -> master) readme
* 7b6ea30 (origin/master) Add a new endpoint to return timestamp
...

## 查看提交细节
> git show
commit 0825c0b6cd98af11b171b52367209ad6e29e38d1 (HEAD -> master)
Author: Jason Ge <gejun_1978@yahoo.com>
Date:   Tue Oct 15 12:45:08 2019
    readmediff --git a/README.md b/README.md
new file mode 100644
index 0000000..789cfa9
--- /dev/null
+++ b/README.md
@@ -0,0 +1 @@
+## This project is for demoing git
```

这时，A1 是 master 上没有推送到 origin/master 的唯一提交，也就是说，它是提交链上的唯一提交，如图 10-1 所示。

注意，此时 A1 的提交说明很简单，仅仅包含 readme 这 6 个字符。后面步骤中，在把 A1 发出去做代码质量检查时，我需要添加提交说明的细节。

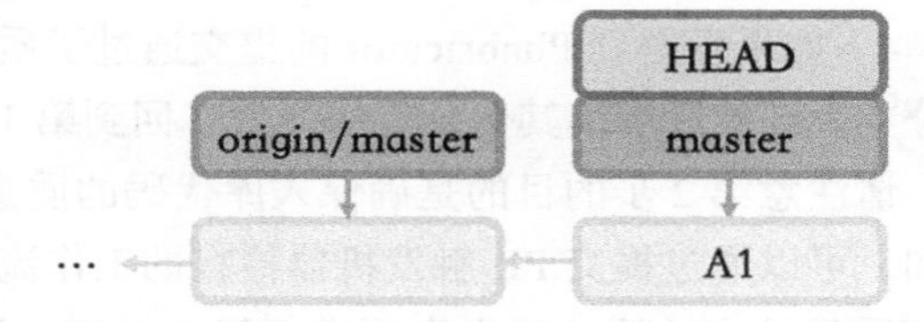

图 10-1 提交链上只有 A1 提交（单分支工作流状态 1）

阶段 2：开发需求 B

这时，来了另外一个紧急需求 B，要求是添加一个 getRandom 方法。开发时，我不切换分支，直接在 master 上继续开发。

首先，我写了一个 getRandom 的实现，并进行简单验证。

```
## 用Vim修改
> vim index.js

## 查看工作区中的改动
> git diff
diff --git a/index.js b/index.js
index 986fcd8..06695f6 100644
--- a/index.js
+++ b/index.js
@@ -6,6 +6,10 @@ app.get('/timestamp', function (req, res) {
    res.send('' + Date.now())
  })+app.get('/getRandom', function (req, res) {
+  res.send('' + Math.random())
+})
+
  app.get('/', function (req, res) {
    res.send('hello world')
  })

## 用命令行工具httpie验证结果
> http localhost:3000/getRandom
HTTP/1.1 200 OK
Connection: keep-alive
Content-Length: 19
Content-Type: text/html; charset=utf-8
Date: Tue, 15 Oct 2019 03:49:15 GMT
ETag: W/"13-U1KCE8QRuz+dioGnmVwMkEWypYI"
X-Powered-By: Express0.25407324324864167
```

为确保代码不丢失，我用 git commit -am 'random' 命令生成了一个新提交 B1：

```
## 产生提交
> git commit -am 'random'
[master 7752df4] random
  1 file changed, 4 insertions(+)
```

```
## 查看提交历史
> git log --oneline --graph
* 7752df4 (HEAD -> master) random
* 0825c0b readme
* 7b6ea30 (origin/master) Add a new endpoint to return timestamp
...## 查看提交细节
> git show
commit f59a4084e3a2c620bdec49960371f8cc93b86825 (HEAD -> master)
Author: Jason Ge <gejun_1978@yahoo.com>
Date:   Tue Oct 15 11:55:06 2019   randomdiff --git a/index.js b/index.js
index 986fcd8..06695f6 100644
--- a/index.js
+++ b/index.js
@@ -6,6 +6,10 @@ app.get('/timestamp', function (req, res) {
    res.send('' + Date.now())
  })+app.get('/getRandom', function (req, res) {
+  res.send('' + Math.random())
+})
+
  app.get('/', function (req, res) {
    res.send('hello world')
  })
```

B1 的提交说明也很简单，因为当前的关键任务是先把代码运行起来。

现在，我的提交链上有 A1 和 B1 两个提交，如图 10-2 所示。

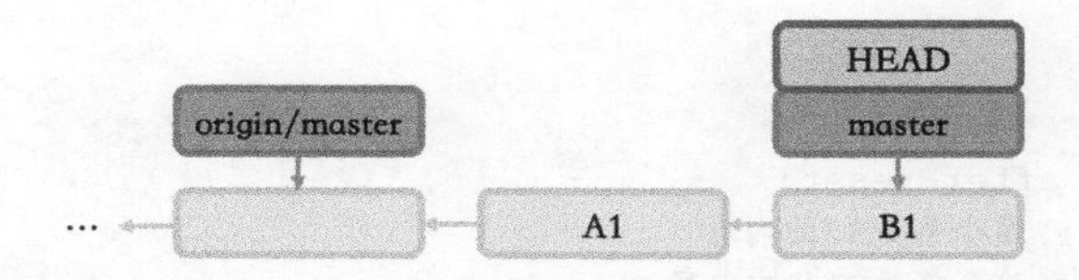

图 10-2　提交链上有 A1 和 B1 两个提交（单分支工作流状态 2）

接下来，我需要进一步开发需求 B：在 README 文件中给这个新的端点添加说明。

```
> git diff
diff --git a/README.md b/README.md
index 789cfa9..7b2b6af 100644
--- a/README.md
+++ b/README.md
@@ -1 +1,3 @@
  ## This project is for demoing git
+
+You can visit endpoint getRandom to get a random real number.
```

我认为这个改动是 B1 的一部分，所以我用 git commit --amend 把它添加到 B1 中。

```
## 添加改动到B1
> git add README.md
> git commit --amend
```

```
[master 27c4d40] random
  Date: Tue Oct 15 11:55:06 2019 +0800
  2 files changed, 6 insertions(+)
## 查看提交历史
> git log --oneline --graph
* 27c4d40 (HEAD -> master) random
* 0825c0b readme
* 7b6ea30 (origin/master) Add a new endpoint to return timestamp
```

现在，我的提交链上有 A1 和 B1' 两个提交。这里的 B1' 是为了区别之前的 B1，B1 仍然存在代码仓中，只是不再使用，如图 10-3 所示。

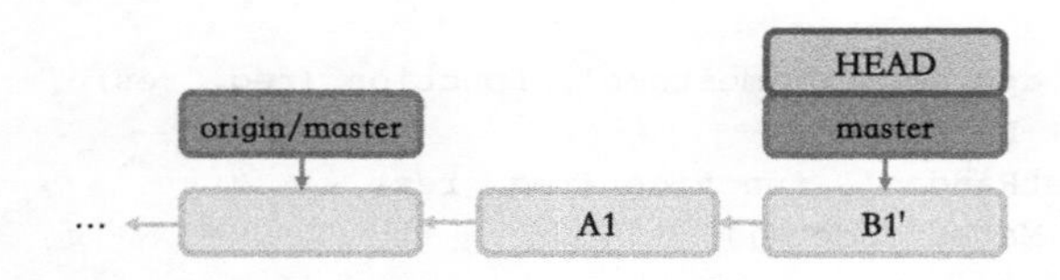

图 10-3 提交链上有 A1 和 B1' 两个提交（单分支工作流状态 3）

阶段 3：拆分需求 B 的代码，把 B1′ 提交检查系统

这时，我觉得 B1' 的功能实现部分，也就是 index.js 的改动部分，可以推送到 origin/master 了。不过，文档部分，也就是 README.md 文件的改动，还不够好，而且功能实现和文档改动应该分成两个原子性提交。于是，我将 B1' 拆分为 B1" 和 B2 两部分。

```
## 将B1'拆分
> git reset HEAD^
Unstaged changes after reset:
M   README.md    ## 这个将是B2的内容
M   index.js     ## 这个将是B1"的内容
> git status
On branch master
Your branch is ahead of 'origin/master' by 1 commit.
  (use "git push" to publish your local commits)
Changes not staged for commit:
  (use "git add <file>..." to update what will be committed)
  (use "git checkout -- <file>..." to discard changes in working directory)
    modified:   README.md
    modified:   index.js
no changes added to commit (use "git add" and/or "git commit -a")
> git add index.js
> git commit   ## 填写B1"的提交说明
> git add README.md
> git commit   ## 填写B2的提交说明
## 查看提交历史
* 68d813f (HEAD -> master) [DO NOT PUSH] Add documentation for getRandom endpoint
* 7d43442 Add getRandom endpoint
* 0825c0b readme
* 7b6ea30 (origin/master) Add a new endpoint to return timestamp
```

现在，提交链上有 A1、B1"、B2 三个提交，如图 10-4 所示。

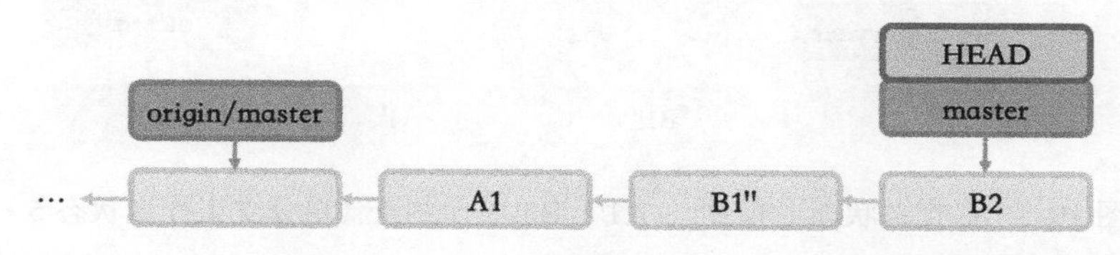

图 10-4　提交链上有 A1、B1"、B2 三个提交（单分支工作流状态 4）

注意，在这里我把功能实现和文档改动分为两个原子性提交，只是为了帮助说明我需要把 B1' 进行原子性拆分而已，在实际工作中，很可能这两个改动放在一个提交当中更合适。

提交 B1' 拆开之后，为了把 B1" 推送到 origin/master 上去，我需要把 B1" 挪到 A1 的前面。首先，运行 git rebase -i origin/master。

```
> git rebase -i origin/master
## 下面是弹出的编辑器
pick 0825c0b readme                          ## 这个是A1
pick 7d43442 Add getRandom endpoint   ## 这个是B1"
pick 68d813f [DO NOT PUSH] Add documentation for getRandom endpoint# Rebase
    7b6ea30..68d813f onto 7b6ea30 (3 commands)
...
```

然后，把针对 B1" 的那一行挪到第一行，保存并退出。

```
pick 7d43442 Add getRandom endpoint  ## 这个是B1"
pick 0825c0b readme                        ## 这个是A1
pick 68d813f [DO NOT PUSH] Add documentation for getRandom endpoint
# Rebase 7b6ea30..68d813f onto 7b6ea30 (3 commands)
...
```

git rebase -i 命令会显示运行成功，使用 git log 命令可以看到，我成功改变了提交的顺序。

```
> git rebase -i origin/master
Successfully rebased and updated refs/heads/master.
> git log --oneline --graph
* 86126f7 (HEAD -> master) [DO NOT PUSH] Add documentation for getRandom endpoint
* 7113c16 readme
* 4d37768 Add getRandom endpoint
* 7b6ea30 (origin/master) Add a new endpoint to return timestamp
```

现在，提交链上有 B1'''、A1'、B2' 三个提交。请注意，B2' 也是一个新的提交。虽然我只是交换了 B1" 和 A 的顺序，但 git rebase 的操作是重新应用，所以重新生成了三个新提交，如图 10-5 所示。

现在，我可以把 B1''' 发送给质量检查系统了。

首先，产生一个临时分支 temp 指向 B2'，确保后面能回到原来的代码；然后，用 git reset --hard 命令把 master 和 HEAD 指向 B1'''。

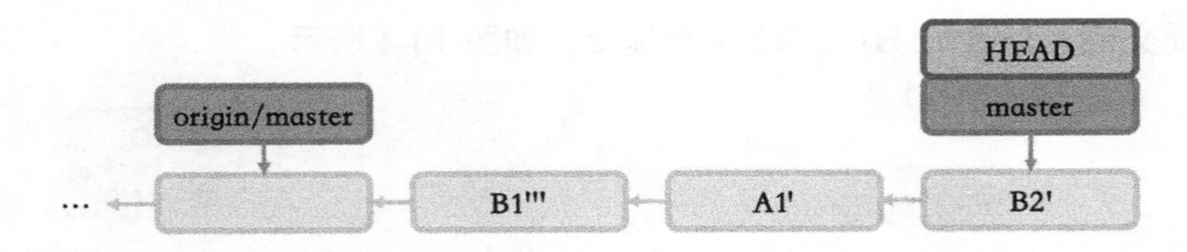

图 10-5 提交链状态上有 B'''、A1'、B2' 三个提交（单分支工作流状态 5）

```
> git branch temp
> git reset --hard 4d37768
HEAD is now at 4d37768 Add getRandom endpoint
## 检查提交链
> git log --oneline --graph
* 4d37768 (HEAD -> master) Add getRandom endpoint
* 7b6ea30 (origin/master) Add a new endpoint to return timestamp
...
```

这时，提交链中只有 B1'''。当然，A1' 和 B2' 仍然存在，只是不在提交链上而已。如图 10-6 所示。

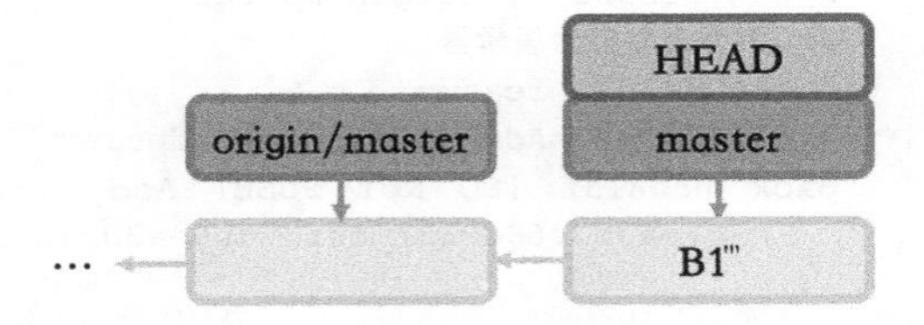

图 10-6 提交链上只有 B1'''（单分支工作流状态 6）

最后，运行命令把 B1''' 提交到 Phabricator 上，结束后使用 git reset --hard temp 命令重新把 HEAD 指向 B2'。

```
## 运行arc命令把B'''提交到Phabricator上
> arc diff## 重新把HEAD指向B2'
> git reset --hard temp
HEAD is now at 86126f7 [DO NOT PUSH] Add documentation for getRandom endpoint

## 检查提交链
> git log --oneline --graph
* 86126f7 (HEAD -> master, temp, single-branch-step-5) [DO NOT PUSH] Add documentation
    for getRandom endpoint
* 7113c16 readme
* 4d37768 Add getRandom endpoint
* 7b6ea30 (origin/master) Add a new endpoint to return timestamp
```

这时，提交链又恢复成 B1'''、A1'、B2' 三个提交了，如图 10-7 所示。

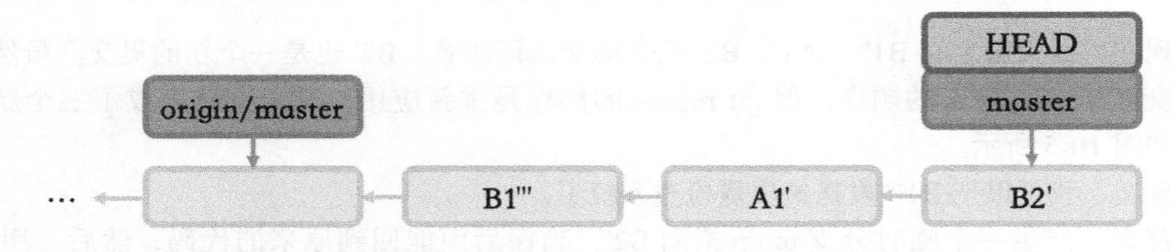

图 10-7 提交链上有 B1'''、A1'、B2' 三个提交（单分支工作流状态 7）

阶段 4：继续开发 B2，同时得到 B1 的反馈，修改 B1

把 B1''' 发送到质量检查中心之后，回到 B2' 继续工作，也就是在 README 文件中继续添加关于 getRandom 的文档。这时，我得到同事对 B1''' 的反馈，要求我对其进行修改。于是，我首先保存当前对 B2' 的修改，用 git commit --amend 把它添加到 B2' 中。

```
## 查看工作区中的修改
> git diff
diff --git a/README.md b/README.md
index 8a60943..1f06f52 100644
--- a/README.md
+++ b/README.md
@@ -1,3 +1,4 @@
 ## This project is for demoing git You can visit endpoint getRandom to get a random
    real number.
+The end endpoint is `/getRandom`.

## 把工作区中的修改添加到B2'中
> git add README.md
> git commit --amend
[master 7b4269c] [DO NOT PUSH] Add documentation for getRandom endpoint
  Date: Tue Oct 15 17:17:18 2019 +0800
  1 file changed, 3 insertions(+)
* 7b4269c (HEAD -> master) [DO NOT PUSH] Add documentation for getRandom endpoint
* 7113c16 readme
* 4d37768 Add getRandom endpoint
* 7b6ea30 (origin/master) Add a new endpoint to return timestamp
```

这时，提交链成为 B1'''、A1'、B2'' 三个提交，如图 10-8 所示。

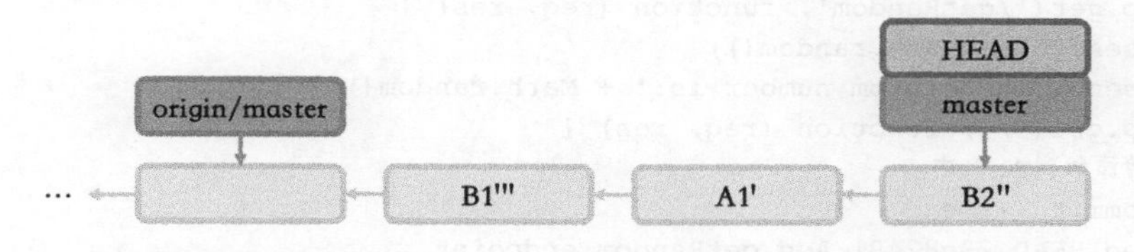

图 10-8　提交链上有 B1'''、A1'、B2'' 三个提交（单分支工作流状态 8）

下面，针对同事对 B1''' 的反馈意见，我使用第 9 章介绍的基础操作对其进行修改。

首先，在 git rebase -i origin/master 命令弹出的文本输入框中，将 pick B1''' 那一行修改为 edit B1'''，保存并退出，此时 git rebase 暂停在 B1''' 处：

```
> git rebase -i origin/master

## 以下是弹出编辑器中的文本内容
edit 4d37768 Add getRandom endpoint    ## <-- 这一行开头原本是pick
pick 7113c16 readme
pick 7b4269c [DO NOT PUSH] Add documentation for getRandom endpoint
```

```
## 以下是保存退出后 git rebase -i origin/master 的输出
Stopped at 4d37768...  Add getRandom endpoint
You can amend the commit now, with
  git commit --amend
Once you are satisfied with your changes, run
  git rebase --continue

## 查看提交历史
> git log --oneline --graph
* 4d37768 (HEAD) Add getRandom endpoint
* 7b6ea30 (origin/master) Add a new endpoint to return timestamp
```

这时，提交链上只有 B1''' 一个提交，如图 10-9 所示。

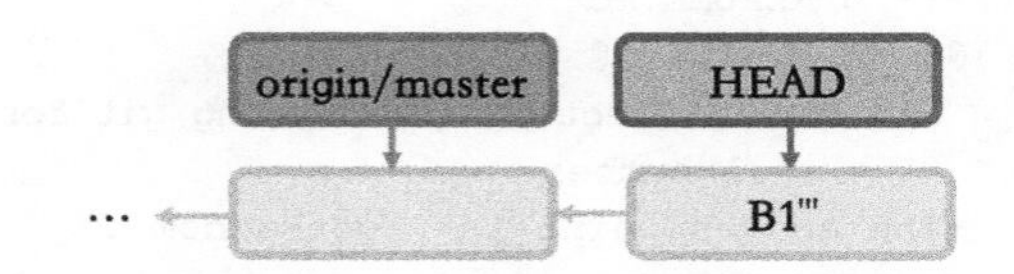

图 10-9 提交链上只有 B1'''（单分支工作流状态 9）

然后，我对 index.js 进行修改，并添加到 B1''' 中，成为 B1''''。完成后，再次把 B1'''' 发送到代码质量检查系统。

```
## 根据同事反馈，修改index.js
> vim index.js
> git add index.js
## 查看修改
> git diff --cached
diff --git a/index.js b/index.js
index 06695f6..cc92a42 100644
--- a/index.js
+++ b/index.js
@@ -7,7 +7,7 @@ app.get('/timestamp', function (req, res) {
  }) app.get('/getRandom', function (req, res) {
-   res.send('' + Math.random())
+   res.send('The random number is:' + Math.random())
  }) app.get('/', function (req, res) {
## 把改动添加到B1'''中
> git commit --amend
[detached HEAD 29c8249] Add getRandom endpoint
  Date: Tue Oct 15 17:16:12 2019 +0800
  1 file changed, 4 insertions(+)
19:17:28 (master|REBASE-i) jasonge@Juns-MacBook-Pro-2.local:~/jksj-repo/git-atomic-
    demo
> git show
commit 29c82490256459539c4a1f79f04823044f382d2b (HEAD)
Author: Jason Ge <gejun_1978@yahoo.com>
Date:   Tue Oct 15 17:16:12 2019
    Add getRandom endpoint
    Summary:
    As title.   Test:
    Verified it on localhost:3000/getRandomdiff --git a/index.js b/index.js
index 986fcd8..cc92a42 100644
--- a/index.js
```

```
+++ b/index.js
@@ -6,6 +6,10 @@ app.get('/timestamp', function (req, res) {
    res.send('' + Date.now())
  })+app.get('/getRandom', function (req, res) {
+  res.send('The random number is:' + Math.random())
+})
+
  app.get('/', function (req, res) {
    res.send('hello world')
  })

## 查看提交链
> git log --oneline --graph
* 29c8249 (HEAD) Add getRandom endpoint
* 7b6ea30 (origin/master, git-add-p) Add a new endpoint to return timestamp

## 将B1''''发送到Phabricator
> arc diff
```

这时，提交链只有 B1'''' 一个提交，如图 10-10 所示。

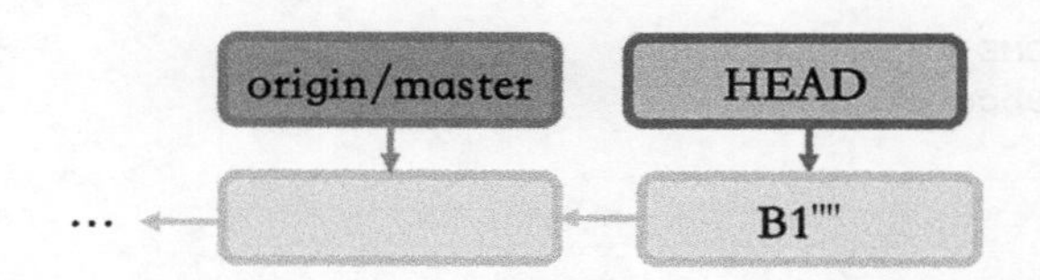

图 10-10　提交链上只有 B1''''（单分支工作流状态 10）

最后，运行 git rebase --continue 完成整个 git rebase -i 操作。

```
> git rebase --continue
Successfully rebased and updated refs/heads/master.
## 查看提交历史
> git log --oneline --graph
* bc0900d (HEAD -> master) [DO NOT PUSH] Add documentation for getRandom endpoint
* 1562cc7 readme
* 29c8249 Add getRandom endpoint
* 7b6ea30 (origin/master) Add a new endpoint to return timestamp
...
```

这时，提交链包含 B1''''、A1''、B2''' 三个提交，如图 10-11 所示。

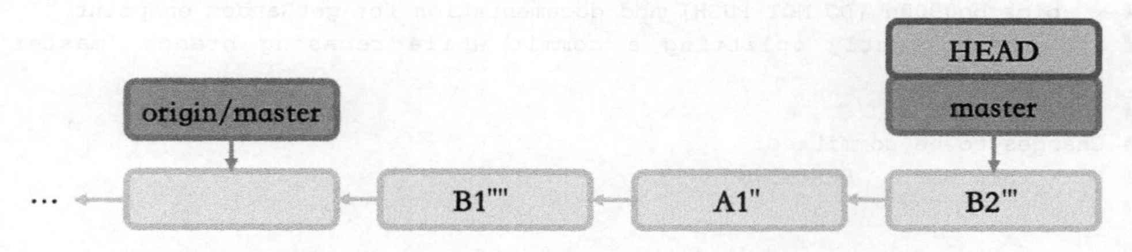

图 10-11　提交链上有 B1''''、A1''、B2''' 三个提交（单分支工作流状态 11）

阶段 5：继续开发 A1，并送去代码检查

这时，我认为 A1" 比 B2''' 更为紧急重要，于是决定先完成 A1" 的开发工作并送去代码检查。同样使用 git rebase -i 命令：

```
> git rebase -i HEAD^^  ## 两个^^表示从当前HEAD前面两个提交的地方开始

## git rebase 弹出编辑窗口
edit 1562cc7 readme  <-- 这一行开头原来是pick，这个是A1"
pick bc0900d [DO NOT PUSH] Add documentation for getRandom endpoint

## 保存退出后，git rebase -i HEAD^^ 的结果
Stopped at 1562cc7...  readme
You can amend the commit now, with
  git commit --amend
Once you are satisfied with your changes, run
  git rebase --continue

## 修改 A1"
> vim README.md
> git diff
diff --git a/README.md b/README.md
index 789cfa9..09bcc7d 100644
--- a/README.md
+++ b/README.md
@@ -1 +1 @@
-## This project is for demoing git
+# This project is for demoing atomic commit in git
> git add README.md
> git commit --amend

## 使用git commit弹出编辑器，完善A1"的提交说明
Add README.md fileSummary: we need a README file for the project.
Test: none.# Please enter the Commit Message for your changes. Lines starting
# with '#' will be ignored, and an empty message aborts the commit.
#
# Date:      Tue Oct 15 12:45:08 2019 +0800
#
# interactive rebase in progress; onto 29c8249
# Last command done (1 command done):
#    edit 1562cc7 readme
# Next command to do (1 remaining command):
#    pick bc0900d [DO NOT PUSH] Add documentation for getRandom endpoint
# You are currently splitting a commit while rebasing branch 'master' on
  '29c8249'.
#
# Changes to be committed:
#       new file:   README.md
#

## 保存退出后，git commit 的结果
```

```
[detached HEAD 2c66fe9] Add README.md file
  Date: Tue Oct 15 12:45:08 2019 +0800
  1 file changed, 1 insertion(+)
  create mode 100644 README.md
## 继续执行git rebase -i
> git rebase --continue
Auto-merging README.md
CONFLICT (content): Merge conflict in README.md
error: could not apply bc0900d... [DO NOT PUSH] Add documentation for getRandom
    endpoint
Resolve all conflicts manually, mark them as resolved with
"git add/rm <conflicted_files>", then run "git rebase --continue".
You can instead skip this commit: run "git rebase --skip".
To abort and get back to the state before "git rebase", run "git rebase --abort".
Could not apply bc0900d... [DO NOT PUSH] Add documentation for getRandom endpoint
```

这个过程可能会出现冲突，比如在 A1" 之上应用 B2"' 时可能会出现冲突。冲突出现时，你可以使用 git log 和 git status 命令查看冲突细节。

```
## 查看当前提交链
> git log --oneline --graph
* 2c66fe9 (HEAD) Add README.md file
* 29c8249 Add getRandom endpoint
* 7b6ea30 (origin/master) Add a new endpoint to return timestamp
...

## 查看冲突细节
> git status
interactive rebase in progress; onto 29c8249
Last commands done (2 commands done):
    edit 1562cc7 readme
    pick bc0900d [DO NOT PUSH] Add documentation for getRandom endpoint
No commands remaining.
You are currently rebasing branch 'master' on '29c8249'.
  (fix conflicts and then run "git rebase --continue")
  (use "git rebase --skip" to skip this patch)
  (use "git rebase --abort" to check out the original branch)Unmerged paths:
  (use "git reset HEAD <file>..." to unstage)
  (use "git add <file>..." to mark resolution)both modified:   README.mdno changes
      added to commit (use "git add" and/or "git commit -a")

## 用git diff 和git diff --cached查看更多细节
> git diff
diff --cc README.md
index 09bcc7d,1f06f52..0000000
--- a/README.md
+++ b/README.md
@@@ -1,1 -1,4 +1,8 @@@
++<<<<<<< HEAD
 +# This project is for demoing atomic commit in git
++=======
```

```
+ ## This project is for demoing git
+
+ You can visit endpoint getRandom to get a random real number.
+ The end endpoint is `/getRandom`.
++>>>>>>> bc0900d... [DO NOT PUSH] Add documentation for getRandom endpoint
> git diff --cached
* Unmerged path README.md
```

解决冲突的具体步骤如下：

1）手动修改冲突文件；

2）使用 git add 或者 git rm 把修改添加到缓冲区；

3）运行 git rebase --continue，git rebase 会把缓冲区的内容提交，并继续后续步骤。

```
> vim README.md
## 这是初始内容
<<<<<<< HEAD
# This project is for demoing atomic commit in git
=======
## This project is for demoing git. You can visit endpoint getRandom to get a random
    real number.
The end endpoint is `/getRandom`.
>>>>>>> bc0900d... [DO NOT PUSH] Add documentation for getRandom endpoint

## 这是修改后的内容，保存并退出
# This project is for demoing atomic commit in git. You can visit endpoint getRandom
    to get a random real number.
The end endpoint is `/getRandom`.

## 添加README.md到缓冲区，并使用git status查看状态
> git add README.md
19:51:16 (master|REBASE-i) jasonge@Juns-MacBook-Pro-2.local:~/jksj-repo/git-atomic-
    demo
## 使用git status查看状态
> git status
interactive rebase in progress; onto 29c8249
Last commands done (2 commands done):
    edit 1562cc7 readme
    pick bc0900d [DO NOT PUSH] Add documentation for getRandom endpoint
No commands remaining.
You are currently rebasing branch 'master' on '29c8249'.
  (all conflicts fixed: run "git rebase --continue")Changes to be committed:
  (use "git reset HEAD <file>..." to unstage)
    modified:   README.md
## 冲突成功解决，继续执行后续步骤
> git rebase --continue

## git rebase 提示编辑B2''''的提交说明
[DO NOT PUSH] Add documentation for getRandom endpointSummary:
AT.Test:
None.## 保存退出之后git rebase --continue的输出
```

```
[detached HEAD ae38d9e] [DO NOT PUSH] Add documentation for getRandom endpoint
 1 file changed, 3 insertions(+)
Successfully rebased and updated refs/heads/master.

## 检查提交链
* ae38d9e (HEAD -> master) [DO NOT PUSH] Add documentation for getRandom endpoint
* 2c66fe9 Add README.md file
* 29c8249 Add getRandom endpoint
* 7b6ea30 (origin/master) Add a new endpoint to return timestamp
```

这时，提交链上有 B1''''、A1'''、B2'''' 三个提交，如图 10-12 所示。

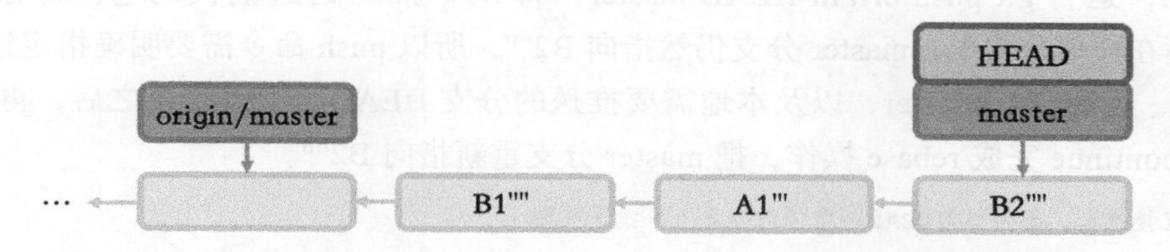

图 10-12　提交链上有 B1''''、A1'''、B2'''' 三个提交（单分支工作流状态 12）

阶段 6：B1 检查通过，推送到远程代码仓共享分支

这时，我从 Phabricator 得到 B1'''' 通过检查的通知，可以将其推送到 origin/master 了！

首先，使用 git fetch 和 git rebase origin/master 命令，确保本地有远端主代码仓的最新代码。

```
> git fetch
> git rebase origin/master
Current branch master is up to date.
```

然后，使用 git rebase -i，在 B1'''' 处暂停：

```
> git rebase -i origin/master
## 修改第一行开头: pick -> edit
edit 29c8249 Add getRandom endpoint
pick 2c66fe9 Add README.md file
pick ae38d9e [DO NOT PUSH] Add documentation for getRandom endpoint

## 保存并退出
Stopped at 29c8249...  Add getRandom endpoint
You can amend the commit now, with
  git commit --amend
Once you are satisfied with your changes, run
  git rebase --continue

## 查看提交链
* 29c8249 (HEAD) Add getRandom endpoint
* 7b6ea30 (origin/master) Add a new endpoint to return timestamp
```

```
...
```

这时，origin/master 和 HEAD 之间只有 B1'''' 一个提交，如图 10-13 所示。

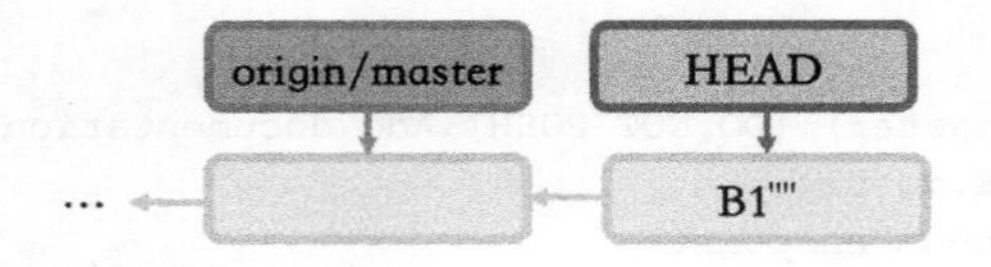

图 10-13 提交链上只有 B1''''（单分支工作流状态 13）

现在，运行 git push origin HEAD:master，将 B1'''' 推送到远端代码仓。注意，当前 HEAD 不在任何分支上，master 分支仍然指向 B2''''，所以 push 命令需要明确指定远端代码仓 origin、远端分支 master，以及本地需要推送的分支 HEAD。推送完成之后，再运行 git rebase --continue 完成 rebase 操作，把 master 分支重新指向 B2''''。

```
## 直接推送，因为当前HEAD不在任何分支上，推送失败
> git push
fatal: You are not currently on a branch.
To push the history leading to the current (detached HEAD)
state now, use
    git push origin HEAD:<name-of-remote-branch>
## 再次推送，指定远端代码仓origin、远端分支master，以及本地要推送的分支HEAD，推送成功
> git push origin HEAD:master
Enumerating objects: 5, done.
Counting objects: 100% (5/5), done.
Delta compression using up to 8 threads
Compressing objects: 100% (3/3), done.
Writing objects: 100% (3/3), 392 bytes | 392.00 KiB/s, done.
Total 3 (delta 2), reused 0 (delta 0)
remote: Resolving deltas: 100% (2/2), completed with 2 local objects.
To github.com:jungejason/git-atomic-demo.git
    7b6ea30..29c8249  HEAD -> master
> git rebase --continue
Successfully rebased and updated refs/heads/master.
## 查看提交链
> git log --oneline --graph
* ae38d9e (HEAD -> master) [DO NOT PUSH] Add documentation for getRandom endpoint
* 2c66fe9 Add README.md file
* 29c8249 (origin/master) Add getRandom endpoint
* 7b6ea30 Add a new endpoint to return timestamp
```

这时，origin/master 已经指向了 B1''''，提交链现在只剩下 A1''' 和 B2''''，如图 10-14 所示。

至此，我们完成了在一个分支上同时开发 A、B 两个需求，把提交拆分为原子性提交，并尽早把完成的提交推送到远端代码仓共享分支的全过程！这个过程看起来比较复杂，但实际上就是根据上面列举的单分支工作流的 4 个步骤执行而已，难度并不大。

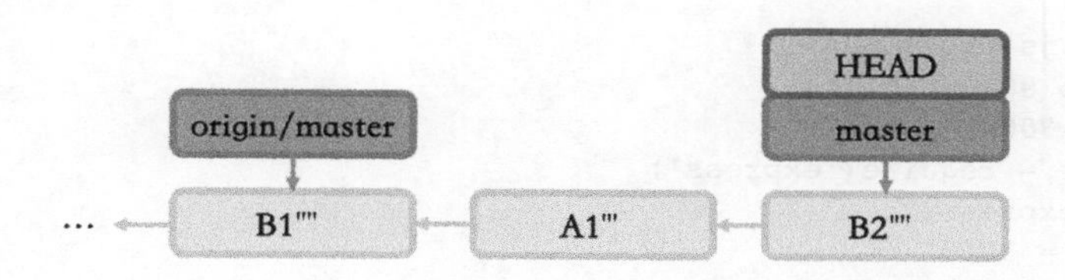

图 10-14　提交链上只有 A1'''、B2''''（单分支工作流状态 14）

10.2　工作流二：使用多个分支完成所有需求的开发

在这种开发工作流下，每个需求都拥有独立的分支。同样的，与单分支实现提交原子性的方式一样，这些分支都是本地分支，并非主代码仓上的功能分支。

需要注意的是，在下面的分析中，我只描述每个分支上只有一个提交的简单形式，至于每个分支上使用多个提交的情况，操作流程与单分支提交链中的描述一样，这里不再累述。

多分支工作流的具体步骤，大致包括以下 4 步。

1）切换到某一个分支对某需求进行开发，产生提交。

2）提交完成后，将其发送到 Phabricator 上进行质量检查。在等待质量检查结果的同时，切换到其他分支，继续其他需求的开发。

3）如果第 2 步发送到 Phabricator 的提交没有通过质量检查，则切换回这个提交所在分支，对提交进行修改，修改之后返回第 2 步。

4）如果第 2 步发送到 Phabricator 的提交通过了质量检查，则切换回这个提交所在分支，把这个提交推送到远端代码仓中，然后回到第 1 步进行其他需求的开发。

下面，我们看一个开发 C 和 D 两个需求的场景。在这个场景中，我首先开发需求 C，并把它的提交 C1 发送到 Phabricator；然后开发需求 D，等到 C1 通过质量检查之后，立即将其推送到远程共享代码仓中去。

阶段 1：开发需求 C

需求 C 是一个简单的重构，把 index.js 中所有的 var 都改成 const。首先，使用 git checkout -b feature-c origin/master 产生本地分支 feature-c，并跟踪 origin/master。

```
> git checkout -b feature-c origin/master
Branch 'feature-c' set up to track remote branch 'master' from 'origin'.
Switched to a new branch 'feature-c'
```

然后，开发需求 C，生成提交 C1，并把提交发送到 Phabricator 进行检查。

```
## 修改代码，产生提交
> vim index.js
> git diff
diff --git a/index.js b/index.js
index cc92a42..e5908f0 100644
--- a/index.js
```

```
+++ b/index.js
@@ -1,6 +1,6 @@
-var port = 3000
-var express = require('express')
-var app = express()
+const port = 3000
+const express = require('express')
+const app = express() app.get('/timestamp', function (req, res) {
    res.send('' + Date.now())
20:54:10 (feature-c) jasonge@Juns-MacBook-Pro-2.local:~/jksj-repo/git-atomic-demo
> git add .
20:54:16 (feature-c) jasonge@Juns-MacBook-Pro-2.local:~/jksj-repo/git-atomic-demo
> git commit

## 填写详细提交说明
Refactor to use const instead of var
Summary: const provides more info about a variable. Use it when possible.Test:
    ran `node index.js` and verified it by visiting localhost:3000.
Endpoints still work.
## 以下是Commit Message保存并退出后，git commit的输出结果
[feature-c 2122faa] Refactor to use const instead of var
 1 file changed, 3 insertions(+), 3 deletions(-)

## 使用arc命令把当前提交发送给Phabricator进行检查
> arc diff

## 查看提交链
* 2122faa (HEAD -> feature-c, multi-branch-step-1) Refactor to use const instead
    of var
* 5055c14 (origin/master) Add documentation for getRandom endpoint
...
```

这时，origin/master 上只有 feature-c 一个分支，上面有 C1 一个提交，如图 10-15 所示。

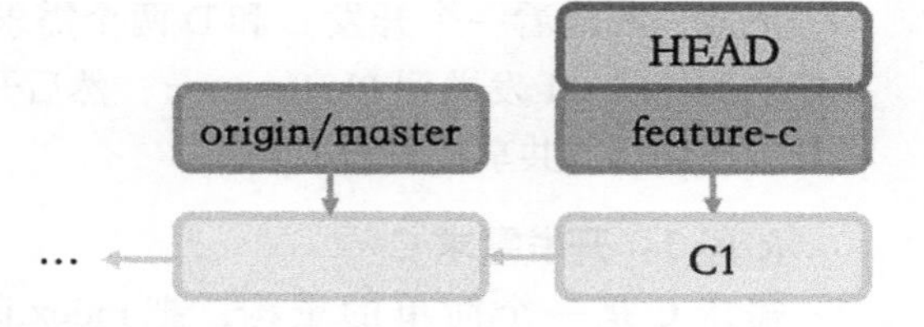

图 10-15 生成 C1 提交（多分支工作流状态 1）

阶段 2：开发需求 D

将 C1 发到 Phabricator 进行质量检查后，开始开发需求 D。需求 D 是在 README.md 中添加所有 endpoint 的文档。首先，使用 git checkout -b 命令产生一个分支 feature-d 并跟踪 origin/master。

```
> git checkout -b feature-d origin/master
Branch 'feature-d' set up to track remote branch 'master' from 'origin'.
Switched to a new branch 'feature-d'
Your branch is up to date with 'origin/master'.
```

然后，开发需求 D，生成提交 D1，并把 D1 发送到 Phabricator 进行检查。

```
## 进行修改
> vim README.md
```

```
## 添加，产生修改，输入提交说明
> git add README.md
> git commit
## 查看修改
> git show
commit 97047a33071420dce3b95b89f6d516e5c5b59ec9 (HEAD -> feature-d, multi-branch-
    step-2)
Author: Jason Ge <gejun_1978@yahoo.com>
Date:   Tue Oct 15 21:12:54 2019    Add spec for all endpoints
    Summary: We are missing the spec for the endpoints. Adding them.    Test:
        none
diff --git a/README.md b/README.md
index 983cb1e..cbefdc3 100644
--- a/README.md
+++ b/README.md
@@ -1,4 +1,8 @@
  # This project is for demoing atomic commit in git-You can visit endpoint
      getRandom to get a random real number.
-The end endpoint is `/getRandom`.
+## endpoints
+
+* /getRandom: get a random real number.
+* /timestamp: get the current timestamp.
+* /: get a "hello world" message.

## 将提交发送到Phabricator进行检查
> arc diff

## 查看提交历史
> git log --oneline --graph feature-c feature-d
* 97047a3 (HEAD -> feature-d Add spec for all endpoints
| * 2122faa (feature-c) Refactor to use const instead of var
|/
* 5055c14 (origin/master) Add documentation for getRandom endpoint
```

这时，origin/master 上有 feature-c 和 feature-d 两个分支，分别有 C1 和 D1 两个提交，如图 10-16 所示。

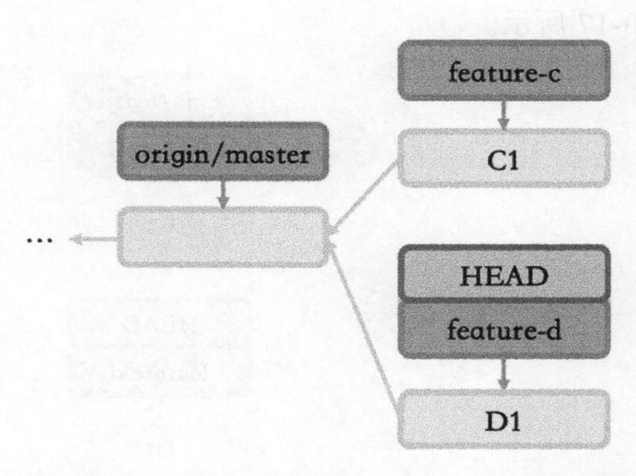

图 10-16 分支上有 C1、D1 两个提交（多分支工作流状态 2）

阶段 3：推送提交 C1 到远端代码仓共享分支

这时，我收到 Phabricator 发来的 C1 通过检查的通知，可以推送 C1 了！首先，使用 git checkout 把分支切换回分支 feature-c：

```
> git checkout feature-c
Switched to branch 'feature-c'
Your branch is ahead of 'origin/master' by 1 commit.
  (use "git push" to publish your local commits)
```

然后，运行 git fetch; git rebase origin/master，确保分支上有最新的远程共享分支代码：

```
> git fetch
> git rebase origin/master
Current branch feature-c is up to date.
```

接下来，运行 git push 推送 C1：

```
> git push
Enumerating objects: 5, done.
Counting objects: 100% (5/5), done.
Delta compression using up to 8 threads
Compressing objects: 100% (3/3), done.
Writing objects: 100% (3/3), 460 bytes | 460.00 KiB/s, done.
Total 3 (delta 2), reused 0 (delta 0)
remote: Resolving deltas: 100% (2/2), completed with 2 local objects.
To github.com:jungejason/git-atomic-demo.git
   5055c14..2122faa  feature-c -> master

## 查看提交状态
* 97047a3 (feature-d) Add spec for all endpoints
| * 2122faa (HEAD -> feature-c, origin/master, multi-branch-step-1) Refactor to use
    const instead of var
|/
* 5055c14 Add documentation for getRandom endpoint
...
```

这时，origin/master 指向 C1。分支 feature-d 从 origin/master 的父提交上分叉，上面只有 D1 一个提交，如图 10-17 所示。

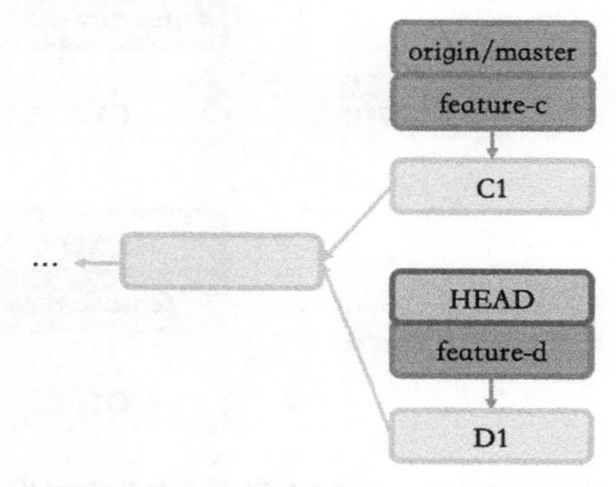

图 10-17　推送 C1 到远程代码仓（多分支工作流状态 3）

阶段 4：继续开发 D1

完成 C1 的推送后，继续开发 D1。首先，用 git checkout 命令切换回分支 feature-d；然后，运行 git fetch 和 git rebase，确保当前代码 D1 包含了远程代码仓的最新代码，以减少将来合并代码产生冲突的可能性。

```
> git checkout feature-d
Switched to branch 'feature-d'
Your branch and 'origin/master' have diverged,
and have 1 and 1 different commits each, respectively.
  (use "git pull" to merge the remote branch into yours)
21:38:22 (feature-d) jasonge@Juns-MacBook-Pro-2.local:~/jksj-repo/git-atomic-
    demo> git fetch
> git rebase origin/master
First, rewinding head to replay your work on top of it...
Applying: Add spec for all endpoints## 查看提交状态
> git log --oneline --graph feature-c feature-d
* a8f92f5 (HEAD -> feature-d) Add spec for all endpoints
* 2122faa (origin/master,) Refactor to use const instead of var
...
```

这时，当前分支为 feature-d，上面有唯一一个提交 D1'，而且 D1' 已经变基到了 origin/master 上，如图 10-18 所示。

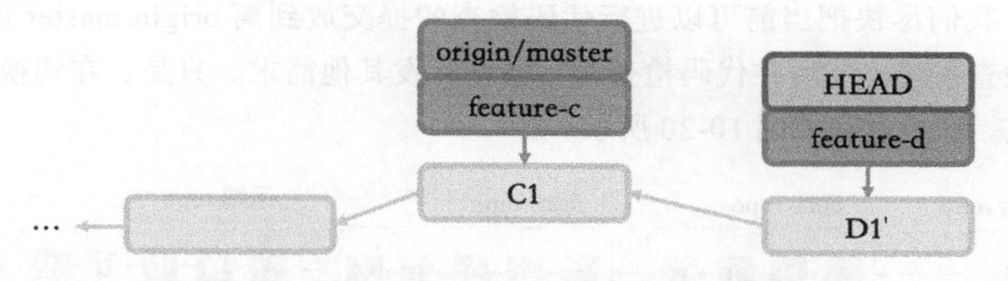

图 10-18　继续开发 D1（多分支工作流状态 4）

需要注意的是，因为使用的是 git rebase，没有使用 git merge 产生合并提交，所以提交历史是线性的。在后面的章节中我们会详细讨论线性的提交历史对 CI 自动化的重大意义。

至此，我们完成了在两个分支上同时开发 C、D 两个需求，并尽早把完成的提交推送到远端代码仓中的全过程。

虽然在这个例子中，我简化了这两个需求开发的过程，每个需求只有一个提交并且一次就通过了质量检查，但结合在一个分支上完成所有需求开发的流程，相信你也可以推导出每个需求有多个提交，以及质量检查没有通过时的处理方法。

10.3　小结

本章详细介绍了如何借助 Git 的强大功能来实现代码提交的原子性的两种工作流。

第一种工作流是在一个单独的分支上进行多个需求的开发。总结来讲，具体的工作方法是把每一个需求的提交都拆分为比较小的原子性提交，并使用 git rebase -i，把可以进行质量检查的提交，放到提交链的最底部，也就是最接近 origin/master 的地方，然后发送到代码检查系统进行检查，之后继续在提交链的其他提交处工作。如果提交没有通过检查，则对它进行修改后再提交检查；如果检查通过，则马上把它推送到远端代码仓的共享分支去。在等待代码检查结果时，继续在提交链的其他提交处工作。这个过程如图 10-19 所示。

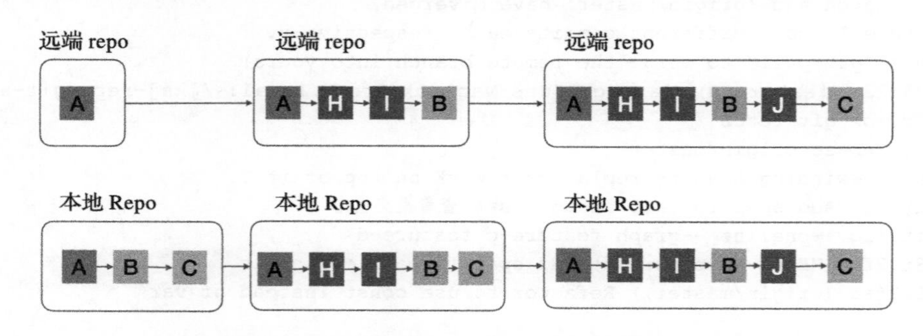

图 10-19 在单独的分支上进行多个需求的开发

第二种工作流是使用多个分支来开发多个需求，每个分支对应一个需求。与单分支开发流程类似，我们尽快把当前可以进行代码检查的提交放到离 origin/master 最近的地方并发送到代码检查系统；然后在代码检查时，继续开发其他需求。只是，在切换工作任务时，需要切换分支。这个过程如图 10-20 所示。

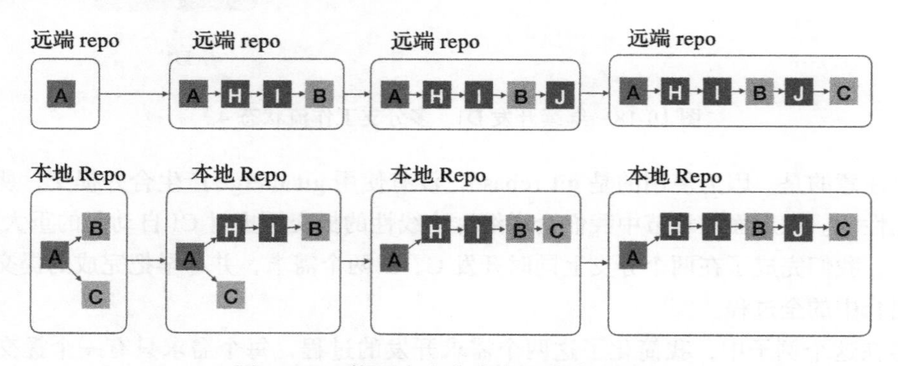

图 10-20 使用多个分支来开发多个需求

这两种工作流，无论哪一种都能大大促进代码提交的原子性，从而同时提高个人及团队的研发效能。为了方便参考，我把文中的案例代码放到了 GitHub 上的 git-atomic-demo 代码仓里，并标注出各个提交状态产生的分支。比如，single-branch-step-14 就是单分支工作流的第 14 个状态，multi-branch-step-4 就是多分支工作流的第 4 个状态。

两种工作流各有利弊。单分支工作流的好处是，不需要切换分支，可以顺手解决一些缺陷修复，但缺点是 rebase 操作多，产生冲突的可能性大。而多分支工作流的好处是，一个分支只对应一个需求，相对简单、清晰，rebase 操作较少，产生冲突的可能性小，但缺点是没有单分支开发方式灵活。

无论采用哪一种工作流，都需要注意以下几个地方：

- 不要同时开发太多的需求，否则分支管理花销太大；
- 有了可以推送的提交就尽快推送到远端代码仓，从而减少在本地的管理成本，降低推送时产生冲突的可能性；
- 经常使用 git fetch 和 git rebase，确保自己的代码在本地持续与远程共享分支的代码做集成，降低推送时冲突的可能性。

最后，如果你对 Git 不是特别熟悉，推荐先尝试第二种工作流，会相对容易上手一些。

Chapter 11 第 11 章

每个开发人员都应该学一些 Vim

前面两章介绍了 Git，下面我们来介绍另外一个重要研发工具：Vim。向开发人员推荐编辑器，尤其是推荐 Vim 这样比较容易引起争议的编辑器，是一件有风险的事。但基于我对 Vim 的了解和它能给开发人员带来的巨大好处，我认为这个风险是值得的。

对 Vim 的介绍也会分两章完成。本章将深入介绍 Vim 的两个基本特点，这是 Vim 可以帮助我们提高工作效率的基础。下一章则会进一步介绍如何最高性价比地学习 Vim 的实用技巧。

11.1 Vim 简介

Vim 是一个老牌的编辑器，前身是 vi，第 1 个版本发行于 1978 年，距离今天已经有 43 年的历史。Vim 的全称是 Vi Improved，是提高版的 vi。虽然 Vim 相对来说比较新，但它的第 1 个版本早在 1991 年就已经发布，到今天也有 30 年的历史了。

Vim 和我们日常使用的众多其他编辑器，比如 VS Code、Notepad++、Sublime Text 等，差别很大，而且上手比较难。新手在使用时常常会手足无措。**比如，打开 Vim 后不知道怎么退出**。有人在 Stack Overflow 上就提过这样一个问题：如何退出 Vim？ 6 年来该问题的阅读量已经接近 200 万。还有一个好笑的问题：怎样产生一个随机字符串？答案是让一个不会使用 Vim 的人打开 Vim 并尝试退出。

虽然 Vim 看起来对用户并不友好，但在对美国开发人员进行的最喜爱的编辑器的调研中，Vim 往往能排进前 5 名。这是为什么呢？我会结合它的历史给出答案。

11.2　Vim 的前世今生

Vim 的前身是 vi。“ vi”是 Visual（视觉）的前两个字母，意思是说，vi 是一个视觉编辑器。注意，这里的“视觉”和 GUI（图形界面）并非一回事。vi 是运行在命令行窗口里的。“视觉”是指在使用 vi 的时候，可以在屏幕上实时看到文件内容及修改。

这在今天看来是天经地义的事。但是在 vi 之前，因为计算机系统资源的局限以及计算机技术的局限，编辑器是行编辑器。在编辑文件的时候使用命令对文件的某一行进行修改，修改之后查看结果也要使用命令。1969 年，贝尔实验室发布 UNIX 系统的时候，系统自带的编辑器 ed 就是这样一个行编辑器，由 UNIX 之父 Ken Thompson 开发。后来，Bill Joy 做了一个提高版的行编辑器 ex，并在 1978 年把它加到 UNIX BSD 发布中。1979 年，Bill Joy 在 ex 之中加入了“视觉”模式，正式发布了 vi。

随着时间的推移，出现了许多 vi 的克隆版本，在 UNIX 系统上一般都是专有的非免费版本。而在 Linux 上，Vim 是最有名、最流行的一个免费版本。Vim 作者 Bram Moolenaar 在 vi 的基础上添加了很多功能，所以把它取名为 Vi Improved。vi 只是在命令行运行，而 Vim 还可以在 GUI 上使用。同时 Vim 也提供了强大的扩展机制。

11.3　Vim 的两大特点

Vim 的形成历史决定了它具有以下两大特点，也决定了 Vim 对个人提效有巨大帮助。

1）从前身 ed 继承了独特的命令行模式，从而大量减少按键次数；

2）因为有多年的发展史，所以具有极好的跨平台性，既可以在大量操作系统上运行，又可以作为很多其他 IDE 的插件使用。

特点一：Vim 独特的命令模式使得编辑文档非常高效

非 vi 系列的编辑器通常只有编辑这一种模式，也就是说，敲击任何主体键都会直接修改文件内容。比如，敲击键盘上的 e，文件里就添加了 e 这个字符。这里的键盘**主体键**指的是能在文件中显示出来的按键，包括 a～z、数字、字符等。而 Vim 编辑器则有多种模式，并且默认模式并不是编辑模式，这也是 Vim 与其他非 vi 系列编辑器的最大区别。

在 Vim 的各种模式中，最主要的两种模式是命令模式和编辑模式。进入 Vim 时的默认模式是命令模式。在命令模式中，敲击主体键的效果是执行命令而不是直接插入字符，举例如下：

- 敲击字母 e，将光标向右移动到当前单词最后一个字符；
- 敲击符号 *，在当前文件搜索光标所在位置的单词。

另外，在命令模式中输入 :< 命令 > 回车键，可以执行一些命令行命令以及对系统进行配置，举例如下：

- 输入：q! 退出 Vim 并且不保存文件；

❑ 输入：set hlsearch 打开搜索高亮设置。

至于我们在其他非 vi 系列编辑器中熟悉的编辑模式，在 Vim 中，则需要在命令模式里敲击某些命令才能进入，举例如下：

❑ 敲击 i，在当前位置进入编辑模式；

❑ 敲击 O，在本行之上添加一个空行并进入编辑模式。

进入编辑模式之后，使用体验就跟非 vi 系列的编辑器差不多了，敲击主体键会直接插入字符。

最后，完成编辑工作之后，需要再敲击 Esc 键返回命令模式。

注意，**在编辑模式时，我们无法退出 Vim**。只能在命令模式中使用 ZZ、ZQ、:qa! 等命令退出。如果你不会使用 Vim，然后不小心在命令行窗口中打开了它，由于没有菜单可以选择，的确很难找到退出的办法，所以就有了上面提到的各种不能退出 Vim 的问题。

还有一点需要指出的是，Vim 的官方文档列举了 7 个基本模式和 7 个附加模式，而我在本书中只做了命令模式和编辑模式两种模式的划分，这是一个巨大的简化。事实上，命令模式包含常规模式（normal mode）、命令行模式（command-line mode）等，编辑模式则包含插入模式（insert mode）、替换模式（replace mode）等。之所以使用命令模式和编辑模式的简单划分，主要在于它可以帮助我们快速理解 Vim，同时，这种简化也不会影响 Vim 的使用。

总结来说，拥有命令模式是 Vim 编辑器与非 vi 系列编辑器的最大差别。**这个命令模式是初学者难以适应 Vim 的最主要原因，但也是 Vim 能高效编辑文档的关键所在**。在一个非 vi 系列编辑器中，如果要做一个非输入操作，我们需要敲击一个非主体键或者一个组合键；而在 Vim 的命令模式中，我们只需要敲击主体键即可。表 11-1 展示了非 vi 系列编辑器和 Vim 编辑器的按键对比。

表 11-1 非 vi 系列编辑器和 Vim 编辑器的按键对比

目的	非 vi 系列编辑器按键	Vim 按键
向右挪动	使用非主体键的右箭头键	使用主体键 l
挪到当前单词结尾	使用组合键。在 Windows 上使用 Ctrl+ 右箭头键，在 Mac 上使用 Opt+ 右箭头键	使用主体键 e
查找	使用组合键。在 Windows 上使用 Ctrl+F，在 Mac 上使用 Cmd+F	使用主体键 /

由于日常的编辑工作中包含大量的非输入操作，比如挪动光标、查找、删除等，所以在 Vim 中，我们可以大量使用主体键而减少使用键盘主要部分（也叫工作区）之外的特殊键以及组合键。综合来看，虽然 Vim 中的模式切换会带来一些额外的按键操作，但它节省的按键次数远远大于增加的按键次数，即**总的按键数量明显减少。同时，由于主体键位置居中，敲击起来会比特殊键和组合键方便很多**。

下面，我们通过一个具体的案例进行对比。我在输入一行代码注释时，希望输入的最终结果是：

```
// This is making sure that userTotalScore is not null
```

但写到 not 的时候，我注意到前面有一个拼写错误：making 写成了 mkaing。

```
// This is mkaing sure that userTotalScore is not
```

现在，我需要修改这个错误，再回到行尾，最后补充 null 完成这句话。以 Mac 为例，不使用 Vim 和使用 Vim 的操作对比如表 11-2 所示。

表 11-2 不使用 Vim 和使用 Vim 的操作对比

不使用 Vim		使用 Vim	
操作	效果	操作	效果
		Esc 键	回到命令行模式
6 次 Opt + 左箭头，1 次右箭头	光标移动到 mk 中间	6 次 b 键，1 次 l 键	光标移动到 k 上
两次 Delete	删除 ka	1 次 x 键	删除 k
输入 ak	输入 ak，完成修改	1 次 p 键	粘贴 k，完成修改
1 次 Home+ 右箭头	光标移动到行尾	1 次 A	光标挪到行尾，进入编辑模式
输入 null	输入 null	输入 null	输入 null

上述操作的按键次数统计如表 11-3 所示。

表 11-3 按键次数统计表

	不使用 Vim	使用 Vim
组合键	7	0
特殊键（方向键 + 删除键 +Esc）	3	1
主体键	7	15
总计（组合键算两次）	24	16

可以看到，在这个场景中，**使用 Vim 可以明显减少按键次数，包括组合键次数和特殊键次数**。对于真实的编辑场景，我的经验是，减少的按键次数越多，对文本编辑效率的提高越明显。

另外，组合键和非主体键这两种按键方式容易对手腕和手指造成伤害。在使用 Vim 之前，我是 Emacs 的重度使用者，但使用了四年 Emacs 之后，我的左手小拇指开始感觉不适，这是因为使用 Emacs 时我们常常需要用这个手指按住 Ctrl 键来完成组合键操作。比如，使用 Ctrl+f 向右移动光标，使用 Ctrl+x 、Ctrl+S 保存文件等。

为了手指健康，我尝试从 Emacs 向 Vim 迁移。一个月之后，手指的不适的症状明显减轻。于是，我逐渐停止 Emacs 的使用，全面转向 Vim。此后，再也没有出现手指不适的症状。

特点二：Vim 是跨平台做得最好的编辑器，没有之一

因为 Vim 历史悠久，又一直在持续更新，所以各大操作系统上都有相应的 Vim 版本，具体可参见 Vim 官网的详情列表。所以，我们掌握的 Vim 技能**基本可以用在所有操作系统上**。

具体来说，UNIX 系统上都预装了 vi。因为 Vim 的命令向上兼容，所以 Vim 的基本功能在 vi 上仍然可用。至于 Linux 系统，则基本都预装了 Vim，比如 Ubuntu 18.04 自带 Vim 8.0。macOS 也预装了 Vim。Windows 上没有预装 Vim，但可以很方便地安装 GVim，或者直接运行一个 GVim 的免安装可执行程序。

在移动端操作系统上，如在 iOS 和 Android 上，Vim 也有移植。

- iOS 上面比较好用的是 iVim。我在 iPad 中进行一些重量级文本编辑的时候，就会使用 iVim。具体方法是将需要编辑的文本复制到 iVim 中，编辑好之后再拷出来，使用体验还不错。
- Android 上的 Vim 移植比较多，比如 DroidVim 就很不错。

Vim 跨平台特性的另一个重要表现：**很多其他编辑器及 IDE 都有 vi 模式**，支持最基本的 Vim 操作。

比如，IntelliJ 系列的 IDE 上有 IdeaVim 插件、VS Code 里有 VSCodeVim 插件，甚至 Vim 的老对手 Emacs 里也有好几个 vi 插件，其中最有名的是 Viper Mode。Vim 插件的安装通常都很简单，以 VS Code 为例，使用其默认的插件安装方法即可。同时，这些插件的体验都非常棒。以我个人体验为例，我在使用 VS Code 一个月之后开始试用 VSCodeVim 插件，之后就再也回不到原生模式了，因为 Vim 带来的效能提升，以及给手指带来的舒适感实在让人无法抗拒。

Vim 跨平台特性的第三个表现在于，**在一些不是编辑器的软件里面也有 vi 模式**。也就是说，Vim 的跨平台特性之强，甚至超越了编辑器的范畴。比如，Chrome 浏览器和 FireFox 浏览器中都有 vi 插件，用户可以使用 vi 的快捷键方式来操作。其中比较有名的 Vimnium 和 SurfingKeys 都很不错。在浏览器上使用 vi 模式，可以减少鼠标操作和按键次数。

最后，Vim 的**配置比较简单，默认配置就基本够用，这为我们在不同平台上使用 Vim 提供了极大便利**。以我个人的使用情况为例，我只有在自己的主力开发机上才会添加配置及插件，而其他不常用的机器上一般使用默认配置，或者在命令行模式使用 :set 做几个简单设置即可方便使用。

总的来说，Vim 的跨平台已然做到极致，让我们在很多地方都能应用之前积累的 Vim 经验，也使 Vim 带来的肌肉记忆不断强化，持续帮助我们提高工作效率。

11.4 小结

Vim 的命令模式与跨平台特性是它的两大特点。其中，命令模式是它与其他非 vi 系列编辑器的最大区别。跨平台特性使得我们一旦掌握了 Vim 技能，就基本可以在所有的操作系统上使用，或者在其他 IDE 中通过插件使用，从而最大程度实现经验复用。除了命令模式和跨平台这两个基本特点外，Vim 还有许多其他特点，比如速度快、免费、可扩展性强等。

有一种说法，人的双手在一生中能够敲击键盘的总次数是一定的，达到这个总次数之后，手指就会出问题。作为开发人员，编辑文本是最基本的工作。所以花些时间去了解最基本的 Vim 操作来提高效率和保护手指健康，是相当值得的。

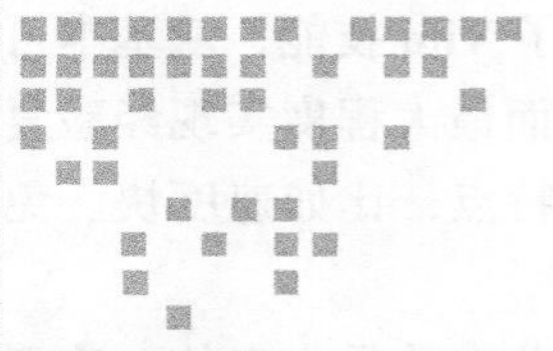

Chapter 12 第 12 章

高效学习 Vim 的实用技巧

上一章详细介绍了 Vim 提高研发效能的两个主要原因。可以看到，Vim 由于其特有的命令模式和超强的跨平台性，成为帮助软件研发人员提高效率的利器。

然而 Vim 的学习曲线长且陡，新手很容易放弃。所以，如何高性价比地学习 Vim 非常重要。本章将针对这一问题，推荐三个高效学习 Vim 的步骤：

1）学习 Vim 的命令模式和命令组合方式；

2）学习 Vim 最常用的命令；

3）在更广泛的工作场景中应用 Vim 技能。

12.1 学习 Vim 的命令模式和命令组合方式

Vim 的基本模式是命令模式。高效使用 Vim，必须充分应用命令模式。

使用 Vim 的最佳工作流

在命令模式下工作，效率高、按键少，所以**必须让 Vim 更多地处于命令模式。即使需要进入编辑模式，完成编辑工作之后也建议立即返回命令模式。**

事实上，我们从命令模式进入编辑模式修改文件，再返回命令模式的全过程，也是一个编辑命令。它跟其他的命令，例如使用 dd 删除一行，并没有本质区别。比如我们有一个编辑任务，要在一行文字后面添加一个大括号和一行新代码。在开始编辑时，光标处于这一行的开头：

```
config =
^
```

修改的最终目标如下所示：

```
config = {
  timeout: 1000ms,
}
```

我们可以使用如下操作完成任务。首先输入大写字母 A，这个命令将光标移到这一行的末尾，并进入编辑模式：

```
  config =
          ^
```

然后，输入 {<Ret> timeout: 1000ms,<Ret>}，在文件中插入内容。

```
config = {
  timeout: 1000ms,
}
 ^
```

最后，按 Esc 键回到命令模式，完成整个编辑任务。

实际上，这一整个过程就是执行了一条“在本行末尾插入文字”的命令。它的完整输入是 A{timeout: 1000ms,<Ret>}Esc。虽然命令比较长，但仍然是一条在命令模式下执行的文本编辑命令。

可见，**我们在 Vim 中的工作，事实上是通过在命令模式中执行一条条命令而完成的**。理解了这一点，可以帮助我们有意识地学习、设计命令来高效地完成工作。这也是高效使用 Vim 的基本思路。

命令的组合方式

为了让命令更加高效，Vim 还提供了强大的命令组合功能，使得命令的功能效果呈指数级增长。

在 Vim 中，有相当一部分命令可以分为三个部分：

1）开头的部分是一个数字，代表重复次数；

2）中间的部分是命令；

3）最后的部分代表命令对象。

比如，在命令 3de 中，3 表示执行 3 次，d 表示删除命令，e 则表示从当前位置到单词末尾的移动。组合起来，整条命令的意思就是：从当前位置向后删除 3 个单词。类似的，命令 4cb 表示从当前位置向前删除 4 个单词，并且在删除完成之后进入编辑模式。

前两个部分相对简单，第三个部分“命令对象”则有较多的技巧。它分为光标移动命令和文本对象两种。

第一种光标移动命令就是普通的光标移动命令。我们可以直接把它当作组合命令的对象使用。比如，$ 命令表示移动光标到本行末尾，当应用在命令组合中时，d$ 就表示删除到本行末尾；再比如，4} 表示向下移动 4 个由空行隔开的段落，而 c4} 就是删除这 4 个段落并进入编辑模式。

因为光标移动命令种类众多，所以可以用它产出大量的组合命令，应用场景广泛。但它也有一个缺陷，即命令的出发点始终是当前光标的所在位置。而我们在处理文本的过程中，光标经常会位于需要修改的内容的中间而非开头。比如，在下面这个例子中，我们需要修改两个单引号之间的字符串，但这时光标位于字符串的中部：

```
comment: 'this is standalone mode',
                    ^
```

如果使用上面的光标移动作为命令对象的话，我们需要执行 T'ct' 命令，也就是先向左移动到字符串的开头位置，再向右删除到字符串结束的地方，操作起来比较麻烦。

针对这种情况，Vim 提供了第二种命令对象——**文本对象**，用字符代表一定的文字单位。比如，i" 代表两个双引号之间的字符串，aw 表示当前的单词以及两旁的空格。使用这种文本对象很方便，比如在上面的例子中，我们只需要使用命令 ci' 就可以实现，比 T'ct' 命令方便了很多。

具体来说，文本对象命令由两部分组成。

- 第一部分只能是字符 a 或者 i，表示是否包含对象边界。比如，a" 就包括引号，i" 则表示不包括两边的引号。
- 第二部分用来表示各种不同的文本对象，有多种选择，如表 12-1 所示。

表 12-1 文本对象命令说明

字符	文本对象
w	当前单词
W	光标所在位置距离最近的空格之间的字符串
'," 或者 `	光标所在位置被最近的 "、' 或者 ` 包括的部分
([{ 或者)]}	光标所在位置被最近的 ([{ 或者)]} 包括的部分
p	当前段落
t	html/xml 中的标签，比如 <ul>foo</ul>, <div>bar</div>

如果需要查看完整的文本对象列表，可以使用帮助命令：help text-objects。

这一组文本对象的功能很强大，而且是 Vim 自带功能，不需要安装任何插件。比较有意思的是，不知道什么原因，很多使用 Vim 很久的开发人员并不知道这个功能。

从以上内容可以看到，Vim 的命令操作及其组合功能非常强大。要高效使用 Vim，我们必须使用命令模式以及命令组合。有些开发人员使用 Vim 时，一上来就使用 i 命令进入编辑模式，然后就始终待在编辑模式中工作，但由于编辑模式的功能很有限，这样的使用方式完全不能发挥 Vim 的高效编辑功能。

下面，我们进入第二步，学习 Vim 最常用的命令。

12.2　学习 Vim 最常用的命令

Vim 有大量的命令可供我们使用，这里主要介绍针对单个文件编辑的命令，因为这是编辑工作最基础的部分，也是在各种跨平台场景使用 Vim 时通用的部分，包括在其他 IDE 中通过插件使用 Vim，所以最值得熟练掌握。

下面我们按照以下编辑文件的逻辑顺序，来介绍这些关键步骤中的关键知识点和技巧：

1）打开文件，进行设置操作；

2）移动光标；

3）编辑文本；

4）查找、替换。

限于篇幅，下文只覆盖最基础的命令，给出少量示例。至于更多命令和细节，可以参考我的博文《命令模式中的基础命令》[⊖]，或者自行上网搜索查询。

第一组常用命令：打开文件，进行选项设置

这些命令包括打开文件、退出、保存、设置等。关于设置，如果是在远端的服务器上设置，我常常运行以下命令实现：

```
:set ic hls is hid nu
```

其中，ic 表示搜索时忽略大小写，hls 表示高亮显示搜索结果，is 表示增量搜索，也就是在搜索输入的过程中，在按回车键之前就实时显示当前的匹配结果，hid 表示让 Vim 支持多文件操作，nu 表示显示行号。

如果要关闭其中某一个选项的话，在前面添加一个 no 即可。比如，关闭显示行号，可以使用如下命令：

```
:set nonu
```

第二组常用命令：移动光标

Vim 提供了非常细粒度的光标移动命令，包括水平移动、上下移动、文字段落的移动。这些命令之间的差别很细微。比如，w 和 e 都是向右边移动一个单词，不同之处在于 w 是把光标放到下一个单词的开头，而 e 是把光标放到这一个单词的结尾。

虽然差别很小，但正是这样的细粒度，才能够让我们使用最少的按键次数去完成编辑任务。在对 Vim 的学习过程中要留意各种不同的光标移动命令，找到针对不同场景的最高效命令。

第三组常用命令：编辑命令

在编辑工作中，建议大量使用命令组合来提高效率。关于组合命令的作用，可以查看我的博文《命令模式中的基础命令》中关于命令 ct" 的详细介绍。

⊖ https://jungejason.github.io/vim-commands/。

这里**重点介绍一个设计命令的技巧**。Vim 的取消命令 u、重复命令 .，都是针对上一个完整的编辑命令而言。所以，我们可以设计一个通用的编辑命令，从而能够通过重复使用它来提高效率。比如，有一个编辑任务，需要把一段文本中的几个时间都修改成 20ms。这段文本原来是

```
timeout: 1000000ms,
waiting: 300000ms,
starting: 40000ms,
```

我们希望把它改变成：

```
timeout: 20ms,
waiting: 20ms,
starting: 20ms,
```

在 Vim 中有多种实现方法。一种还不错的方法是，使用修改命令 c 和移动命令 l 的组合，在每一行用一个命令搞定。具体操作是，将光标挪到 1 000 000ms 里数字 1 的地方，用 c7l20 命令对第一行进行修改，然后在第二行、第三行的相同位置分别使用 c6l20 和 c5l20 进行修改。这个命令可以完成工作，但每条命令都不一样，不能重复。

这里，我们可以对命令进行设计，使其在每一行都能够重复使用。在这个例子里，可以使用命令 ctm20<Esc>，意思是从当前位置删除到下一个字母 m 的位置，进入编辑模式，插入 20，然后返回命令模式。

使用这条命令对第一行进行修改之后，我们就可以把光标挪到第二、三行，并使用重复命令 . 来完成编辑任务了。

首先把光标挪到第二行需要修改的开始位置，如图 12-1 所示。

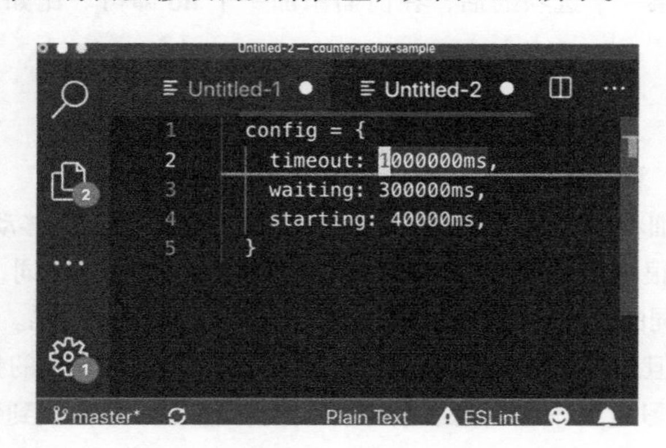

图 12-1 把光标挪到第二行需要修改的开始位置

然后，输入 ctm20<Esc> 完成第二行的修改，如图 12-2 所示。注意，图中白底黑字的小图标显示的是输入的命令。

下面就可以使用命令 jb 把光标挪到第三行需要开始编辑的位置，如图 12-3 所示，然后使用命令 . 进行修改。

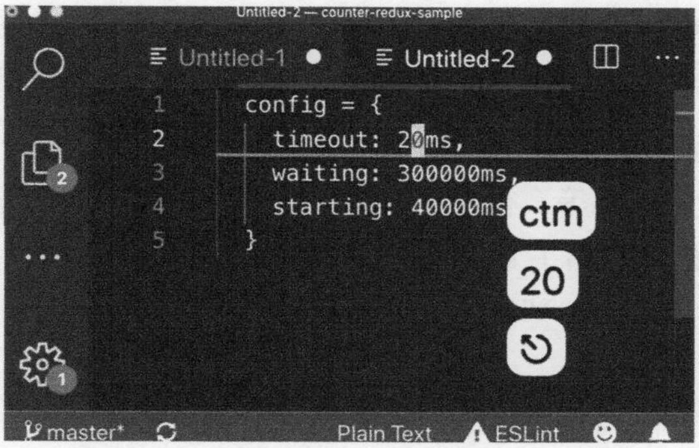

图 12-2　使用 ct 命令完成第二行的修改

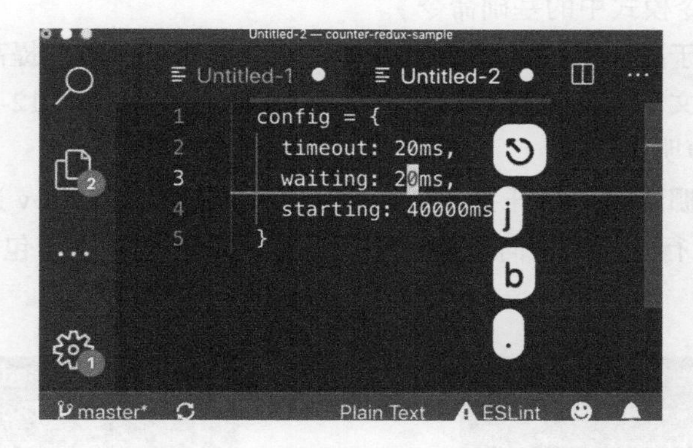

图 12-3　使用重复命令 . 完成第三行的修改

同样的，使用命令 . 完成第四行的修改。

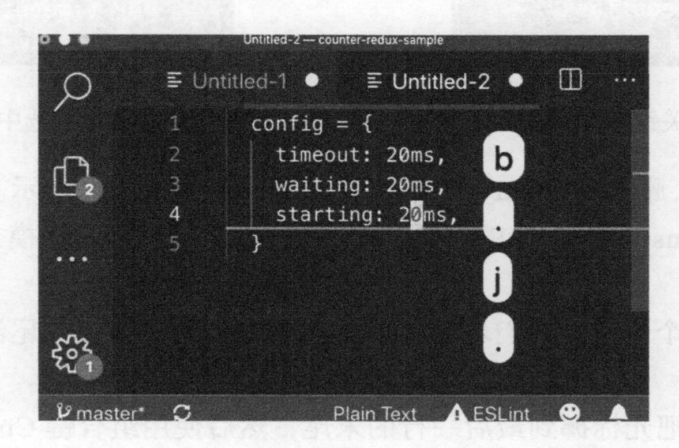

图 12-4　使用重复命令 . 完成第四行的修改

当然，我们也可以使用 Vim 提供的正则表达式功能进行查找替换，但会比上面这个重复命令复杂很多。

关于重复命令，Vim 另外还有一个录制命令 q 和重复命令 @，功能更强大，但也相对更复杂。如果想深入了解，可以参考《Vim 实用技巧进阶》中宏指令的相关内容[⊖]。

第四组常用命令：查找、替换

这组命令主要有 /、* 和 s 等，很常用，网络上也有很多描述，这里不再赘述。《命令模式中的基础命令》中也详细介绍了 s 命令，可供参考。

除了上述四种常见命令外，Vim 中还有一种很强大的可视模式（Visual Mode）可以提高编辑体验。

可视模式

可视模式一共有 3 种，包括基于字符的可视模式、基于行的可视模式和基于列的可视模式，详情可见《命令模式中的基础命令》。

下面，我们以基于列的可视模式为例，介绍如何使用可视模式提高编辑体验。先看看第一个例子。有一段文本，每一行都用关键字 var 声明变量，如图 12-5 所示，现在我们希望改成使用 const 来声明。

第一步，把光标挪到第一行开头的 v 字符处，使用组合键 Ctrl+v 进入列可视模式，然后使用 7j 向下移动七行，再用 e 向右移动一个单词，从而选中一个包含所有 var 的矩形区域，如图 12-6 所示。

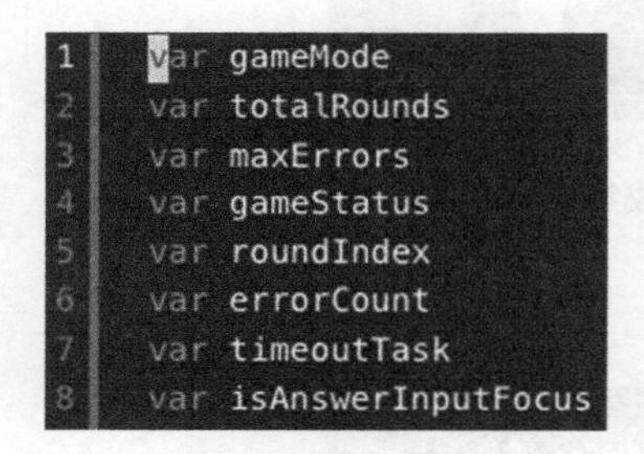

图 12-5　使用关键字 var 声明变量

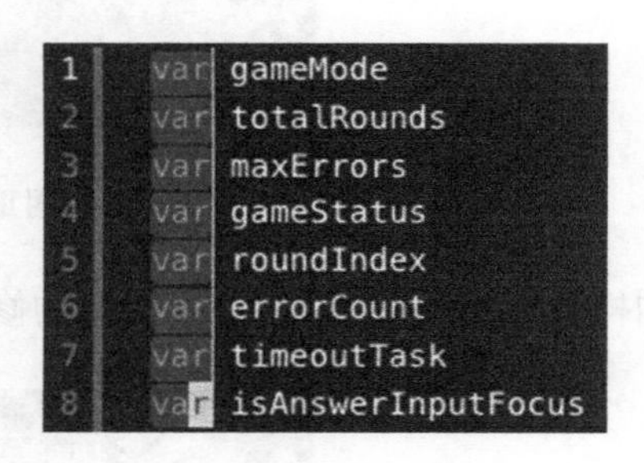

图 12-6　选中所有 var

第二步，输入 c，删除所有 var，并进入编辑模式，如图 12-7 所示。

第三步，输入 const，并输入 Esc 完成编辑操作，然后回到命令模式，表示整个修改完成，如图 12-8 所示。

下面再来看第二个例子。我们希望在上面这段文字的每一行末尾添加一个分号，具体的操作步骤如下。

首先，用 $ 命令把光标挪到最后一行的末尾，然后使用组合键 Ctrl+v 进入列模式，再用 7j 命令将光标挪到第一行，这时，每一行的末尾都被包含到一个方块里，如图 12-9 所示。

⊖ https://xu3352.github.io/linux/2018/11/04/practical-vim-skills-chapter-11。

```
1  gameMode
2  totalRounds
3  maxErrors
4  gameStatus
5  roundIndex
6  errorCount
7  timeoutTask
8  isAnswerInputFocus
```

图 12-7　删除所有关键字 var

```
1  const gameMode
2  const totalRounds
3  const maxErrors
4  const gameStatus
5  const roundIndex
6  const errorCount
7  const timeoutTask
8  const isAnswerInputFocus
```

图 12-8　输入 const，完成编辑操作

然后，输入 A 命令，令光标挪到每一行的末尾，并进入编辑模式，如图 12-10 所示。

```
1  const gameMode
2  const totalRounds
3  const maxErrors
4  const gameStatus
5  const roundIndex
6  const errorCount
7  const timeoutTask
8  const isAnswerInputFocus
```

图 12-9　使用组合键进入列模式

```
1  const gameMode
2  const totalRounds
3  const maxErrors
4  const gameStatus
5  const roundIndex
6  const errorCount
7  const timeoutTask
8  const isAnswerInputFocus
```

图 12-10　光标挪到每一行末尾

最后，输入要插入的分号，并输入 Esc 完成编辑。此时，每一行的末尾都添加了一个分号，如图 12-11 所示。

```
1  const gameMode;
2  const totalRounds;
3  const maxErrors;
4  const gameStatus;
5  const roundIndex;
6  const errorCount;
7  const timeoutTask;
8  const isAnswerInputFocus;
```

图 12-11　每行末尾插入分号

列模式的操作在日常编程工作中很常见，几乎每天都会用到。

关于可视模式还有三个比较有用的小技巧，总结如下。

- 第一，在退出了可视模式之后，可以使用 gv 命令重新进入可视模式，并重新选择上一次所选的内容。这个命令非常有用，因为我们常常需要对上一次的选择做进一步的操作。
- 第二，进入可视模式之后，可以直接使用 v、V、Ctrl+v 在三种模式之间切换，而不需要退出可视模式再重新进入。比如，一开始我们使用 v 进入字符可视模式，突然发现需要删除几行，这时就可以输入 V 直接进入行可视模式。
- 第三，使用 o、O 命令在选取区域边界跳转。进入可视模式之后，光标默认处于所选区域的结尾处，我们可以挪动光标调节所选区域的结尾位置。但如果需要调节

所选区域的开头位置，则可以使用命令 o 将光标跳转到所选区域的开始位置，再次输入命令 o 光标又会跳转到所选区域的结尾位置。在列模式中，我们可以使用小写 o 实现对角的跳转，使用大写 O 实现水平方向的跳转，从而灵活调整所选矩形的大小。

以上就是命令模式中 5 个基础类别的介绍。限于篇幅，针对每一个类别，文中都只是给出少数几个典型命令。要高效使用 Vim，需要我们**有意识地针对这 5 个操作类别，结合自己的实际编辑场景，寻找最恰当的命令。**

12.3 在更广泛的工作场景中应用 Vim 技能

通过大量使用 Vim 命令和命令组合，我们已经可以比较高效地进行编辑工作了。然而，Vim 可以给我们带来的效率提升远不止于此。由于 Vim 具有极强的跨平台性和 Linux 工具特性，我们还可以在更广泛的工作场景中应用 Vim 技能。下面给出两个典型场景。

场景一：Vim 不是个人主力 IDE

这种情况下，建议先调研主力 IDE 是否支持 vi 模式。目前，绝大部分主流 IDE 都支持 vi，而且都做得不错。如果主力 IDE 中能使用 Vim 命令，那么 Vim 特有的命令模式就能让我们收益颇丰。

以我的个人经验来看，我只有在 Facebook 工作的时候使用 Vim 作为主力 IDE，其他时间使用的编辑器主要是 Intellij 的 IDE 系列和 VS Code。在这些 IDE 里，我一直在使用 vi 模式，效果非常好。

除了在主力 IDE 中使用 vi 模式外，我们还可以选择把 Vim 只作为一个单纯的文本编辑器来使用，需要强大的编辑功能时，临时使用一下就可以。比如，我在写微信小程序的时候，一开始使用的是原生的微信开发工具，编辑功能不是很强。但在遇到一些重量级的编辑工作时，我会使用 Vim 迅速搞定，再回到微信原生开发工具 IDE 里继续工作。

这里介绍一个相关小技巧。在把 Vim 作为一个单纯的文本编辑器来临时使用时，我们可以运行一个新的 Vim 实例，也可以使用 Vim 命令的 --remote 或者 --remote-tab 选项使用已经在运行的 Vim 实例。比如，我在苹果开发机上设置了一个 vr 别名：

```
# note: mvim是macOS上Vim移植版本MacVim的命令行客户端
alias vr= 'mvim --remote-tab'
```

可以运行以下命令，在已经运行的一个 MacVim GUI 实例中打开 foo.txt。

```
vr foo.txt
```

场景二：Vim 与其他工具进行集成工作

UNIX/Linux 系统有一个设计理念：每个工具只做一个功能，并把这个功能做到极致，然后由操作系统把这些功能集成起来实现复杂功能。vi 起初就是作为 UNIX 系统里的编辑器而存在的，到了 40 年后的今天，虽然 Vim 已经可以被配置成为一个强大的 IDE，但它很大程度上依然是 UNIX/Linux 系统的基础编辑器，仍然可以很方便地和 UNIX/Linux 的其他工具集成。以下是几个具体的适用场景。

（1）使用 Vim 作为其他工具的编辑器

在大部分 Linux 系统里，默认的编辑器就是 Vim。如果不是，可以使用如下命令设置：

```
// 全局使用Vim
export EDITOR='vim'
```

有了这样的设置以后，很多工具在需要使用编辑器时就会自动打开 Vim，比如 git commit。

（2）使用管道

管道是 Linux 环境中最常用的工具之间的集成方式。Vim 可以接收管道传过来的内容。比如，我们要查看 GitHub 上用户 foo 的代码仓的情况，可以使用下面这条命令：

```
curl -s https://api.github.com/users/foo/repos | vim -
```

在这个命令中，curl 命令访问 GitHub 的 API，把输出通过管道传给 Vim，方便我们直接在 Vim 中查看用户 foo 的代码仓的细节。

这里需要注意的是，在 Vim 命令后面有一个 -，表示 Vim 将使用管道作为输入。

（3）在 Vim 中调用系统工具

除了系统调用 Vim 和使用管道进行集成之外，我们还可以在 Vim 中反过来调用系统的其他工具。这里介绍一个最实用的场景：**在可视模式中使用！命令调用外部程序。**

比如，我们想在如图 12-12 所示的文件的中间几行内容前加上从 1000 开始的数字序号。

在 Linux 系统里，我们可以使用 nl 命令行工具添加序号，具体命令是 nl -v 1000。所以，我们可以把这一部分文本单独保存为文件，使用 nl 处理，再把处理结果复制到 Vim 中。这样做虽然可以达到目的，但过程比较烦琐。幸运的是，我们可以在 Vim 里面直接使用 nl，并把处理结果插回 Vim 中，具体操作如下。

首先，使用命令 V 进入行可视模式，并选择这一部分文字，如图 12-13 所示。

```
"dependencies": {
  "body-parser": "~1.19.0",
  "cookie-parser": "~1.4.4",
  "debug": "~2.6.9",
  "express": "~4.16.1",
  "http-errors": "~1.6.3",
  "jade": "~1.11.0",
  "morgan": "~1.9.1"
}
```

图 12-12　文件示例

```
"dependencies": {
  "body-parser": "~1.19.0",
  "cookie-parser": "~1.4.4",
  "debug": "~2.6.9",
  "express": "~4.16.1",
  "http-errors": "~1.6.3",
  "jade": "~1.11.0",
  "morgan": "~1.9.1"
}

-- VISUAL LINE --
```

图 12-13　使用命令 V 进入行可视模式

然后，输入命令 !，这时，Vim 的最后一行会显示 '<,'>!，表示将对选中的部分使用外部程序进行处理。接着，输入 nl -v 1000，如图 12-14 所示。

按下回车键后，Vim 就会把选择的文本传给 nl，由 nl 在每一行前面添加序号，再把处理结果传回 Vim，从而得到我们想要的编辑结果，如图 12-15 所示。

```
"dependencies": {
  "body-parser": "~1.19.0",
  "cookie-parser": "~1.4.4",
  "debug": "~2.6.9",
  "express": "~4.16.1",
  "http-errors": "~1.6.3",
  "jade": "~1.11.0",
  "morgan": "~1.9.1"
}

:'<,'>!nl -v 1000
```

图 12-14 输入 nl -v 1000 命令

```
"dependencies": {
  1000     "body-parser": "~1.19.0",
  1001     "cookie-parser": "~1.4.4",
  1002     "debug": "~2.6.9",
  1003     "express": "~4.16.1",
  1004     "http-errors": "~1.6.3",
  1005     "jade": "~1.11.0",
  1006     "morgan": "~1.9.1"
}

7 lines filtered
```

图 12-15 添加序号后的结果

同时，Vim 的底部会显示 7 lines filtered，意思是 Vim 里面的 7 行文本被外部工具处理过。使用这样的集成功能可以让我们聚焦在工作上，而不会把时间花在烦琐的工具切换操作上。

以上就是三个最常用的 Vim 和其他工具集成的例子。这种工作方式带来的效率提升远远大于单个工具带来的效率提升，后面的章节中还会对此做进一步讨论。

12.4 小结

高性价比地学习 Vim 的步骤主要有三个：第一，学习 Vim 的命令模式和命令组合方式；第二，学习文本编辑过程中各个环节最常用的命令；第三，在更广泛的工作场景中应用 Vim 技能。

本章介绍的 Vim 命令和使用技巧只是最常见的跨平台使用中的通用部分，对效能提升带来的效果最直接、最明显，但这些远没有覆盖 Vim 的强大功能。比如，我们没有讨论多文件、多标签页、多窗口编辑的场景，也没有触及插件的话题。事实上，如果需要，我们可以把 Vim 配置成一个类似 IDE 的开发环境，进入沉浸式的 Vim 体验。下面推荐三个我个人比较喜欢的插件。

- pathogen：它是一个插件管理软件，很好地解决了 Vim 自带插件删除不理想的问题。关于 pathogen 的使用，可以参考“How to use Tim Pope's Pathogen”[1]这篇文章。
- nerdtree：在 Vim 中添加文件夹管理的功能。

[1] https://gist.github.com/romainl/9970697。

- fugitive：在 Vim 中添加查看、编辑 Git 内容的功能。它的功能超级强大。

其中，pathogen 和 fugitive 的作者都是 Tim Pope，一个 Vim 牛人，感兴趣的读者可以了解一下他编写的其他 Vim 插件。

毋庸置疑，Vim 的学习曲线非常长，可以让我们持续进步。以我个人为例，即使我已经使用了 15 年，仍然会不断地学习到一些新的东西。

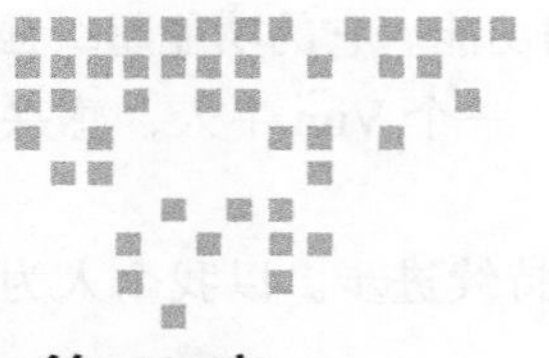

Chapter 13 第 13 章

高效命令行环境选择和设置

前面介绍了 Git 和 Vim 这两个工具，下面开始介绍第三个关键工具：命令行工具集。说它是一个工具其实并不准确，因为它是一组工具的集合。

这里也会使用两章的篇幅来介绍如何高效使用命令行工具集。本章介绍高效命令行环境选择和设置，下一章则会根据研发场景有针对性地介绍有效命令行工具。

在开始正文之前，先来聊一个有意思的话题。命令行工具常给人一种黑客的感觉。好莱坞的电影里面就常出现命令行窗口。事实上很多电影在拍摄时使用了一个叫作 nmap 的工具。这个工具本身是做安全扫描的，只不过因为它的显示特别花哨，所以被很多电影采用。在 nmap 官方网站上，还专门列举了这些电影的名单。

类似这种可以让自己看起来很忙的工具还有很多，比如 Genact。图 13-1 展示了 Genact 的界面截图，当然这里的命令并没有真正运行。这可能是整本书中，唯一一个让你看起来效率很高，实际上却会降低效率的工具。

然而，在工作中使用命令行，并不是因为它炫酷，更不是为了“摸鱼”，而是因为它能实实在在帮助我们提高工作效率。

13.1 为什么要使用命令行

GUI 的出现是计算机技术的巨大变革，它极大提升了计算机的可用性。但在这么多年后的今天，命令行工具为什么仍然有如此强大的生命力呢？

软件工程师想实现高效研发就必须掌握命令行的主要原因包括以下几点。

- 虽然鼠标的移动和点击比较直观，但要完成重复性的工作，使用键盘会快捷得多。
  这一点从超市的结算人员就可以看出来，使用键盘系统的收银员总是噼里啪啦地很快就可以完成结算，而使用鼠标点击的话明显慢很多。

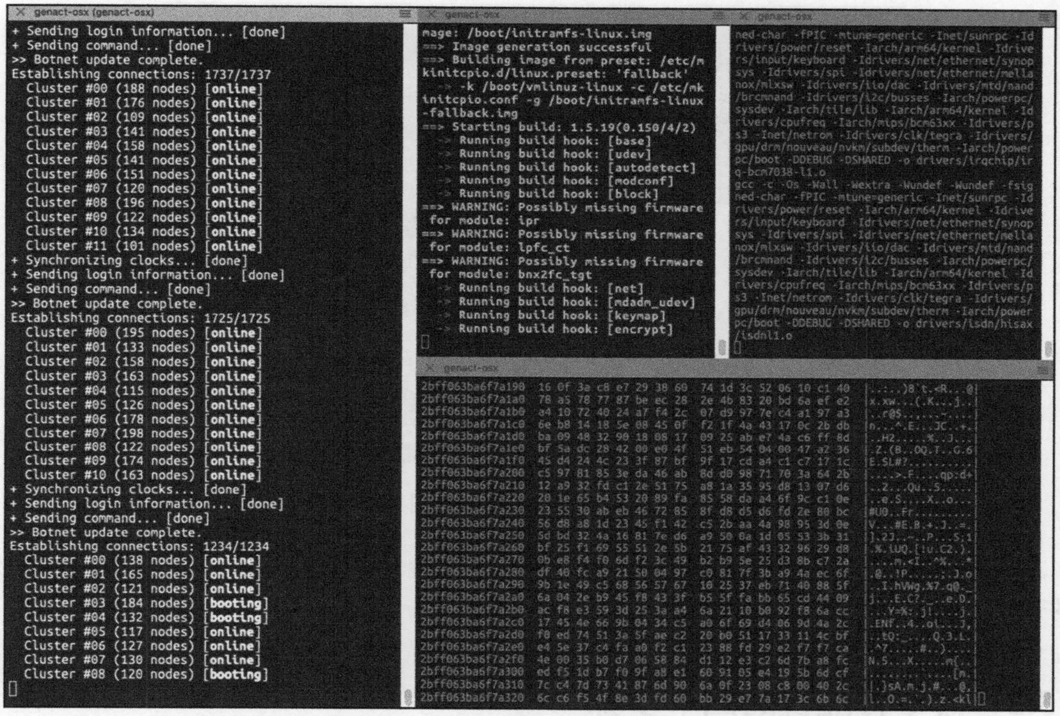

图 13-1　Genact 的界面截图

- 开发人员可以使用命令行脚本对工作进行自动化。如果使用 GUI 的话，就会困难得多。
- 命令行可以暴露工具更完整的功能，让使用者对整个系统有更透彻的理解。Git 就是一个典型例子，再好的 GUI 系统都只能封装一部分 Git 功能，要想真正深入了解 Git，我们必须使用命令行。
- 有一些情况是必须使用命令行的，比如 SSH 到远程服务器上工作的时候。

为了演示命令行的强大功能给我们带来的方便，我录了一段演示在本地查看文件并上传到服务器的完整流程的录屏。图 13-2 是录屏的一个截图，展示了在命令行中直接查看图片的效果。完整录屏已上传到我的个人网站（https://jungejason.github.io/dev-eff-book-resources/）上，感兴趣的读者可以访问我的个人网站查看更多内容。

这个案例使用了命令行以下几个功能：

- 在提示行高亮显示时间、机器名、用户名、Git 代码仓的分支和状态，以及上一个命令的完成状态；
- 输入命令时，高亮显示错误并自动纠错；
- 使用交互方式进行文件夹跳转以及文件查找，并直接在命令行显示图片；

- 使用交互的工具，把文件上传到远端的服务器，并迅速连接到远端查看传输是否成功。

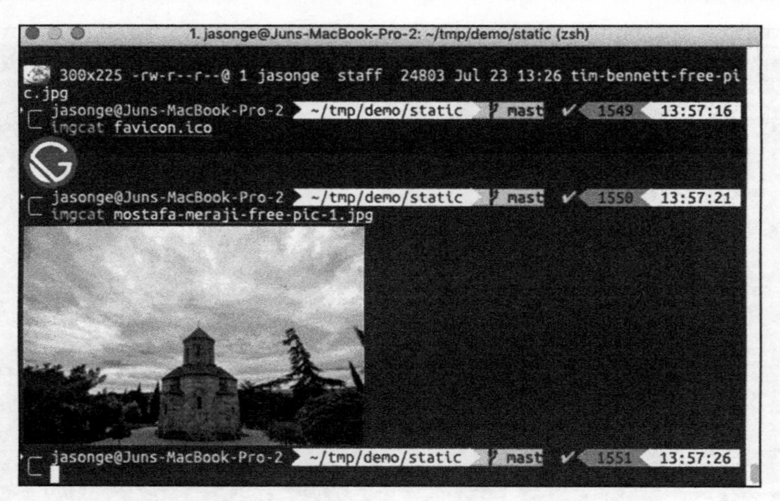

图 13-2 在命令行中直接查看图片的效果

整个流程都在命令行里完成，速度很快，用户体验也很好。我在硅谷看到的特别高效的开发人员，绝大多数都在大量使用命令行。

13.2 命令行配置的四个步骤

如何才能高效地学习和使用命令行工具呢？第一步就是要配置好环境。通常来说，环境配置主要包括四个步骤：选择模拟终端、选择 Shell、具体的 Shell 配置、远程 SSH 的处理。

需要注意的是，在命令行方面，macOS 和 Linux 系统比 Windows 系统要强大许多，所以我主要以 macOS 和 Linux 系统来介绍。不过，这些工具选择和配置的思路，同样可以应用到 Windows 系统中去。

第一步，选择模拟终端

一个好的终端应该具有以下特征：

- 快、稳定；
- 支持多终端，比如可以方便地水平和纵向分屏，支持标签页等；
- 方便配置字体颜色、大小；
- 方便管理常用的 SSH 的登录会话。

macOS 自带的终端不太好用，常见的替代工具有 iTerm2、Terminator、Hyper 和 Upterm。其中广受欢迎的 iTerm2 是一个免费软件，功能强大，具备上面提到的 4 个特征。下面就以 iTerm2 为例展开介绍。

在多终端的场景方面，iTerm2 支持多窗口、多标签页，其同一窗口中可以进行多次水平和纵向分屏，如图 13-3 所示。这些操作以及窗口的跳转都有快捷键支持。

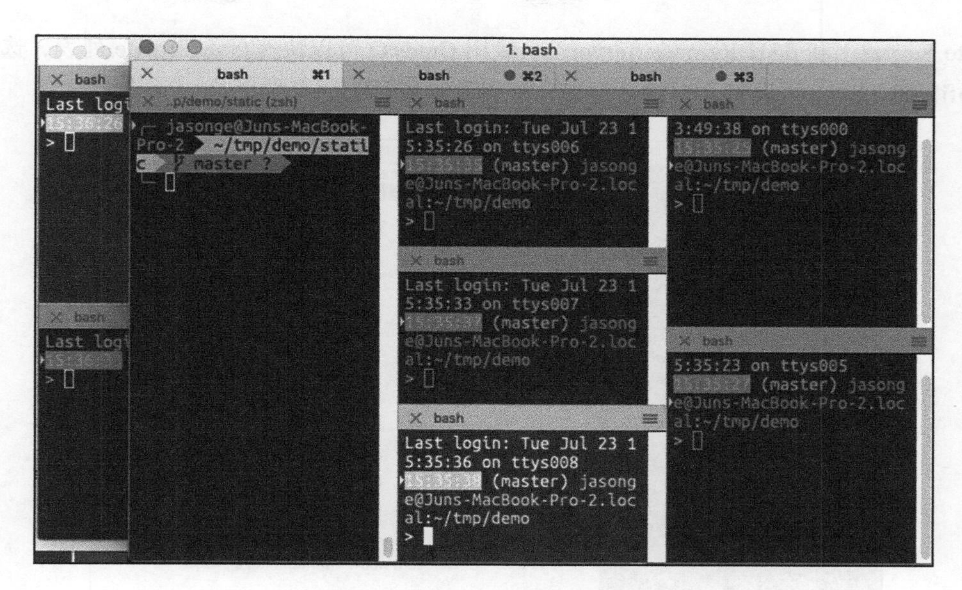

图 13-3　iTerm2 界面截图

在管理常用 SSH 会话方面，iTerm2 使用 Profile（用户画像）来控制。下面演示了一个连接到远程服务器的具体案例。

第一，使用命令 Cmd+O 调出 Profile 的选择界面，如图 13-4 所示。

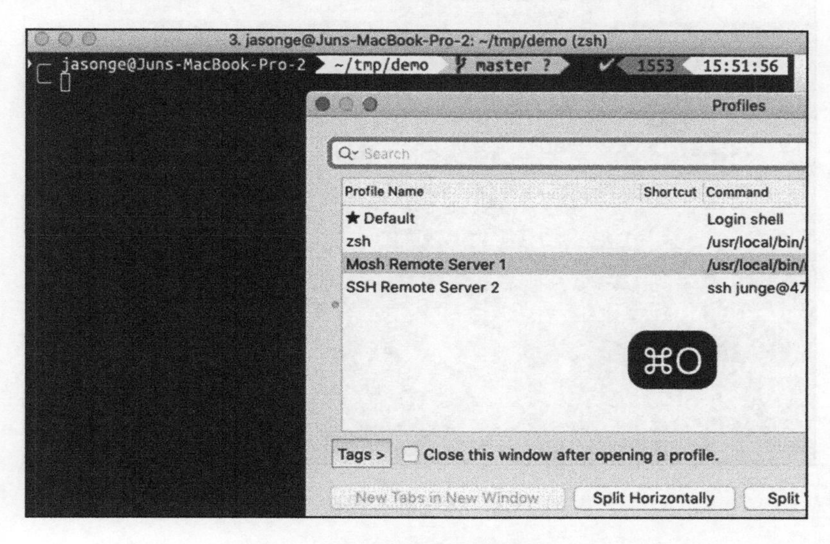

图 13-4　调出 Profile 的选择界面

第二，输入 Profile 的名字并选择，如图 13-5 所示。

第三，进入 Profile，连接到远程服务器，如图 13-6 所示。

可以看到，演示环境里有 4 个 Profile，其中有两个连接到远端服务器，包括 Mosh

Remote Server 1 和 SSH Remote Server 2。使用 Cmd+O 可以快速显示 Profile 列表，选择具体 Profile 之后，就可以打开一个新窗口，连接到这个远程服务器上。

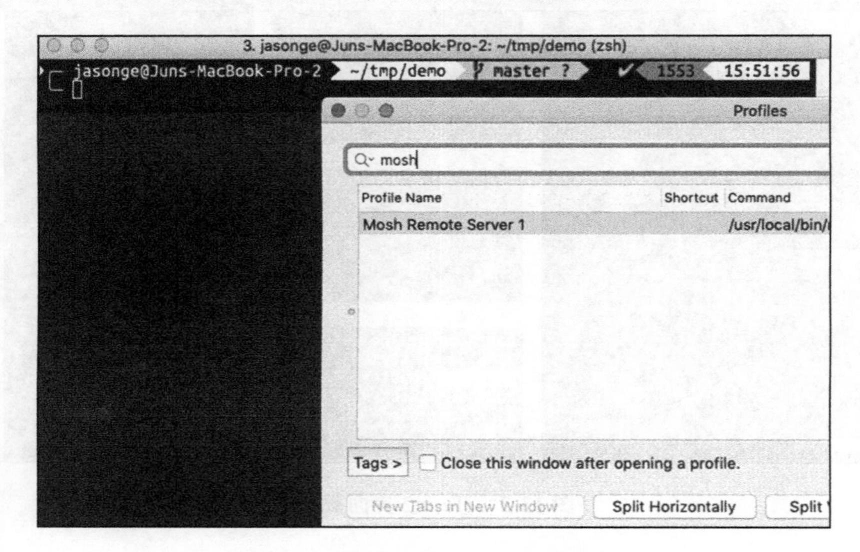

图 13-5 输入 Profile 的名字并选择

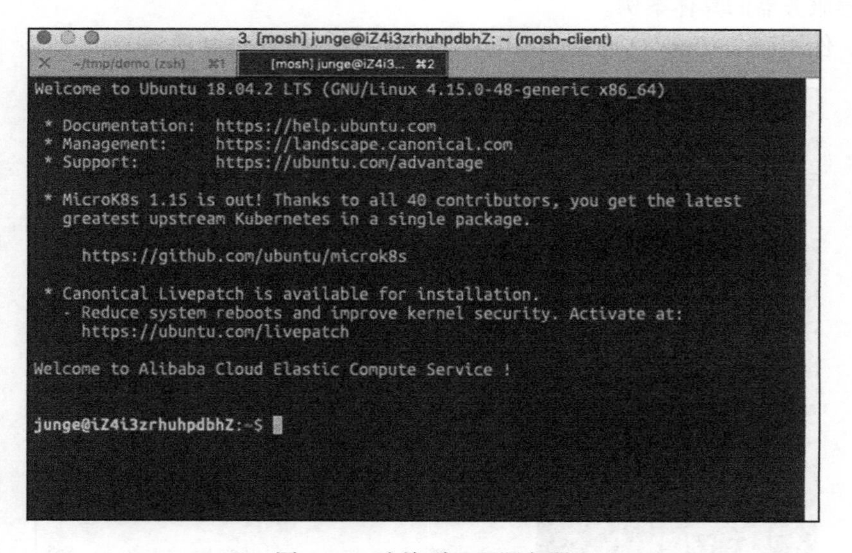

图 13-6 连接到远程服务器

每一个 Profile 都可以定义自己的字体、颜色、shell 命令等。比如，Server 1 是类生产服务器，其背景设置为棕红色，提醒用户在这个机器上工作时一定要谨慎。图 13-7 是 Profile 颜色设置界面示例。

除了基础功能外，iTerm2 还有很多贴心的设计，举例如下。

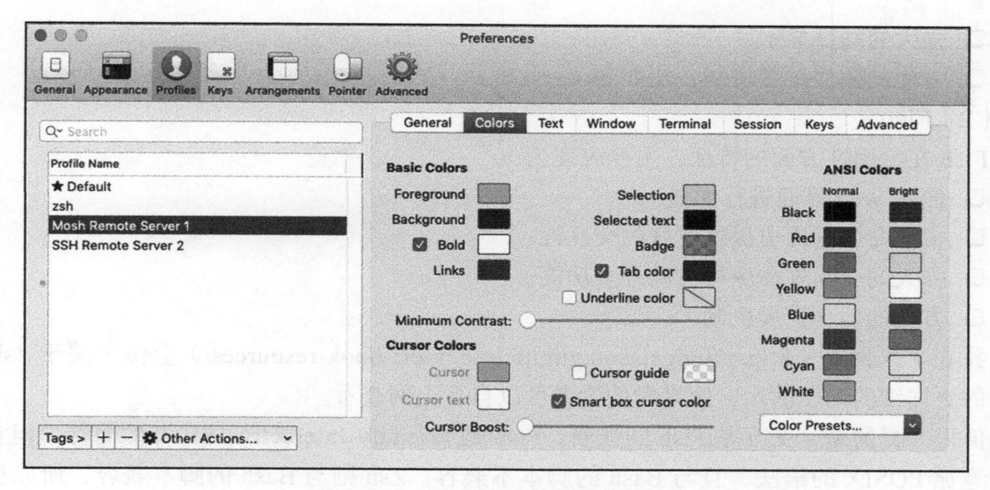

图 13-7　Profile 颜色设置界面

- **在屏幕中显示运行历史**（Cmd+Opt+B/F）：有些情况下，比如运行 Vim 或者 Tmux 时，向上滚动终端并不能看到之前的运行历史，iTerm2 实现了这一点。
- **高亮显示当前光标所处位置**：包括高亮显示当前行（Cmd+Opt+；），高亮显示光标（Cmd+/）。
- **与上一条命令相关的操作**：包括跳转到上一次运行命令的位置（Cmd+Shift+up），选中上一个命令的输出（Cmd+Shift+A）。

其中第 2、3 项功能是由一组 macOS 的集成工具集[1]提供的。这个工具集实现的功能包括显示图片（imgls、imgcat），自动补全，显示时间、注释，以及在主窗口旁显示额外信息等。这些功能虽然比较简单，但非常实用。

至于 Windows 系统，微软在 2019 年 5 月推出了 Windows Terminal，其用户体验和用户反馈很不错。

选择好终端，环境设置的第二步就是选择 Shell。

第二步，选择 Shell

选择 Shell 主要遵循普遍性和易用性这两条原则。在 Linux/UNIX 系统下，Bash 最普遍、用户群最广，但是易用性不是很好。常见的替代品有 Zsh 和 Fish，它们的易用性都很不错。下面简单介绍 Zsh 和 Fish 在易用性方面的特点。

（1）Zsh

Zsh 在易用性方面的特征，主要表现为：

- 快捷文件目录跳转；
- 路径自动补全；
- 更自然的命令自动补全；

[1] https://www.iterm2.com/documentation-utilities.html。

- ❑ 强大的高亮显示；
- ❑ 方便的插件扩展机制，比如 oh-my-zsh。

（2）Fish

Fish 在易用性方面的特征，主要表现为：

- ❑ 使用 Web 界面进行配置；
- ❑ 根据命令行历史提供更好的交互性；
- ❑ 强大的交互式命令行自动补全功能；
- ❑ 方便的插件扩展机制。

我在个人网站（https://jungejason.github.io/dev-eff-book-resources/）上传了关于 Zsh 和 Fish 的更详细的动图演示，感兴趣的读者可以自行上网查看。

值得一提的是，交互是 Fish 的强项。Fish 是 Friendly Interactive SHell 的简称，但它不严格遵循 POSIX 的语法，且与 Bash 的脚本不兼容。Zsh 则与 Bash 的脚本兼容，所以更多用户选择了 Zsh。

选好模拟终端和 Shell 之后，就到了第三步：具体的 Shell 配置。

第三步，具体的 Shell 配置

下面以我个人使用的设置为例介绍 Bash、Zsh、Fish 的具体配置，主要包括介绍**命令行提示符的配置**和**其他配置**两个方面。

之所以把命令行提示符单独提出来，是因为它一直显示在界面上，能提供较大价值，是优化的一个重要目标。图 13-8 展示了我的开发机器上 Bash、Zsh 和 Fish 的命令行提示符窗口。该窗口分为三部分，最上面是 Bash，中间是 Zsh，最下面是 Fish。每个环境的命令行提示符都配置了文件路径、Git 信息和时间戳等信息。

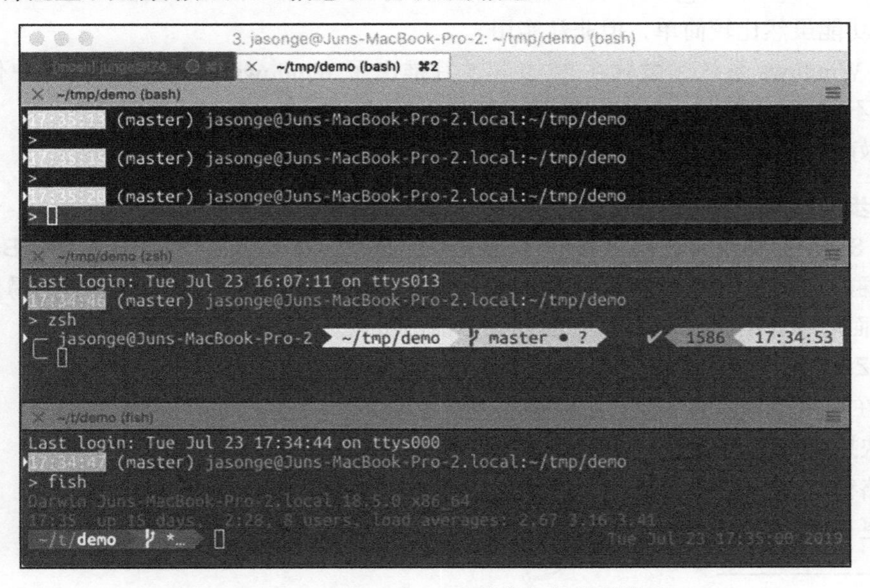

图 13-8 Bash、Zsh 和 Fish 的命令行提示符窗口

（1）Bash

Bash 的配置比较烦琐，包括定义颜色和命令行提示符两部分：

```
## 文件 $HOME/.bash/term_colors，定义颜色
# Basic aliases for bash terminal colors
N="\[\033[0m\]"              # unsets color to term's fg color# regular colors
K="\[\033[0;30m\]"           # black
R="\[\033[0;31m\]"           # red
G="\[\033[0;32m\]"           # green
Y="\[\033[0;33m\]"           # yellow
B="\[\033[0;34m\]"           # blue
M="\[\033[0;35m\]"           # magenta
C="\[\033[0;36m\]"           # cyan
W="\[\033[0;37m\]"           # white# empahsized (bolded) colors
MK="\[\033[1;30m\]"
MR="\[\033[1;31m\]"
MG="\[\033[1;32m\]"
MY="\[\033[1;33m\]"
MB="\[\033[1;34m\]"
MM="\[\033[1;35m\]"
MC="\[\033[1;36m\]"
MW="\[\033[1;37m\]"          # background colors
BGK="\[\033[40m\]"
BGR="\[\033[41m\]"
BGG="\[\033[42m\]"
BGY="\[\033[43m\]"
BGB="\[\033[44m\]"
BGM="\[\033[45m\]"
BGC="\[\033[46m\]"
BGW="\[\033[47m\]"

## 文件 $HOME/.bashrc，设置提示符及其解释
###### PROMPT ######
# Set up the prompt colors
source $HOME/.bash/term_colors
PROMPT_COLOR=$G
if [ ${UID} -eq 0 ]; then
  PROMPT_COLOR=$R          ### root is a red color prompt
fi#t Some good thing about this prompt:
# (1) The time shows when each command was executed, when I get back to my terminal
# (2) Git information really important for git users
# (3) Prompt color is red if I'm root
# (4) The last part of the prompt can copy/paste directly into an SCP command
# (5) Color highlight out the current directory because it's important
# (6) The export PS1 is simple to understand!
# (7) If the prev command error codes, the prompt '>' turns red
export PS1="\\e[42m\\t\\e[m$N $W"'$(__git_ps1 "(%s) ")'"$N$PROMPT_COLOR\\u@\\
    H$N:$C\\w$N\\n\\["'$CURSOR_COLOR'"\\]>$W "
export PROMPT_COMMAND='if [ $? -ne 0 ]; then CURSOR_COLOR=`echo -e "\033[0;31m"`;
    else CURSOR_COLOR=""; fi;'
```

在 Bash 中，常用的关于命令行提示符之外的其他方面的配置有命令行补全（completion）和别名设置（alias），以下是部分具体设置：

```
## git alias
alias g=git
alias gro='git r origin/master'
alias grio='git r -i origin/master'
alias gric='git r --continue'
alias gria='git r --abort'

## ls aliases
alias ls='ls -G'
alias la='ls -la'
alias ll='ls -l'

## git  completion，请参考https://github.com/git/git/blob/master/contrib/completion/
    git-completion.bash
source ~/.git-completion.bash
```

（2）Zsh

Zsh 的配置则容易得多，并且是模块化的。即安装一个配置的框架，然后选择插件和主题即可。具体来说，我对 Zsh 命令行提示符的配置包括三个步骤。

第一，安装 oh-my-zsh。这是一个对 Zsh 进行配置的常用开源框架。

```
brew install zsh
```

第二，安装 powerline 字体，供下一步使用。

```
brew install powerlevel9k
```

第三，在 ~/.zshrc 中配置 ZSH_THEME，指定使用 powerlevel9k 这个主题。

```
ZSH_THEME="powerlevel9k/powerlevel9k"
```

至于命令行提示符以外的其他配置，主要是通过安装和使用 oh-my-zsh 插件的方式来完成。下面是一些供参考的插件：

```
## 文件~/.zshrc.sh 中oh-my-zsh的插件列表，具体插件细节请参考https://github.com/
     robbyrussell/ oh-my-zsh，或者自行上网搜索
plugins=(
  git
  z
  vi-mode
  zsh-syntax-highlighting
  zsh-autosuggestions
  osx
  colored-man-pages
  catimg
  web-search
  vscode
  docker
```

```
  docker-compose
  copydir
  copyfile
  npm
  yarn
  extract
  fzf-z
)
source $ZSH/oh-my-zsh.sh
```

(3) Fish

Fish 的配置和 Zsh 差不多，也是安装一个配置的框架，然后选择插件和主题即可。在配置命令行提示符时，主要包括以下两个步骤。

第一，安装配置管理框架 oh-my-fish：

```
curl -L https://get.oh-my.fish | fish
```

第二，查看、安装、使用 oh-my-fish 的某个主题。完成后，主题会自动配置好命令行提示符：

```
omf theme
omf install <theme>
omf theme <theme>
omf theme bobthefish # 我使用的是bobthefish主题
```

感兴趣的读者可以参考这篇关于 oh-my-fish 的文章“Make Your Fish Shell Beautiful Using Oh My Fish”[1]。至于 Fish 的其他方面的配置，也是使用 oh-my-fish 配置会比较方便，具体请参照官方文档[2]。

配置好具体的 Shell 之后，就到了最后一个配置步骤：远程 SSH 的处理。

第四步，远程 SSH 的处理

通过 SSH 远程连接到其他机器，是开发人员的常见操作。这个操作的最大痛点是连接断开会造成信息丢失。也就是说，连接断开以后，远端的 SSH 进程被杀死，之前的工作记录、状态会丢失，导致下一次连接时需要重新进行设置，交易花销太大。有两类工具可以很好地解决这个问题。

(1) Tmux 或者 Screen

这两个工具比较常见，它们通过在远程服务器上运行持久的会话（session）来解决问题。以 Tmux 的工作流程为例：首先通过 SSH 连接到远程服务器，然后用远程服务器上的 Tmux Client 连接到已经运行的 Tmux Session 上。SSH 断开之后，Tmux Client 被杀死，但 Tmux Session 仍然保持运行，意味着命令的运行状态继续存在，下次使用 SSH 远程连接时直接连接 Tmux Client 即可。

---

[1] https://ostechnix.com/oh-fish-make-shell-beautiful/。

[2] https://github.com/oh-my-fish/oh-my-fish。

如果需要深入了解 Tmux 的概念和搭建过程，可以参考文章《 Tmux - Linux 从业者必备利器》[⊖]。

（2）保持连接不中断的工具

要解决连接断开造成的问题，另外一个办法是保持连接不中断。这需要从底层入手，绕过 TCP 的限制。Mosh 是通过这个办法解决该问题的一个工具。它的具体原理是每次初始登录使用 SSH，之后就不再使用 SSH，而是使用一个基于 UDP 的 SSP 协议，从而在网络断开重连的时候自动重新连接，实现从使用者的角度来看就像从来没有断开过一样。

以下给出在阿里云 ECS 主机上运行 Ubuntu18.04，并使用 Mosh+Tumx 的具体安装和设置方法。

第一，在服务器端安装并运行 Mosh Server。

```
junge@iZ4i3zrhuhpdbhZ:~$ sudo apt-get install mosh
```

第二，打开服务器上的 UDP 端口 60000~61000。

```
junge@iZ4i3zrhuhpdbhZ:~$ sudo ufw allow 60000:61000/udp
```

第三，在阿里云的 Web 界面上修改主机的安全组设置，允许 UDP 端口 60000～61000，如图 13-9 所示。

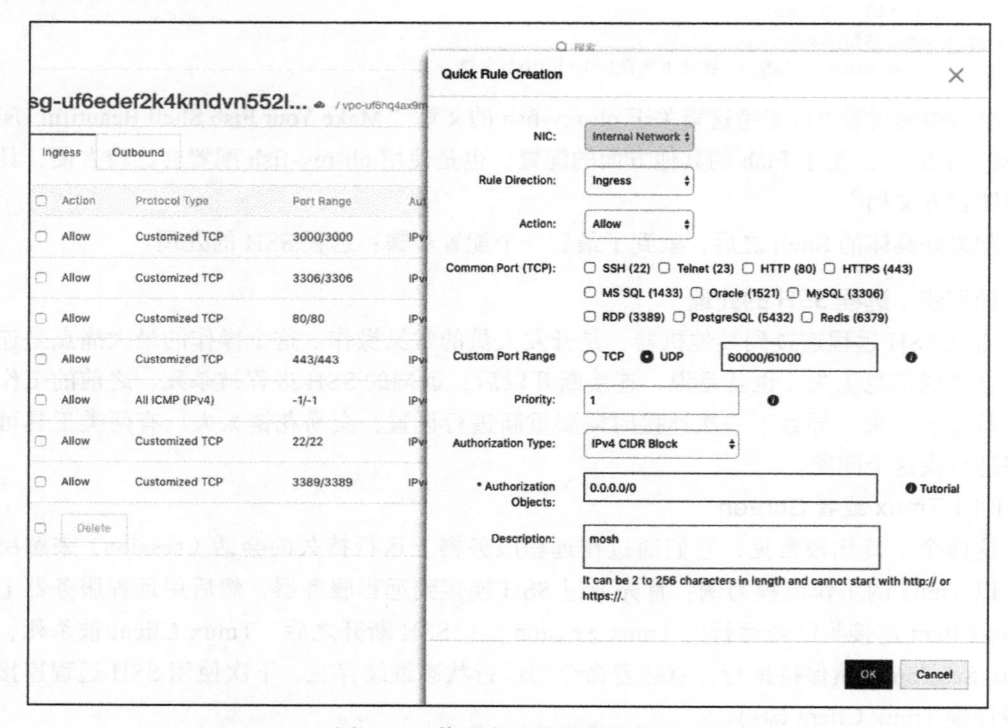

图 13-9 修改主机的安全组设置

⊖ http://cenalulu.github.io/linux/tmux/。

第四，在客户端（比如 Mac 上）安装 Mosh Client。

```
jasonge@Juns-MacBook-Pro-2@l$ brew isntall mosh
```

第五，在客户端使用 Mosh，用与 SSH 一样的命令行连接到服务器。

```
jasonge@Juns-MacBook-Pro-2@l$ mosh junge@<server-ip-or-name>
```

我在个人网站（https://jungejason.github.io/dev-eff-book-resources/）提供了一段演示使用 Mosh + Tmux 的流程的动图，感兴趣的读者可以自行上网查看。当断开无线网时，可以看到 Mosh 自动连接，就像从来没有断过一样。

13.3　小结

推荐开发人员多使用命令行工具，并不是因为它们看起来炫酷，而是它们确实可以帮助我们节省时间、提高个人的研发效能。

高效使用命令行工具的前提是配置好环境。我们应该根据自己的具体工作场景，进行模拟终端、Shell，以及远程 SSH 会话方面的设置，确保自己能够高效工作。

以我个人体验为例。有一段时间我经常需要使用 iPad SSH 到远端服务器做一些开发工作。在这种移动开发的场景下，iPad 的网络经常断开，每次重新连接开销太大，基本上没有办法工作。针对这一情况，我使用了 Mosh，并针对开发场景进行了设置，实现了每次重新打开 iPad 的终端时，远程连接会自动恢复，大大提高了开发效率。

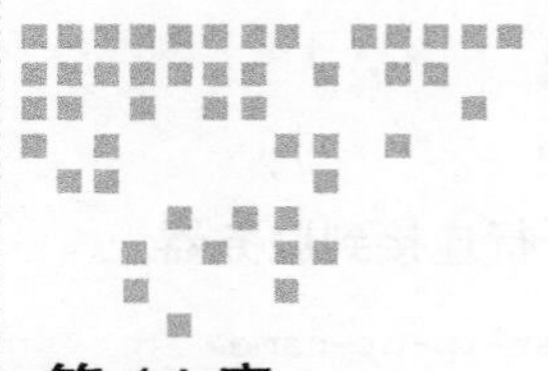

Chapter 14 第 14 章

研发场景的有效命令行工具

上一章介绍了命令行环境中的终端、Shell，以及远程连接的设置，解决了环境配置的问题。本章将深入工作场景，讨论更为具体的命令行工具及其使用技巧。之所以根据常见的工作场景来组织这些工具，是因为优化工作流程、提高工作效率才是学习工具的真正目的。

开发人员最常见的使用命令行的两个主要场景如下所示：

- 日常操作，比如在文件夹之间跳转、处理文件夹及文件内容、查看和管理系统信息等；
- 开发相关操作，比如 Git 的使用、API 调试、查看日志和网络状况等。

另外，值得一提的是，本章主要分享一些常用工具及其使用技巧，至于如何安装，读者可自行参考相关文档，这里不再赘述。

14.1 日常操作中的工具和技巧

关于日常操作，Linux/UNIX 系统自带了一些工具，同时还有一些产生已久、大家都很熟悉的工具。不过，要更高效地完成工作，我们还有更强大的工具可以选择。

第一个场景：列举文件夹和文件，查看文件

列举文件的默认工具是 ls。除此之外，另一个常用工具是 tree，可以列出文件夹的树形结构，如图 14-1 所示。

事实上，还有比 tree 更方便的工具，比如 alder 和 exa。其中，exa 尤其好用，其优点分析如下：

```
~/t/demo  *~  src  tree                          Fri Jul 26 15:41:42 2019
.
├── components
│   ├── Header.js
│   └── Header.module.css
├── pages
│   ├── 2018-07-21-first-post
│   │   └── index.md
│   ├── 2019-05-24-procrastination
│   │   ├── assets
│   │   │   └── 2019-05-journal-like-a-boss.jpg
│   │   └── index.md
│   └── index.js
├── styles
│   └── global.css
└── templates
    └── blogPost.js
```

图 14-1　使用 tree 列出文件夹的树形结构

- 默认就有漂亮的颜色显示，并且不同种类文件颜色不同；
- 既可以像 ls 一样显示当前文件夹，也可以像 tree 一样显示文件夹的树形结构，如图 14-2 所示；
- 强大的排序功能，比如使用 group-directories-first 选项，先显示文件夹，再显示文件，如图 14-3 所示。

```
~/t/demo  *~  src  exa --tree                    Fri Jul 26 16:15:40 2019
.
├── components
│  ├── Header.js
│  └── Header.module.css
├── pages
│  ├── 2018-07-21-first-post
│  │  └── index.md
│  ├── 2019-05-24-procrastination
│  │  ├── assets
│  │  │  └── 2019-05-journal-like-a-boss.jpg
│  │  └── index.md
│  └── index.js
├── styles
│  └── global.css
└── templates
   └── blogPost.js
```

图 14-2　使用 exa 列举文件夹和文件

另外，exa 还可以展示额外的文件状态。比如，添加 --git 选项，exa 会显示文件的 Git 状态。此时，在文件名的左边会出现两个字母，分别用来表示该文件在 Git 工作区和缓冲区中的状态。其中，N 表示新文件，M 表示文件修改等。图 14-4 给出了使用 exa(图中上半部分) 和 git status 命令（图中下半部分）的输出对比。

又比如，可以使用 --extend 选项显示文件的额外信息，如图 14-5 所示。

至于**查看文件**，Linux 默认的工具是 cat。不过相比之下，bat 是一个更好用的替代品，除支持高亮显示外，还可以显示 Git 的更改状态，如图 14-6 所示。

```
~/t/demo  *~…  exa --group-directories-first -l
Fri Jul 26 16:31:14 2019
drwxr-xr-x    - jasonge 21 Jul 16:51 node_modules
drwxr-xr-x    - jasonge 21 Jul 16:51 public
drwxr-xr-x    - jasonge 21 Jul 16:51 src
drwxr-xr-x    - jasonge 23 Jul 13:27 static
.rw-r--r--  609 jasonge 21 Jul 16:51 gatsby-config.js
.rw-r--r-- 1.8k jasonge 21 Jul 16:51 gatsby-node.js
.rw-r--r-- 5.2k jasonge 26 Jul 14:39 history_log.txt
.rw-r--r--  99k jasonge 26 Jul 15:38 history_log.txtll
.rw-r--r-- 541k jasonge 21 Jul 16:51 package-lock.json
.rw-r--r--@ 900 jasonge 21 Jul 16:51 package.json
.rw-r--r-- 8.9k jasonge 23 Jul 17:24 README.md
.rw-r--r-- 9.9k jasonge 26 Jul 15:12 record.txt
.rw-r--r-- 3.1k jasonge 24 Jul 14:51 t.json
.rw-r--r-- 3.3k jasonge 24 Jul 14:55 t2.json
.rw-r--r-- 1.9k jasonge 26 Jul 14:57 t2.txt
.rw-r--r--  555 jasonge 26 Jul 14:57 t5.5x5t
.rw-r--r--  428 jasonge 26 Jul 15:03 typescript
.rw-r--r-- 488k jasonge 21 Jul 16:51 yarn.lock
```

图 14-3　使用 exa 对文件夹和文件进行排序

```
~/t/demo  *~…  exa -l --git                          Fri Jul 26 16:16:44 2019
.rw-r--r--  609 jasonge 21 Jul 16:51 -- gatsby-config.js
.rw-r--r-- 1.8k jasonge 21 Jul 16:51 -- gatsby-node.js
.rw-r--r-- 5.2k jasonge 26 Jul 14:39 -N history_log.txt
.rw-r--r--  99k jasonge 26 Jul 15:38 -N history_log.txtll
.rw-r--r-- 1.1k jasonge 21 Jul 16:50 -- LICENSE
drwxr-xr-x    - jasonge 21 Jul 16:51 -- node_modules
.rw-r--r-- 541k jasonge 21 Jul 16:51 -- package-lock.json
.rw-r--r--@ 900 jasonge 21 Jul 16:51 -- package.json
drwxr-xr-x    - jasonge 21 Jul 16:51 -- public
.rw-r--r-- 8.9k jasonge 23 Jul 17:24 MM README.md
.rw-r--r-- 9.9k jasonge 26 Jul 15:12 -N record.txt
drwxr-xr-x    - jasonge 21 Jul 16:51 -- src
drwxr-xr-x    - jasonge 23 Jul 13:27 -N static
.rw-r--r-- 3.1k jasonge 24 Jul 14:51 N- t.json
.rw-r--r-- 3.3k jasonge 24 Jul 14:55 -N t2.json
.rw-r--r-- 1.9k jasonge 26 Jul 14:57 -N t2.txt
.rw-r--r--  555 jasonge 26 Jul 14:57 -N t5.5x5t
.rw-r--r--  428 jasonge 26 Jul 15:03 -N typescript
.rw-r--r-- 488k jasonge 21 Jul 16:51 -- yarn.lock
~/t/demo  *~…  git status                            Fri Jul 26 16:16:49 2019
On branch master
Your branch is up to date with 'origin/master'.

Changes to be committed:
  (use "git reset HEAD <file>..." to unstage)

        modified:   README.md
        new file:   t.json

Changes not staged for commit:
  (use "git add <file>..." to update what will be committed)
  (use "git checkout -- <file>..." to discard changes in working
directory)

        modified:   README.md

Untracked files:
  (use "git add <file>..." to include in what will be committed)

        history_log.txt
        history_log.txtll
        record.txt
        static/mostafa-meraji-free-pic-1.jpg
        static/mostafa-meraji-free-pic-2.jpg
        static/tim-bennett-free-pic.jpg
        t2.json
        t2.txt
        t5.5x5t
        typescript
```

图 14-4　使用 exa 和 git status 命令的输出对比

```
~/t/demo  *~  static  exa --extended -l
.rw-r--r--   2.8k jasonge 21 Jul 16:51 favicon.ico
.rw-r--r--@  18k jasonge 23 Jul 13:26 mostafa-meraji-free-pic-1.jpg
                                      ├── com.apple.lastuseddate#PS (len 16)
                                      ├── com.apple.metadata:kMDItemWhereFroms (len 195)
                                      ├── com.apple.metadata:kMDLabel_pj3c7efkjqwvptpbfc5jprzhxm (len 89)
                                      └── com.apple.quarantine (len 22)
.rw-r--r--@  22k jasonge 23 Jul 13:25 mostafa-meraji-free-pic-2.jpg
                                      ├── com.apple.lastuseddate#PS (len 16)
                                      ├── com.apple.metadata:kMDItemWhereFroms (len 195)
                                      ├── com.apple.metadata:kMDLabel_pj3c7efkjqwvptpbfc5jprzhxm (len 89)
                                      └── com.apple.quarantine (len 22)
.rw-r--r--@  24k jasonge 23 Jul 13:26 tim-bennett-free-pic.jpg
                                      ├── com.apple.lastuseddate#PS (len 16)
                                      ├── com.apple.metadata:kMDItemWhereFroms (len 195)
                                      ├── com.apple.metadata:kMDLabel_pj3c7efkjqwvptpbfc5jprzhxm (len 89)
                                      └── com.apple.quarantine (len 22)
```

图 14-5　使用 --extend 显示文件的额外信息

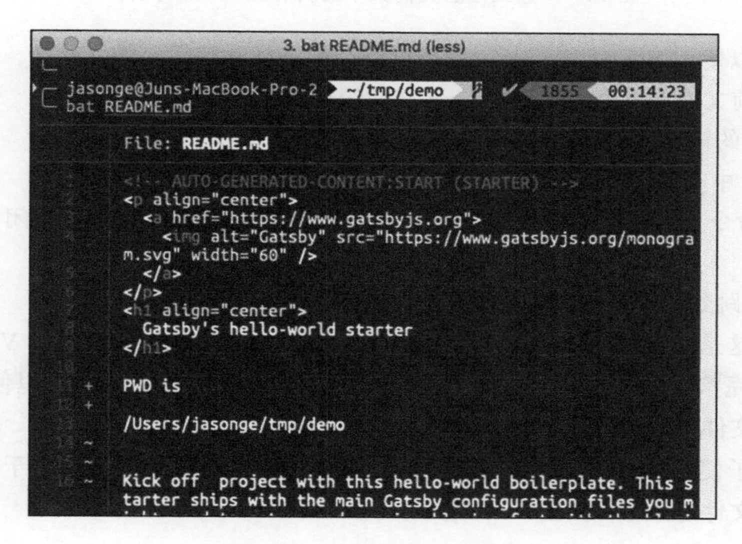

图 14-6　使用 bat 查看文件

第二个场景：查找并打开文件，进行查看或编辑工作

这个场景很常见，常用的实现步骤如下：

1）使用上文提到的工具列出文件名；

2）使用 grep 进行过滤查看，或者使用 Vim 进行查看和编辑工作。

比如，使用如下命令可以找到当前文件夹中的所有 index.md 文件。

```
tree -I "node_modules" -f | grep -C3 index.md # 使用find命令更方便，后文会详述
```

结果如图 14-7 所示。命令中，tree 的参数 -I，表示排除文件夹 node_modules；tree 的参数 -f，表示显示文件时包含文件路径，方便复制文件的全名；grep 的参数 -C3，表示显示 3 行搜索结果的上下文。

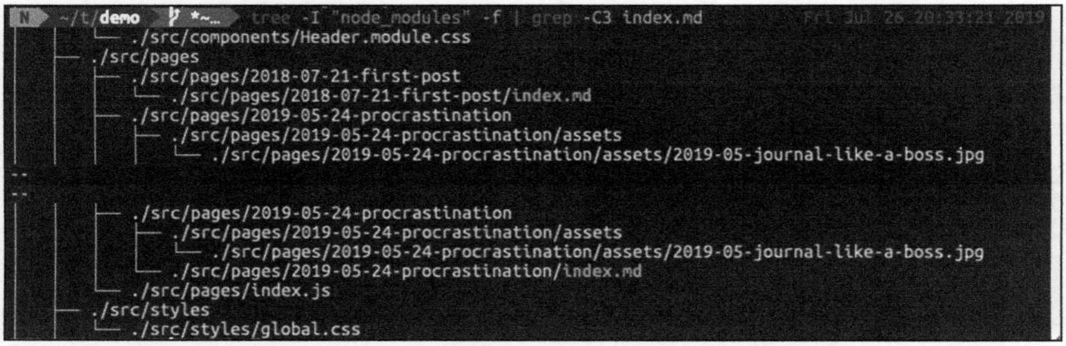

```
 N  ~/t/demo  *~…  tree -I "node_modules" -f | grep -C3 index.md          Fri Jul 26 20:33:21 2019
│   │   └── ./src/components/Header.module.css
│   ├── ./src/pages
│   │   ├── ./src/pages/2018-07-21-first-post
│   │   │   └── ./src/pages/2018-07-21-first-post/index.md
│   │   ├── ./src/pages/2019-05-24-procrastination
│   │   │   ├── ./src/pages/2019-05-24-procrastination/assets
│   │   │   │   └── ./src/pages/2019-05-24-procrastination/assets/2019-05-journal-like-a-boss.jpg
--
--
│   │   ├── ./src/pages/2019-05-24-procrastination
│   │   │   ├── ./src/pages/2019-05-24-procrastination/assets
│   │   │   │   └── ./src/pages/2019-05-24-procrastination/assets/2019-05-journal-like-a-boss.jpg
│   │   │   └── ./src/pages/2019-05-24-procrastination/index.md
│   │   └── ./src/pages/index.js
│   ├── ./src/styles
│   │   └── ./src/styles/global.css
```

图 14-7　查找当前文件夹中的所有 index.md 文件

我们也可以使用 Vim 代替 grep，进行更复杂的查找和编辑工作。比如，可以采用如下步骤实现对当前文件夹下每一个 index.md 文件的查看和修改：

1）把 tree 的输出传给 Vim；

2）在 Vim 中查找 index.md；

3）使用命令 gF 直接打开文件进行编辑，完成之后使用 \bd 命令关闭这个 index.md 文件；

4）使用 n 跳到下一个搜索结果，重复第 3 步。

事实上，这是一个**很常见的命令行工作流**：把某一个命令的输出传给 Vim，输出里包含其他文件的完整路径，比如上面例子中 index.md 的路径，然后在 Vim 里使用 gF 命令查看并处理这些文件。推荐尝试使用这种工作流。

上面的例子使用 tree 命令来列举文件名。在实际工作中，我们更倾向于**使用 find 这种专门用来查找文件的命令，如图 14-8 所示**。

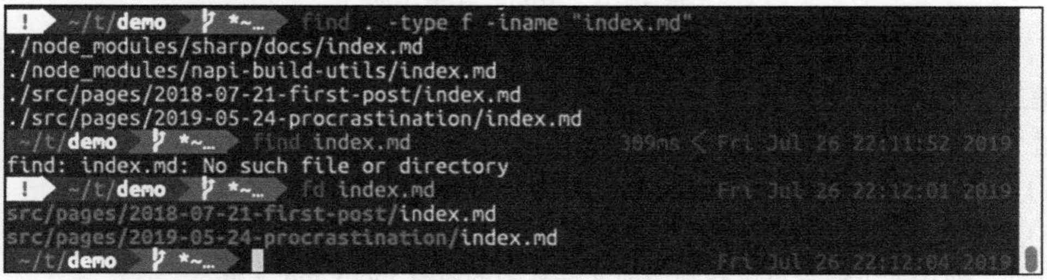

```
 !  ~/t/demo  *~…  find . -type f -iname "index.md"
./node_modules/sharp/docs/index.md
./node_modules/napi-build-utils/index.md
./src/pages/2018-07-21-first-post/index.md
./src/pages/2019-05-24-procrastination/index.md
 ~/t/demo  *~…  find index.md                         309ms < Fri Jul 26 22:11:52 2019
find: index.md: No such file or directory
 !  ~/t/demo  *~…  fd index.md                              Fri Jul 26 22:12:01 2019
src/pages/2018-07-21-first-post/index.md
src/pages/2019-05-24-procrastination/index.md
 ~/t/demo  *~…                                              Fri Jul 26 22:12:04 2019
```

图 14-8　使用 find 命令查找文件

更多关于 find 的介绍可参考相关文档，本节不再赘述。这里推荐 find 的一个替代品：fd。跟 find 相比，fd 有三大优点：

- 语法比 find 简单；
- 默认会忽略 .gitignore 文件里指定的文件；

- 默认忽略隐藏文件。

后两点对开发人员来说非常方便。比如，开发人员在查找文件时，常常并不关心 node_modules 里面的文件，也不关心 .git 文件夹里的文件，而 fd 可以自动将其过滤，还可以高亮显示，速度也很快，使用体验很好。

至于对查找到的文件进行编辑，用管道（Pipe）将输出传给 Vim，然后使用 gF 命令即可。

```
fd index.md | vim -
```

另外，关于**查找文件内容**的工具 grep，还有一个不错的替代品是 RipGrep（rg）。跟 fd 类似，它也专门针对开发人员做了以下优化：

- 默认忽略 .gitignore 文件里指定的文件；
- 默认忽略隐藏文件；
- 默认递归搜索所有子目录；
- 可以指定文件类型。

比如，使用 rg tags 就可以方便地查找当前目录下所有内容包含 tags 的文件。它的查找速度非常快，显示也比 grep 漂亮。

```
> rg tags
package-lock.json
2467:    "common-tags": {
2469:    "resolved": "https://registry.npmjs.org/common-tags/-/common-tags-1.8.0.
   tgz",
5306:    "common-tags": "^1.4.0",
5446:    "common-tags": "^1.4.0",src/pages/2019-05-24-procrastination/index.md
6:tags: ['自我成长', '拖延症']src/pages/2018-07-21-first-post/index.md
5:tags: ['this', 'that']
```

第三个场景：在文件夹之间跳转

要实现文件夹间的跳转，在 Bash 中可以使用 cd 和 dirs 命令；在 Zsh 和 Fish 中，可以使用文件夹名字直接跳转；另外，Zsh 支持 ..、... 和 - 等别名，分别用来跳转到父目录、父目录的父目录，以及目录历史中上一次记录，而不需要写 cd 命令。

文件跳转操作十分频繁，值得优化。下面介绍几个新的工具来支持更快的跳转。

文件夹的跳转，实际上包含以下两种常见情况：

- 快速跳转到之前曾经去过的某个文件夹；
- 快速找到当前文件夹中的某个子文件夹，并跳转进去。

对于第一种情况，常用的工具有两个——fasd 和 z，二者差别不是特别大。下面以 z 为例进行简单介绍。

z 会按照访问频率列出最近访问过的文件夹，并提供字符串匹配的方式实现快速跳转。比如，在下面的例子中，用 z dem<Tab> 来进行匹配和自动补全，找到目标 demo 文件夹后，按回车键就可以完成跳转。

1）初始状况如图 14-9 所示。

```
4. jasonge@Juns-MacBook-Pro-2: ~/tmp/t2 (zsh)
-rw-r--r--@  1 jasonge  staff   158B Feb 10 17:45 index.html
drwxr-xr-x   9 jasonge  staff   288B Nov 30  2018 manifest
drwxr-xr-x  34 jasonge  staff   1.1K May 24 22:39 public
-rw-r--r--@  1 jasonge  staff    58M Mar 17 23:15 result.mp4
drwxr-xr-x   5 jasonge  staff   160B Mar 17 23:09 subti
-rw-r--r--@  1 jasonge  staff    40K Jun 20 09:52 t.txt
drwxr-xr-x   5 jasonge  staff   160B Jul 21 23:15 t2
drwxr-xr-x   3 jasonge  staff    96B Nov 30  2018 t3
drwxr-xr-x   2 jasonge  staff    64B Nov 30  2018 t4444
-rw-r--r--   1 jasonge  staff   949B Jun 14 16:55 test-ed.txt
drwxr-xr-x   3 jasonge  staff    96B Jul 13 00:30 testjs
-rw-r--r--   1 jasonge  staff    81B Jul  8 23:32 tmp2.txt
-rw-r--r--   1 jasonge  staff    81B Jul  8 23:33 tmp3.txt
drwxr-xr-x   4 jasonge  staff   128B May 19 00:27 tmppdf
┌ jasonge@Juns-MacBook-Pro-2  ~/tmp              ✔ 1808  23:35:08
└ cd t2
┌ jasonge@Juns-MacBook-Pro-2  ~/tmp/t2           ✔ 1809  23:35:17
└ pwd
/Users/jasonge/tmp/t2
┌ jasonge@Juns-MacBook-Pro-2  ~/tmp/t2           ✔ 1810  23:35:23
└ 
```

图 14-9 初始状态

2）使用 z<Ret> 列举出可能的目标文件夹，如图 14-10 所示。

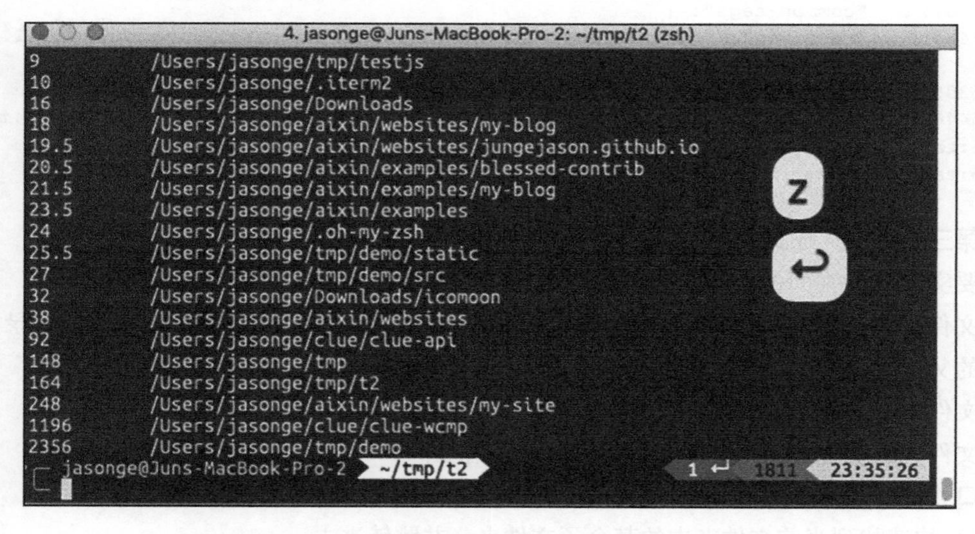

图 14-10 使用 z<Ret> 列举出可能的目标文件夹

3）使用 z dem<Tab> 列举包含 dem 的目标文件夹，使用 Tab 进行选择，然后按回车键完成文件夹跳转，如图 14-11 所示。

另外，我们也可以使用 z dem<Return> 直接完成相同的跳转，如图 14-12 所示。

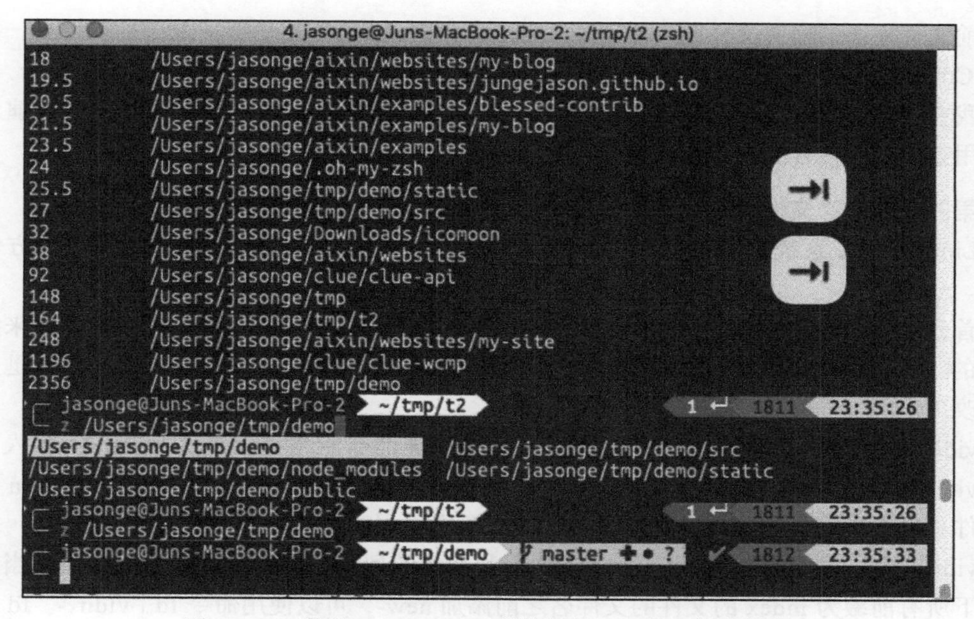

图 14-11　使用 z dem<Tab> 列举包含 dem 的目标文件夹

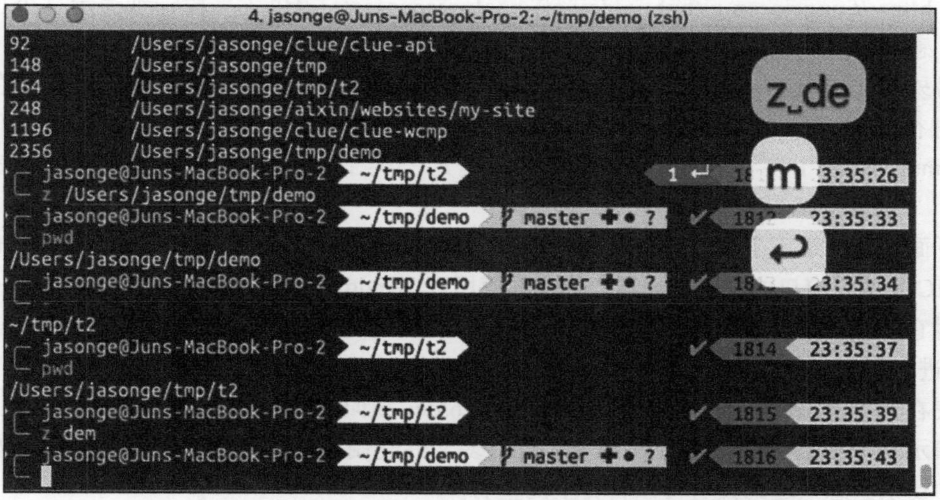

图 14-12　使用 z dem<Return> 直接完成相同的跳转

对于第二种情况，即快速定位某个子文件夹并跳转进去，推荐一个超酷的工具——fzf。本质上讲，fzf 是一个对输入进行交互式模糊查询的工具。它的使用场景非常多，文件夹的跳转只是其中一个应用。所以，后面文章还会有更多的详细讨论。

对于 fzf，我们可以使用 Ctrl+T 进行文件夹的交互式查询，或者使用 Opt+C 进行文件夹跳转。比如，如果希望跳转到 src/component 文件夹中，我们可以输入 Opt+C，让 fzf 列出当前文件夹下的所有文件夹。然后输入 com，这时 fzf 会实时更新匹配到的文件夹，接着使用 Ctrl+P、Ctrl+N 进行选择，最后按回车键跳转到目标文件夹。

我在个人网站（https://jungejason.github.io/dev-eff-book-resources/）提供了两段演示如何使用查询和跳转方法的录屏，感兴趣的读者可以自行上网查看。

第四个场景：文件管理

Linux/UNIX 系统自带的文件管理工具有 cp、mv、rsync 等。这里介绍一些更方便的工具。

首先是一个用来**重命名文件的小工具，vidir**。顾名思义，vidir 就是一个使用 vi 来编辑目录的工具。因为 vidir 使用 Vim 来修改文件，所以我们可以利用 Vim 的强大功能迅速完成修改工作。

vidir 的使用方法很简单。第一种用法是在 vidir 命令后面接一个文件夹作为输入，这时，vidir 会打开 Vim，Vim 里列举了该文件夹中包含的所有文件和子文件夹。在 Vim 中修改文件和文件夹的名字之后保存并退出，vidir 就会根据改动自动完成重命名。

vidir 的第二种用法是从管道接收文件夹和文件的列表。比如，如果我们希望在当前文件夹下所有前缀为 index 的文件的文件名之前添加 new-，可以使用命令 fd | vidir -。fd 命令会把当前文件夹下所有文件名传给 vidir。然后，在 Vim 界面中修改文件名即可。我在个人网站（https://jungejason.github.io/dev-eff-book-resources/）提供了一段详细演示这个过程的录屏，感兴趣的读者可以自行上网查看。

另外一组方便进行文件管理的工具是**命令行的文件管理器**，即使用键盘命令在终端界面进行文件夹跳转、查看文件和移动文件等操作。这种命令行界面上的 UI 叫作 TUI（Terminal UI）。十多年前的 Borland IDE 就是这一类工具的翘楚，使用熟练之后效率会很高。

下面简单介绍三个 TUI 的文件管理器：MC（Midnight Commander）、Ranger 和 nnn。

MC 是两个窗口的文件管理器。如果你使用过 Windows Commander（Total Commander），你会对它的用法很熟悉。重要的命令有使用 · 进行两个窗口的切换、使用 F4 进行编辑、使用 F5 进行复制、使用 F9 进入菜单、使用 F10 退出。

我在个人网站（https://jungejason.github.io/dev-eff-book-resources/）提供了一段录屏，简单演示在一台远端服务器上使用 MC 进行多文件复制和编辑操作，并通过菜单修改显示主题的场景。感兴趣的读者可以自行上网查看。

Ranger 和 nnn 是单窗口的文件管理器。Ranger 的默认配置在 Mac 上比较方便，不过稍微有一点延迟。

因为是单窗口，所以这两个工具与我们平时在 GUI 中使用的文件管理器比较相似。比如，在拷贝文件的时候，需要先进入文件所在文件夹，选择文件，然后进入目标文件夹，再使用拷贝命令把文件拷贝过去。我在个人网站（https://jungejason.github.io/dev-eff-book-resources/）上也提供了一段录屏，演示在 nnn 中进行文件夹的跳转、创建、选择、复制，使用系统工具打开当前文件，以及查看帮助等一系列操作。感兴趣的读者可以自行上网查看。

14.2　开发中的常见工作

上一节介绍了日常操作中的常用提效工具及其使用技巧。下面针对开发工作中的常见工作进行讨论。

常见工作一：Git

命令行中的 Git 工具，除了原生的 Git 之外，常见的还有 tig、grv、lazygit 和 gitin。在这几个工具中，tig 功能最强大，可以方便地进行查看改动、产生提交、查看历史（blame）等操作。

比如，在查看文件改动信息时，我们可以使用命令 1 有选择性地把一个文件中改动的某一行添加到一个提交当中，实现 git add -p 的功能。我在个人网站（https://jungejason.github.io/dev-eff-book-resources/）提供了一段录屏，演示如何实现 git add -p 功能，以及如何查看一个文件的历史信息。感兴趣的读者可以自行上网查看。

常见工作二：Web 访问

在命令行访问 Web 的最常用工具应该是 curl。除此之外，还有一个非常方便的工具——HTTPie，可以作为 curl 命令的补充。HTTPie 的优势在于它专门针对 HTTP 协议，格式简单、易用性强。而 curl 的优势则在于功能强大、支持多种协议和基本所有服务器上都有预装。

关于这两个工具，推荐掌握 curl，HTTPie 可酌情学习。

常见工作三：对 JSON 进行处理

在命令行对 JSON 文本进行处理，最常见的工具是 jq。它能够对 JSON 进行查询和修改处理，功能很强大。举一个查询的例子，我们有下面这样一个 person.json 文件，它列举了某个人的详细信息：

```
$ cat person.json
{ "id": { "bioguide": "E000295", "thomas": "02283", "fec": [ "S4IA00129" ], "govtrack":
  412667, "opensecrets": "N00035483", "lis": "S376" }, "name": { "first":
  "Joni", "last": "Ernst", "official_full": "Joni Ernst" }, "bio": { "gender":
  "F", "birthday": "1970-07-01" }, "terms": [ { "type": "sen", "start": "2015-
  01-06", "end": "2021-01-03", "state": "IA", "class": 2, "state_rank":
  "junior", "party": "Republican", "url": "http://www.ernst.senate.gov",
  "address": "825 B&C Hart Senate Office Building Washington DC 20510", "office":
  "825 B&c Hart Senate Office Building", "phone": "202-224-3254" } ] }
```

我们可以方便地使用 cat person.json | jq. 对文件进行格式化输出，

```
$ cat people.json | jq .
{
  "id": {
    "bioguide": "E000295",
    "thomas": "02283",
    "fec": [
      "S4IA00129"
    ],
```

```
    "govtrack": 412667,
    "opensecrets": "N00035483",
    "lis": "S376"
  },
  "name": {
    "first": "Joni",
    "last": "Ernst",
    "official_full": "Joni Ernst"
  },
  "bio": {
    "gender": "F",
    "birthday": "1970-07-01"
  },
  "terms": [
    {
      "type": "sen",
      "start": "2015-01-06",
      "end": "2021-01-03",
      "state": "IA",
      "class": 2,
      "state_rank": "junior",
      "party": "Republican",
      "url": "http://www.ernst.senate.gov",
      "address": "825 B&C Hart Senate Office Building Washington DC 20510",
      "office": "825 B&c Hart Senate Office Building",
      "phone": "202-224-3254"
    }
  ]
}
```

另外，也可以进行查询，比如使用 jq ".terms[0].office" 命令查询这个人在他的第一个工作任期时的办公室地址。

```
$ cat person.json | jq ".terms[0].office"
"825 B&c Hart Senate Office Building"
```

jq 非常流行，在网络上有很多使用参考。不过，jq 存在这样一个问题：它有一套自己的查询处理语言，如果使用 jq 的频次没那么高的话，很难记住，基本每次使用时都要去查询帮助。

针对这种情况，有人设计了另一种与之类似的工具，直接使用 Javascript 作为查询语言，典型代表是 fx 和 jq.node。比如，针对上面例子中的 JSON 文件，我们可以在 fx 工具中使用 JavaScript 的 filter() 函数进行过滤。因为可以使用已经熟悉的语法，它大大方便了使用 JavaScript 的开发人员。

```
$ cat person-raw.json| fx 'json => json.terms.filter(x => x.type == "top")'
[
  {
    "type": "top",
    "office": "333 B&c Hart CIrcle  Building",
    "phone": "202-224-3254"
```

```
  }
]
```

常见工作四：查找、关闭进程

通常情况下，我们会使用 kill 和 pkill 来查找和关闭进程。但是 fzf 可以让我们用交互的方式查找目标进程。具体使用方法是，输入 kill <Tab>，fzf 就会提供一个交互式的界面供用户查找目标进程，确认之后按回车键即可。使用体验非常出色，推荐尝试。

我在个人网站（https://jungejason.github.io/dev-eff-book-resources/）提供了一段录屏演示查找、关闭功能。感兴趣的读者可以自行上网查看。

常见工作五：查看日志文件

关于查看日志文件的工具，推荐使用 lnav。它比 tail -F 要方便、强大得多，有很多很棒的功能，列举如下：

- ❑ 支持多日志格式并高亮显示，比如 syslog、sudo、uWSGI 等；
- ❑ 支持多个日志同时显示，并用不同颜色区分；
- ❑ 支持使用正则表达式进行过滤等。

图 14-13 是使用 lnav 查看日志文件的示例。

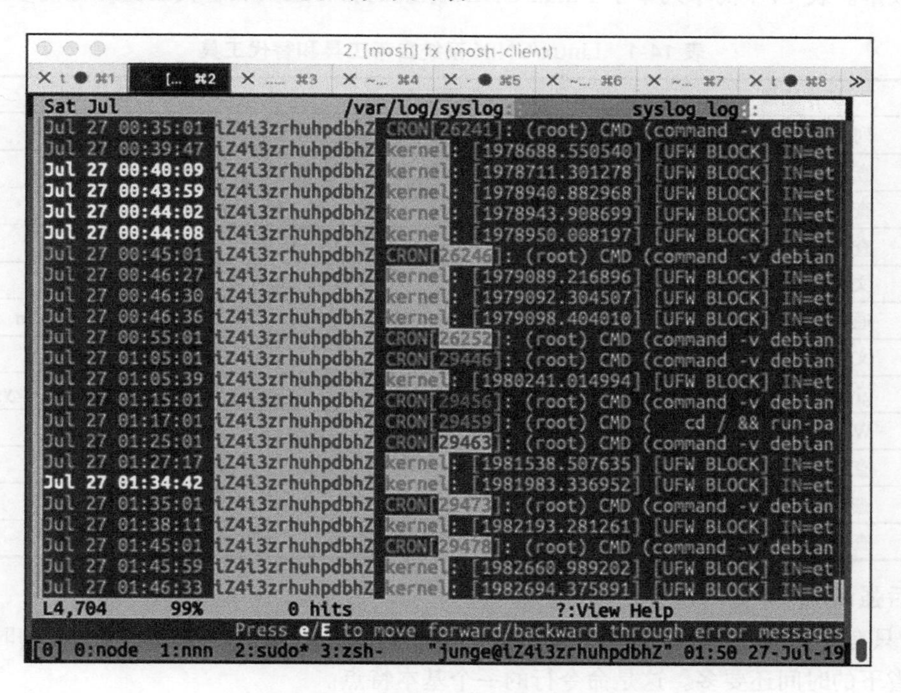

图 14-13 使用 lnav 查看日志文件

常见工作六：命令行本身的实用技巧

除了上述工具，还有两个关于命令行本身的使用技巧值得一提。

第一个是 !$，代表上一个命令行的最后一个参数。比如，如果上一条命令是 $ vim src/component/README.txt，

下一步想为它产生一个备份文件，就可以使用 !$：

```
## 以下命令即 copy vim src/component/README.txt vim src/component/README.txt.bak
$ cp !$ !$.bak
```

第二个常用的是 !!，代表上一条命令。最常用的场景如下：在复制一个文件时发现没有权限，需要 sudo。这时我们就可以用 sudo !! 命令来用 sudo 再次运行复制命令。

```
## 因为权限不足，命令失败
$ cp newtool /usr/local/bin/
## 重新使用sudo运行上一条命令。即 sudo wtool /usr/local/bin/
$ sudo !!
```

14.3 小结

使用工具提高研发效能，最关键的是找到真正常用的工作场景，然后寻找对应的工具来提高效率。表 14-1 简单列举了 Linux/UNIX 系统的自带工具和替代工具，方便参考。

表 14-1 Linux/UNIX 系统自带工具和替代工具

工作场景	常用工具	替代工具
列举文件夹内容	ls	tree、exa、alder
查看文件	cat	bat
查找文件名	find	fd
查找文件内容	grep	rp
文件夹跳转	cd	z、z + fzf、fasd
通用文件管理	cp、mv、rsync	MC、Ranger 和 nnn
文件重命名	mv	vidir
git	git	tig、gitin、grv、lazygit
Web 访问	curl	HTTPie
查询整理 JSON	jq	fx、jq.json
查找、关闭进程	kill、pkill	kill + fzf
查看日志文件	tail	lnav

最后强调两点。

1）只有重复性高的工作，才最适合使用命令行工具；否则，用来适应工具的时间，可能比节省下的时间还要多。这是命令行的一个基本特点。

2）我们这里推荐使用命令行，并不是说一定要避免使用 GUI 工具。正如软件研发具有高度灵活性一样，工具的使用也有高度的灵活性。我们应该根据具体任务来选用工具。在真正的工作中，最高效的情况往往是同时使用命令行工具和 GUI 工具，互为补充。

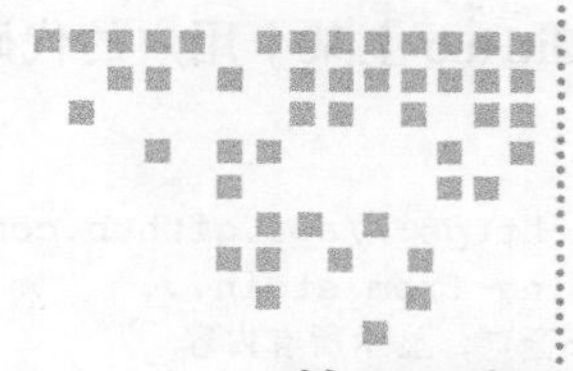

第 15 章 Chapter 15

工具的高效集成

在前面几个关于工具的章节中，我们介绍了很多工具。毫无疑问，这些工具可以帮助我们提高效率。然而，工具太多也会增加我们的学习成本、记忆成本。尤其是当各个工具之间存在大量相互割裂的情况时，这些额外的成本就会急剧增加，降低工具给我们带来的收益，甚至得不偿失。

处理这个问题，我们应该从工作环境入手。工具的使用离不开具体的工作环境。我们需要把工具配置成为一套好的环境，才能降低使用成本，从而让我们真正聚焦在产生价值的任务上，发挥每一个工具提升研发效能的作用，实现 1+1>2 的效果。

具体来说，用好这些工具，需要做好以下两件事：

- 尽量实现工具的无缝集成，解决工具切换不顺畅的问题；
- 减少并优化常用的工作入口，从而提高工具一致性，降低使用多个工具带来的心智负担。

下面我们就从工具集成和提高工具一致性两个方面详细展开讨论。

15.1 工具集成

关于工具集成，最值得优化的情况包括以下两个：

1）使用管道对命令行工具进行集成；

2）对集成开发环境（IDE）进行配置，让 IDE 和周边工具集成。

15.1.1 使用管道对命令行工具进行集成

前文已经多次使用过管道，比如，介绍 Vim 时，我们使用命令 curl -s <github_url> |

vim - 来查看 GitHub 上某个用户的代码仓情况。这个命令正是通过管道把 curl 命令的输出传给 Vim。

```
> curl -s https://api.github.com/users/jungejason/repos | vim -
Vim: Reading from stdin...
## 进入Vim窗口，显示所有内容
[
  {
    "id": 213849635,
    "node_id": "MDEwOlJlcG9zaXRvcnkyMTM4NDk2MzU=",
    "name": "counter-redux-sample",
    "full_name": "jungejason/counter-redux-sample",
    "private": false,
    "owner": {
      "login": "jungejason",
...
```

这个例子只用了一次管道，方法比较简单。下面再介绍一些更复杂也更能体现管道强大功能的方法。

方法一：使用多个管道灵活连接多个工具

grep 和 xargs 命令的组合使用是开发工作中的一个常见场景。比如，使用下面这个命令可以找到当前运行的 Vim 程序并将其关闭。

```
ps aux | grep vim | grep -v grep | awk '{print $2}' | xargs kill
```

整个管道链的工作步骤如下：

1）ps aux 打印所有运行程序，每行打印一个；

2）grep vim 显示包含 Vim 的那些行；

3）grep -v grep 过滤掉包含 grep 的那一行，这是因为上一步的 grep vim 命令中包含 vim 字样，所以也会被 ps aux 显示出来，需要将 grep 这一行过滤；

4）awk '{print $2}' 抽取出输出中的 PID，也就是进程 ID；

5）xargs kill 接收上一步传过来的 PID，组成命令 kill <pid> 并执行，最终杀死 Vim 进程。

上面管道每一步的执行结果如下：

```
> ps aux
USER               PID  %CPU %MEM      VSZ    RSS   TT  STAT STARTED      TIME
    COMMAND
_windowserver      228  14.9  2.3 13044220 382952   ??  Ss    9Oct19 679:18.68 /
    System/Library/PrivateFrameworks/SkyLight.framewo
jasonge          49393  14.4  2.1  5586816 356860   ??  S    Sun12AM 583:37.42 /
    Applications/XMind.localized/XMind.app/Contents/F
jasonge          49371   9.7  0.4  4826572  64204   ??  S    Sat11PM 167:30.01 /
    Applications/XMind.localized/XMind.app/Contents/F
...
```

```
> ps aux | grep vim
jasonge          31383   0.0  0.0  4310340   4740 s001   S+     9:57AM   0:00.11
    vim
jasonge          32304   0.0  0.0  4268056    704 s004   R+    10:17AM   0:00.00
    grep vim> ps aux | grep vim | grep -v grep
jasonge          31383   0.0  0.0  4310340   4740 s001   S+     9:57AM   0:00.11
    vim> ps aux | grep vim | grep -v grep | awk '{print $2}'
31383> ps aux | grep vim | grep -v grep | awk '{print $2}' | xargs kill
```

这只是使用多个管道的一个具体例子。工作中，还有无穷尽的可能来组合各种工具，灵活而高效。

方法二：使用模糊查询工具

在命令行中高效使用管道的第二个重要方法是，使用模糊查询工具（Fuzzy Finder）。常见的模糊查询工具有 fzf、pick、selecta、ctrlp 和 fzy 等。其中，最有名的应该就是前文提到的 fzf。

在管道中使用模糊查询工具，可以大幅提高使用体验。在开发工作中，我们常常需要对文本进行搜索和过滤，经典办法是使用 grep 这类过滤（filter）命令来实现。比如，上面提到的杀死 Vim 进程的操作。我们使用 ps aux 命令列举出所有进程之后，需要使用多个 grep 命令来进行搜索和过滤，直至最终找到我们需要的那一行。这个搜索和过滤的操作频率非常高，经常会需要尝试多次才能找到恰当的过滤条件，使用起来不太方便；还可能出现难以使用 grep 精准过滤的情况。比如有多个 Vim 进程同时运行时，使用 grep 选出其中一个就很困难。所以这个搜索和过滤的过程就是一个值得优化的对象，而使用模糊查询工具则是一个很好的优化手段。

模糊查询工具的本质就是交互式的文本过滤工具。它接收文本，然后提供界面让用户输入查询条件，并在用户输入的同时进行实时过滤。当用户找到需要的结果并按回车键确认后，模糊查询工具输出结果文本。

以杀死 Vim 进程的操作为例，可以使用 ps aux | fzf 命令把进程列表发送给 fzf，fzf 首先会列举出所有进程供我们搜索和过滤。随着输入增加，fzf 会进行实时过滤，去除不符合条件的那些行。这样输入 Vim 的结果就只剩下几行了。这时，我们可以使用上下键进行选择，按回车键之后 fzf 就会把这一行内容输出到 stdout 中。

在整个搜索和过滤过程中，我们可以实时调整搜索条件，从而免去了使用 grep 时需要多次调整参数的烦琐过程，使用起来非常便捷。

除了把过滤结果输出到 stdout 外，我们也可以通过管道把输出直接传给其他工具，比如传给 awk 和 kill，从而达到一步操作即可杀死 Vim 进程的目的，具体的命令是 ps aux | fzf | awk '{print $2}' | xargs kill。

这个命令和前面使用 grep 的命令差不多，唯一区别是把两个 grep 替换成 fzf。正是这个区别把中间的非交互文本过滤过程变成了**交互式过滤**，效果非常好。

实际上，如果你在工作中频繁使用这个杀死进程的操作，还可以进一步对其进行优化，把这个使用 fzf 的命令保存为一个 shell 脚本，作为一个交互式的 kill 命令。如下所示：

```
#!/bin/bash
ps aux | eval "fzf" | awk '{print $2}' | xargs kill
```

从非交互文本过滤到交互式文本过滤的简单转变，可以为我们带来意想不到的便捷。

- ❑ 在切换工作路径时，可以先用 find 命令列举出当前文件夹的所有子文件夹，然后进行交互式的过滤，最后切换路径；
- ❑ 在使用 apt 或者 homebrew 安装软件包时，可以用 fzf 来过滤出可用软件包，方便选择软件包。

fzf 甚至可以与一些网站服务对接，比如使用 fzf 和 caniuse 服务集成[⊖]就很有用。此外，fzf 官网上还有很多类似的脚本例子。

15.1.2 IDE 和周边工具集成

管道是命令行上的工具集成。在 GUI 图形界面场景中，IDE 则是优化的重要方向。优化目标是能在 IDE 中进行常见的软件研发活动，从而减少工具的切换。具体来说，基本的 IDE 集成功能包括：

- ❑ 编码；
- ❑ 构建；
- ❑ 实时检查语法错误；
- ❑ 实时检查编码规格；
- ❑ 运行单元测试，并在测试输出中点击文件名进行跳转；
- ❑ 在本地运行服务，并可以设置断点进行单步调试；
- ❑ 连接远程服务进行单步调试。

这些功能比较常见，可以自行在网上搜索相关资料，这里不再赘述。下面重点介绍一些不那么传统但却非常有效的集成功能：IDE 与命令行工具的集成以及 IDE 与代码仓的集成。

集成功能一：IDE 与命令行工具的集成

命令行里有大量工具，所以 IDE 只要集成了命令行终端，就可以把它们一次性都集成进来。这里的集成有两个层次。

- ❑ 第一个层次：终端窗口成了 IDE 应用的一个子窗口，这样比使用独立的终端窗口要方便一些。比如，可以使用快捷键方便地打开、关闭集成终端窗口，方便窗口管理，等等。
- ❑ 第二个层次：终端子窗口和 IDE 其他部分交互。

其中第二个层次因为集成更深，效果更好，所以更值得留意。**推荐花一点时间在常用 IDE 的文档中查看有哪些第二个层次的集成**。以 VS Code 为例，属于第二个层次的集成有

⊖ https://sidneyliebrand.io/blog/combining-caniuse-with-fzf。

以下四种。

第一种，在 IDE 中将文件夹或者文件拖动至集成终端窗口，文件夹或文件的完整路径名会被自动复制至终端。

第二种，在集成终端中运行当前打开的文件，或者在编辑窗口中选中一段文本作为命令，直接在终端中运行。方法是运行命令 Terminal: Run Active File in Active Terminal，或者 Terminal: Run Selected Text in Active Terminal。

第三种，集成终端中的命令输出如果包含文件名，可以用 Cmd+ 鼠标点击，直接在编辑器中打开这个文件。这个操作可以方便我们使用命令行中的强大查找功能。比如，我们可以直接使用强大的 fd + rg 的组合方式查找文件。

第四种，可以安装针对 VS Code 的命令行工具。比如，使用了 oh-my-zsh 中的 vscode 插件之后，我们可以在集成终端中使用 vscr 在当前 VS Code 中打开文件，或者使用 vscd 进行文件比较等工作，实现终端和 IDE 的更紧密集成。

我在个人网站（https://jungejason.github.io/dev-eff-book-resources/）分别对这四种集成方式录制了演示视频，感兴趣的读者可以自行上网查看。

集成功能二：IDE 与代码仓的集成

IDE 中通常都提供了不错的代码仓相关操作的集成。不过因为代码仓相关操作频繁而且重要，值得我们做进一步的集成。这样的集成对象包括 Gist、GitHub Pull、Git Graph 等。

同样的，不同的 IDE 会有不同的集成选择。下面以 VS Code 为例，推荐以下三个插件：

- Gist，方便在编辑器中直接上传文件；
- GitHub Pull Request，方便管理 GitHub 上的 PR 处理，可以直接在 VS Code 里查看和讨论；
- Git Graph，用于查看历史，可以显示提交历史的图结构，点击提交可以直接查看文件，比命令行工具更快捷。

以上就是工具集成方面的全部内容，下面介绍本章的第二部分内容：如何提高工具一致性。

15.2　提高工具一致性

工具太多容易混乱，但如果能控制入口数量，同时对这些入口进行优化，就能提升工具使用体验的一致性，降低使用工具带来的负担。要减少并优化常用的工作入口，首先需要明确**经常使用的、必要的工作入口**。通常来说，命令行、IDE、桌面快捷启动工具（Launcher）和网页浏览器这四个工作入口是开发人员最常用的，是值得优化的对象。

工作入口一：命令行

命令行提供大量研发工具，是绕不过去的入口。使用命令行减少工作入口的办法是，用统一的客户端工具进行多种操作。最直接的例子是Git。Git命令带有很多子命令（比如log、diff、show等），一个Git命令行工具即可使用类似语法完成很多工作。另一个例子是Facebook的很多开发任务都通过Arcanist(Phabricator的命令行工具）的各种子命令来完成。这样就实现了命令使用的一致性，降低了学习成本。

在日常工作中，我们可以尝试开发一个命令行工具，对常用工作进行封装。比如之前我在Stand公司的时候，就使用Node.js的commander模块对日常研发中最常见的工作进行了封装。

工作入口二：IDE

上面已经提过，IDE是一个重要入口，我们应该把较多的开发工作集中到IDE中。这需要花一些时间对自己的主力IDE进行调研学习。这里我们就不展开描述了。

工作入口三：桌面快捷启动工具

桌面快捷启动工具也是一个非常重要的入口，我们可以通过它完成很多工作。以Mac上非常有名的Alfred来说，我们可以用它来启动程序、切换程序、搜索文件、搜索网页、管理系统剪贴板历史、计算、运行系统命令（比如重启机器、锁定机器、关闭特定程序、关闭所有程序）等。用好桌面快捷启动工具，可以大大提高工具使用的一致性。

工作入口四：网页浏览器

在日常工作中，我们会大量使用网站应用。所以浏览器是必不可少的入口，也是非常值得优化的对象。

首先，我们比较熟悉的书签功能事实上就是一个优化方法。它可以记录常用的工具，让我们不用每次都重新输入。不过书签功能比较单薄，还有另外一种对浏览器入口进行优化的办法：运行一个自己的搜索引擎，并把它设为浏览器的默认值。这样，我们在浏览器地址栏中的输入就会发送给这个搜索引擎。我们可以在搜索引擎中自己定义规则，从而提高浏览器的使用体验和一致性。

比如，我们可以在搜索引擎中实现对t <task-id>的解析，用来打开任务系统中序号为task-id的任务。当用户在浏览器地址栏中输入t 123时，搜索引擎会自动解析出任务ID=123，然后跳转到任务123的URL，比如http://tasktool/123.html。当然这个任务工具tasktool可能是Trello，可能是Jira，也可能是公司内部自研的任务管理工具。

Facebook内部就有一个这样的开源公用引擎框架Bunny1，它支持快捷跳转到公司几乎所有的网站应用中，极大提高了使用公司各种网站应用时的一致性。在Google、Uber内部也有类似的工具。

事实上，这种方式相当于把浏览器的地址栏变成一个命令行入口。因为搜索引擎就是一个通用的后端服务，可以实现多种定制的强大功能。

15.3　小结

只有把工具放到具体的工作环境中，才能发挥它们的最大价值。

我们可以从两个方面把多个工具配置为高效的工具环境。一是对工具进行集成，减少工具切换时的不顺畅，提高个人的研发效能。二是减少并优化工具的入口，从而提高工具使用体验的一致性，以降低工具使用成本，提高研发效能。

另外需要指出的是，工具环境的配置是一个需要不断摸索，不断寻找最佳平衡点的过程。比如，在 IDE 中进行集成，应该集成最常用的功能，而不应该尝试把所有的功能都使用插件集成到 IDE 中。否则，IDE 就会变得臃肿不堪，性能下降。

最后，再强调一下使用工具的目的。我们介绍了很多工具，目的都是提高生产效率。如果工具太多导致切换成本太高，学习成本太高，未免本末倒置。所以我们要配置出一个强大且灵活的环境，让一切工作流畅，从而提高生产效率，提高投入产出比。推荐时刻留意 80/20 原则，只集中精力对工作中最常用的操作进行集成和优化。

工具的高效选用是提高个人软件研发速度和可持续性的重要发力点，第 7～15 章对其进行了详细且具体的讨论。下面我们从管理者的视角出发，简单讨论如何帮助团队成员高效选对、用对工具。

- 从高效工具选用的原则出发，根据团队成员的共同工作场景，寻找发生频繁的操作和痛点，寻找提效的工具和方法，并在团队内推广；
- 在团队内针对工具选用的各项原则进行培训，帮助团队成员根据原则，从自己的实际情况出发提高个人研发效能；
- 在团队内对研发关键工具的高效使用方法进行培训，比如文中专门提到的 Git 和命令行工具；
- 提高团队工具一致性，降低工具给团队成员带来的学习成本；
- 提供优质商用研发工具。

第三部分 Part 3

研发流程优化

在第二部分中，我们详细讨论了个人高效研发实践，包括如何从准确性、速度、可持续三个方面提高个人研发效能。我们还强调了软件开发的最大特点在于它是一条非常灵活的流水线，因此研发流程优化是实现高效研发的重要一步。下面进入研发流程部分。

首先，我们会从研发流程的流水线特点出发，讨论研发流程优化的两个基本目标及其原则。然后我们把代码入库作为边界，把整个流程分为代码入库前和代码入库后两个阶段，分别进行讨论。最后，对以下三个优化研发流程的常用方法进行详细讲解：

- 分支管理策略
- 全栈开发
- 高效信息流通

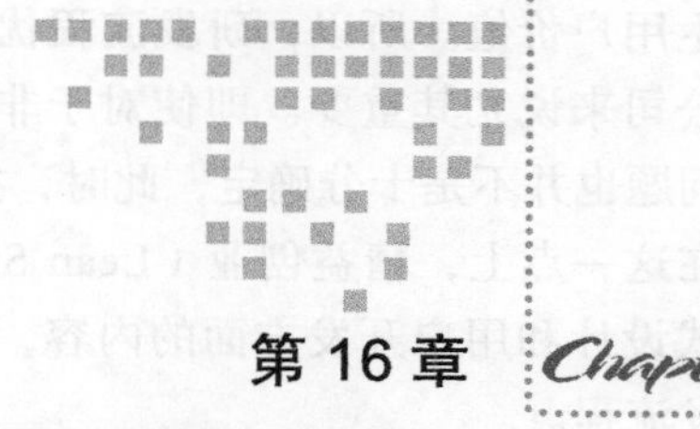

第 16 章 Chapter 16

研发流程优化的基本目标和原则

首先我们从全局讨论研发流程优化的基本目标和原则。从图 16-1 所示的研发流程模型中可以看出，研发流程优化有以下两个基本目标。

1）流程产出物的准确性：我们需要准确地生产出真正对用户、对公司有价值的产品。

2）流程的顺畅性：我们需要让整个流程运行顺畅，从而能够快速生产出产品提供价值。

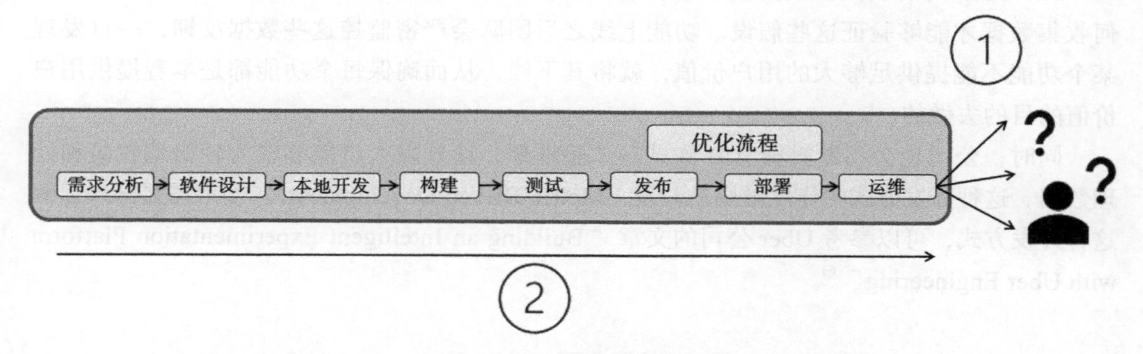

图 16-1 研发流程模型

事实上，这正是研发效能三要素中的两个重点要素：准确和速度。下面分别讨论这两个目标及其基本原则。

16.1 寻找用户价值

以终为始地来看，研发的最终目标是产生用户价值，让企业更好地生存和发展。为此，我们需要主动寻找最佳的产品形态。只有找准了方向，流程产生的结果才能有效，才能真正产生用户价值。所以，**研发流程优化的第一步是提高寻找用户价值的效率**。这一点对于初创公司来说尤其重要。即使对于非初创公司，很多团队对于什么样的产品才是最佳形态这个问题也并不是十分确定，此时，找准方向也是对研发流程提效的关键。

在这一点上，精益创业（Lean Startup）系统最为有效。虽然精益创业主要包含的是商业模式设计和用户开发方面的内容，但它有两条基本原则可以作为通用参考，帮助我们优化研发流程。

原则一：衡量每一个时间段成果的标准应该是价值假设方面的进展

这个原则是说，我们工作追求的效果应该是团队能够学习到如何更好地为用户提供价值，而不是开发了多少功能。数量不重要，学习效果才重要。

举一个极端的例子。某团队在一月份开发了 A、B、C、D、E 五个功能，但从收集到的用户反馈中看不出用户更喜欢或讨厌什么。而在二月份，团队只开发了 1 个功能 F，然而发布之后马上收到大量负面反馈，于是团队被迫连夜回退了这个功能。

这两种结果哪一种更好呢？显然是二月份，因为它能明确告诉我们关于 F 的假设是错的，帮助我们提升了产品 - 市场匹配度（Product-Market-Fit）。

原则二：使用最小可行性产品（Minimum Viable Product）来帮助学习

这里的关键点是，要以探索价值为出发点设计产品，最快地验证价值假设，功能要尽量少，能够使用就可以。具体方法有数据驱动、A/B 测试、灰度发布等。

Facebook 的研发团队在开发一个功能之前，通常都会计划要验证哪些假设，并设计如何收集数据才能够验证这些假设。功能上线之后团队会严密监控这些数据反馈，一旦发现某个功能不能提供足够大的用户价值，就将其下线，从而确保每个功能都是本着提供用户价值的目的去做的。

同时，公司也会不断投资 A/B 测试等试验框架，让开发人员能够较为轻松地收集和处理数据。这种开发方式叫作度量驱动开发（Metric Driven Development）。如果需要深入了解这种开发方式，可以参考 Uber 公司的文章“Building an Intelligent Experimentation Platform with Uber Engineering”[⊖]。

16.2 提高用户价值的流动效率

软件研发是一条流水线，里面流动的是一个个为用户提供价值的功能。那么应该如何提高这些功能的流动效率呢？换句话说，如何提高用户价值的流动效率呢？这里有 4 个比较直观的基本原则，具体分析如下。

⊖ https://eng.uber.com/experimentation-platform/。

原则一：让功能尽快流动

让功能尽快流动实际上就是快速开发。问题发现得越晚，修复代价越高，这已经是常识。要做到快速开发，开发人员需要**尽量对功能进行拆分，并在做好一个提交之后尽快合并入库**。要做到这一点，关键原则是降低提交的交易成本（Transaction Cost）。

提交的交易成本指的是每一个提交都需要做的额外工作。只有把这个工作量降下来，才能让功能拆分有价值，否则会抵消掉拆分带来的好处。

具体工程实践包括提高本地构建速度、提供方便的自测环境、自动化测试、持续集成、自动化定位问题提交等。快速开发这个话题是开发高效的关键因素，后续章节会有更多详细讨论。

原则二：让节点之间的联动更加顺畅

这一点可以通过自动化关键流程、提高工具之间的网状互联性等实践来实现。

在关键流程方面，代码集成是一个容易出现问题的步骤，而 CI/CD（持续集成 / 持续交付）流水线就是解决这个问题的有效办法。尤其是 CI，应该说对所有软件开发公司都有巨大价值，一定要尽量利用 CI 提高集成效率。在工具集成方面，则应该推动工具的网状互联，从而提高自定义流程的灵活性。

很多公司特别关注从需求、开发到上线的“一条龙流水线”，用类似“开发者桌面”的系统进行管理和使用。国内的公司，尤其是大公司很喜欢这种方式。它的好处是可以把很多底层的东西隐藏起来，容易上手，缺点是灵活性不够。毕竟难以用一条流水线做到高度定制，来满足多样的开发场景。

开发者桌面的全景示意图如图 16-2 所示。以开发者桌面作为核心节点，连接其他所有工具，各个工具之间也有一些连接。

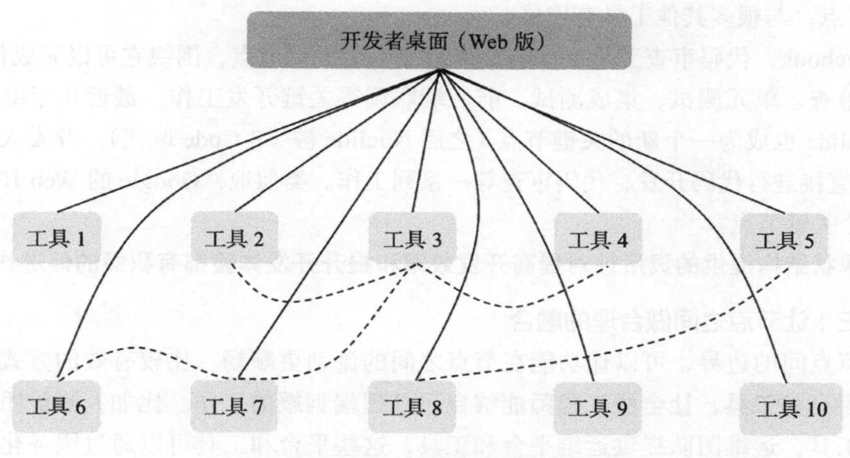

图 16-2　开发者桌面的全景示意图

Facebook 和 Google 等高效能公司则更关注工具之间的互联。众多的工具通过开放的

API 形成一个网状连接，从而可以灵活产生大量的流水线。端到端的“官方”流水线只是其中几条，团队和开发人员还可以灵活定义小范围的流水线，以满足灵活的定制需求，高效工作。

如图 16-3 所示，该示意图中一共有 11 个工具，互相之间连接很多，形成网状结构。

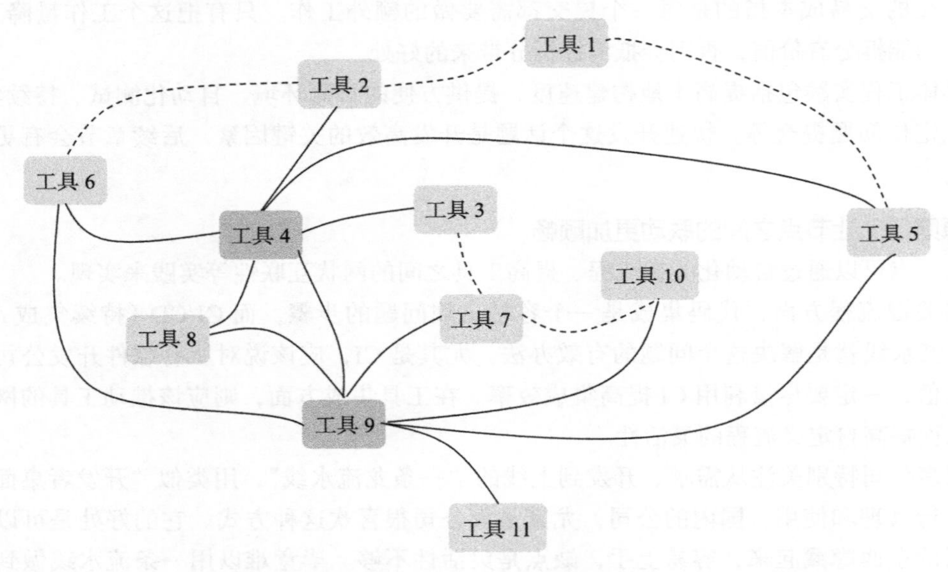

图 16-3 工具网状连接示意图

另外，这个网状结构里会有一些关键节点，连接大量其他工具，公司可对这些关键节点进行大量优化，以便大家基于这些关键节点创建小流水线。比如图 16-3 中工具 4 和工具 9 是关键节点，与很多其他工具有连接。

在 Facebook，代码审查工具 Phabricator 就是一个关键节点，围绕它可以完成代码审查、代码静态检查、单元测试、集成测试、前后端联调等关键开发工作。最近几年由于 IDE 的发展，Nuclide 也成为一个新的关键节点（之后 Nuclide 被 VS Code 取代）。开发人员可以在 Nuclide 里直接进行代码开发、代码审查等一系列工作。类似地，Google 的 Web IDE 也是工具链的一个关键节点。

这种网状结构提供的灵活性对提高开发效率和提升开发体验都有积极的促进作用。

原则三：让节点之间做合理的融合

模糊节点间的边界，可以让功能在节点之间的流动更顺畅。比较有效的方式是：**职能团队提供平台和工具，让全栈工程师能够自己处理端到端的工作**。比如，测试团队提供测试平台和工具，运维团队提供运维平台和工具，这些平台和工具可以通过服务化让开发人员自助使用。这样的操作实际上正是测试节点、运维节点与开发节点的融合。

Facebook 没有专职的测试人员，只有测试工具团队，运维人员也很少，主要是提供大量的工具让开发人员自己进行测试、运维的基本工作，实现开发人员在开发、测试、运维这几个步骤上的全栈工作。因为开发人员对自己开发的功能最为熟悉，所以这种端到端的全栈工作方式可以让开发和调测效率达到最高。在国内，阿里云效也在推荐这种方式。

原则四：发现整个流程中的瓶颈并解决它们

约束理论创始人艾利·高德拉特（Eliyahu Moshe Goldratt）在 20 世纪 90 年代提出了解决约束的聚焦五步法，该方法至今仍然适用于软件研发价值流体系。具体步骤如下：

第一步，找到系统中的瓶颈；

第二步，最大限度地发挥瓶颈的产能（Exploit），尽量通过提高效能的办法解决瓶颈；

第三步，让企业的所有其他活动都让步于瓶颈改善工作；

第四步，打破（Elevate）瓶颈，如果第二、三步无效，就通过给瓶颈节点增加资源的方法来解决瓶颈；

第五步，重返（Repeat）第一步，找出新的瓶颈，持续改善。

具体的实践有可视化和复盘。

在可视化方面，能否把任务在流水线中的流动直观地显现出来最为关键。Trello、Jira 上的电子看板是很好的工具。在物理白板上使用便利贴标注也可以达到目的。图 16-4 是 Trello 中一个电子看板的示意图。

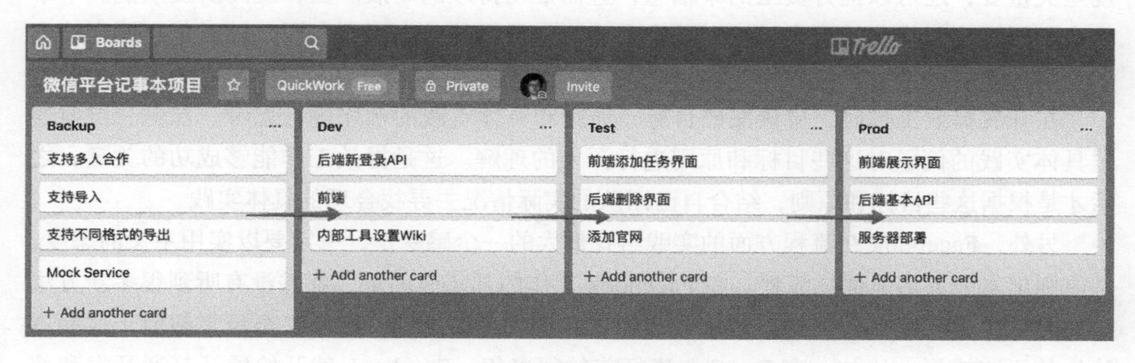

图 16-4　Trello 中的电子看板示意图

这里强调一下，我们通常会把这种任务卡片化的系统叫作看板，但它实际上并非精益实践中定义的“看板”，只是一个任务可视化的面板而已。**真正的“看板”是信号卡片，流水线上的环节用它来发送可以增加新工作项的通知。**

另外，统计图表和仪表板也是很不错的工具，前文提过的**累积流程图**就是一个很好的例子。在高效能公司，任务管理系统、部署系统、代码审查系统通常都有开放的 API，各个团队可以方便地查询这些系统中的数据制作图表。比如在仪表板方面，Facebook 至少有 4 个系统可用。大部分统计图表和仪表板是由非工具团队自己开发并最终推广全公司使用的，定制功能也很强。

通过任务可视化，我们可以直观地找到由于任务太多而产生了卡顿的环节，也就是瓶颈。

在复盘方面，Facebook 做得也很好。Facebook 有一个 SEV 复盘系统，用来对公司发生的重要事故进行系统性复盘，进而定位瓶颈，解决瓶颈。另外每个团队也会不定期复盘。

这里举一个复盘的例子，这是我在国内某公司经历的真实案例。当时的情况是公司的几大团队（硬件研发、软件研发、运维、运营）在协作上配合不积极，出了问题后大家不是先设法解决，而是想方设法推卸责任，导致线上问题频发，始终得不到根本解决。针对这个问题，我参考 Facebook 的 SEV 复盘系统，引入了线上事故回溯讨论会，每两周一次，对发生的事故进行讨论。在执行过程中我特别强调了会议的目的不是追责，而是分析事故根因，寻找方案以避免类似事故再次发生。实行这个实践之后，每次事故都能暴露出不少隐藏问题并得以解决，线上事故发生频率明显下降，另外团队之间的信任程度也有明显提高。

16.3 小结

研发流程优化是实现高效研发的重要一环。高效的研发工作流对产品准确性和研发速度至关重要，还可以提升员工的幸福感，进而推动持续的高效产出，提高研发效能。本章给出了研发流程优化的两大目标以及实现这两个目标的基本原则，同时针对每个原则给出了一些具体实践。

在开展提效工作时，应该按照目标、原则和具体实践的顺序进行思考。首先一定要通过具体实践的例子对这些目标和原则进行深入的理解。这是提效工作能够成功的关键。之后才是根据这些目标和原则，结合自己团队的实际情况去寻找合理的具体实践。

另外，Facebook 在流程方面的实践给我最大的一个感受是，一定要以实用主义的态度，从原则出发去灵活地优化流程。在 Facebook 工作的几年时间里，我并没有听到很多新方法论的时髦术语，但是公司的很多实践却和这些方法论的原则一致，甚至经常超前于这些方法论的正式成形。比如，在 DevOps 流行前的很多年，Facebook 就开始展开打通开发和部署的工作，以及推行全栈工程师的工作方式。

从实际出发、以终为始的实用主义，是我在 Facebook 学到的高效研发的最重要原则。

第 17 章 Chapter 17

代码入库之前的流程优化

上一章从全局讨论了如何优化研发流程，下面我们进行更深入的讨论。首先是研发流程中代码入库前的部分。代码入库之前的开发活动主要包括编码、调测调优、静态检查、自动化测试、代码审查等，如图 17-1 所示。这些是开发人员编写代码的步骤，自然也是提高研发效能的关键环节。

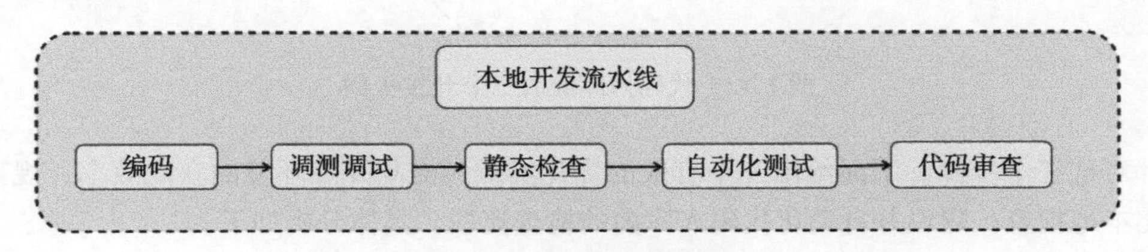

图 17-1　本地开发流水线

提高开发人员编写代码的效能，关键在于让开发人员不受阻塞、不受干扰，全身心地聚焦在产品开发上。我们可以把这种不受阻塞和干扰的开发状态叫作**持续开发**。**这是代码入库之前的流程优化的目标**。对于个人开发者而言，持续开发能够帮助我们把精力集中在技术本身，对技术和个人能力的提升都大有裨益，进而可以帮助团队有效提高产出，是一种很好的开发体验。

针对持续开发这一目标，我们有以下两条基本原则：

1）规范化、自动化核心步骤；

2）快速反馈，增量开发。

17.1　规范化、自动化核心步骤

要让开发人员聚焦于开发，首要工作是自动化研发流程。因为不可能实现对所有步骤的自动化，所以需要分析关键路径上的活动以及耗时较长的部分，然后集中精力对其进行优化。

开发通常可以归纳为以下三个步骤：

- 第一步，获取开发环境，包括获取开发机器、配置环境、获取代码等；
- 第二步，在本地开发机器上进行开发，包括本地的编码、调测、单元测试等；
- 第三步，代码入库前，把改动提交到检查中心（比如 Gerrit、Phabricator、GitLab、GitHub 等），再进行一轮系统检查，主要包括代码检查、单元测试、代码审查等，检查通过后，代码入库。

图 17-2 是代码入库前的三大开发步骤的示意图。

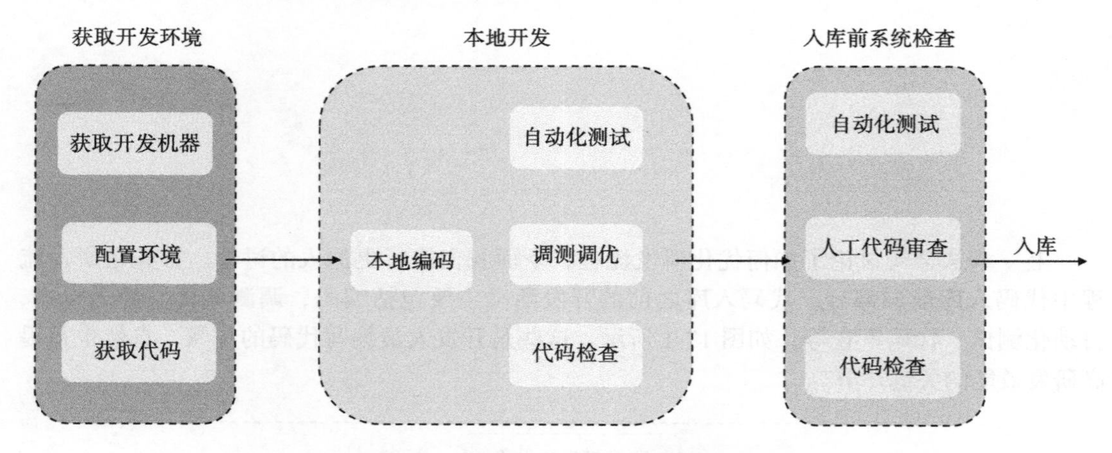

图 17-2 代码入库前的三个开发步骤

针对这三个步骤，下面给出三个有效的优化实践：提高开发环境的获取效率；规范化、自动化本地检查；建设并自动化代码入库前的检查流程。具体分析如下。

实践一：提高开发环境的获取效率

开发环境的设置，包括开发机器的获取、网络配置、基本工具以及代码的获取和配置。虽然这些操作的发生频率通常较低，但如果步骤多、耗时长，就会给新成员加入、以及成员切换项目的场景带来较大的负面影响，所以需要对开发环境的获取效率进行优化。

有效优化方式是**让整个开发环境的获取实现服务化、自助化**。也就是说，开发人员可以自助地申请获取环境，不需要 IT 部门的人员介入，从而既节省了开发人员的时间，又降低了 IT 部门的人力成本。

比如，我在 Facebook 工作的时候，我们内部工具团队开发了一个基于共享机器池的开发环境服务系统，可以让开发人员自由在网页上申请和释放机器，在 5 分钟之内就能获取一套干净的虚拟机开发环境。机器返还之后，开发环境服务系统会自动对它进行清理、配置，之后再重新放回机器池中。

对于开发机器上的代码，该服务系统可以克隆获取团队常用的代码仓，并定时拉取最新的代码，使得开发人员申请到机器之后，只需要额外拉取很少的代码就可以进行开发。这个方法对代码仓较大的情况特别有效。不过可惜的是，这种方法对具体的环境依赖较强，所以 Facebook 并没有将其开源。

下面给出机器生成和配置方面的两种常见实现方式。

第一种方式：借助基础设施即代码（Infrastructure as Code，IaC）系统。比如，使用 HashiCorp 公司的 Terraform 工具。它支持声明式的方式快速产生自定义配置的机器，并使用脚本对其进行配置。TerraForm 使用插件机制支持许多底层平台，比如 AWS、阿里云或者本地系统。这种方式的优点是使用方便、功能强大，但前期投入较大。

第二种方式：提供机器镜像和配置脚本。通过镜像让每一台新机器拥有最基本的设置，比如 CPU、操作系统、基本软件，然后通过脚本实现基本配置，比如网络设置、软件更新等。这种方式的优点是前期投入小，见效比较快。我在 Stand 工作时，就使用这种方法对团队的开发环境的获取进行了简单的自动化，效果很不错。不过它的缺点是不够灵活。

实践二：规范化、自动化本地检查

本地检查是指开发人员在开发机器上进行的验证，比如语法检查、规范检查、单元测试、沙盒搭建等。推荐**根据团队实际情况，找到合适的工具和配置进行这些检查，并让团队成员统一使用**。

在本地检查方面，Facebook 采用的是工具共享的方法，即把大量常用工具放到一个网盘中，挂载到每台开发机器的 Linux 文件系统上，让开发人员不用安装就可以直接使用。这种挂载共享网盘的方法非常方便，因为用户不需要安装工具，也不需要关注工具的升级。

如果团队所处的研发环境没有这样的网盘，另一个办法是通过脚本让开发人员一键完成安装和配置，效果也不错。不过缺点就是软件更新比较麻烦，需要通知用户手动更新或者设置工具的自动更新，工作量比较大而且容易出错。

至于检查中使用的工具，则需要根据具体的语言和框架去选择，这里不再详细讨论。

实践三：建设并自动化代码入库前的检查流程

建设并自动化代码入库前的检查流程，是持续集成前的必要工作，也可以看作持续集成的一部分，有利于提高入库代码质量。**除了人数非常少的初创公司以外，其他开发团队都应该进行这个配置。**

这个流程通常围绕代码仓管理系统为中心来实现。比如，可以使用 GitLab 提供的 GitLab CI/CD 框架。基本方法是在项目的根目录里创建一个 .gitlab-ci.yml 文件，来描述检查环境的设置和步骤。更多内容可以参考 GitLab 官方文档[㊀]。

Facebook 使用的是开源版 Phabricator 的一个内部复刻（Fork）。关于 Phabricator 在工作流中使用单元测试和 Linter 的方法，可以参考 Phabricator 帮助文档[㊁]。

㊀ https://docs.gitlab.com/ee/user/project/pages/getting_started_part_four.html。
㊁ https://secure.phabricator.com/book/phabricator/article/arcanist_lint_unit/。

以上内容就是持续开发的第一个原则：规范化、自动化核心步骤。该原则可以帮助开发人员尽量减少非开发工作的耗时，从而把更多的时间、精力投入本职的开发工作中去。下面我们来讨论持续开发的第二个原则，其效果是及早暴露问题，从而减少在工作流程的后期才发现错误而导致的昂贵开销。

17.2 提供快速反馈，促进增量开发

提供快速反馈，促进增量开发这一原则指的是开发人员可以快速验证已经完成的开发工作，更直接的表述是，边开发边验证。具体的工程实践主要包括灵活使用各种 Linter 和测试、建设并优化沙盒环境、应用实时检查工具。下面分别进行分析。

实践一：灵活使用各种 Linter 和测试

最常用的快速验证方法就是提高运行静态检查和测试的方便性和灵活性。各种语言、框架都有自己的测试框架和 Linter，这里不一一列举，只给出两种通用的有效使用 Linter 和测试的方法。

1）以服务化的方式，提供检查的能力。比如，Facebook 的基础平台团队提供了在云上运行单元测试的能力，并把这个能力通过服务的方式提供给开发人员。也就是说，开发人员可以在自己的机器上远程运行大量的测试。由于这个操作并不占用本地资源，所以在运行测试的同时可以高效地进行本地开发工作。

2）用命令行工具来封装各种检查。命令行工具特别适用于自动化，便于开发人员使用。比如，我们可以通过脚本来实现简单的**定制工作流**。在一个高效的研发环境中，开发人员除了可以运行公司提供的统一检查之外，还应该可以灵活运行一些适应团队特点的检查，以及某些特有检查。如果这些检查服务可以通过脚本调用的话，就可以很方便地实现定制工作流。

实践二：建设并优化沙盒环境

沙盒也是一个高频使用的提效工具。如果开发人员能够在本地方便地搭建沙盒进行验证的话，其开发自测的频率和质量会大大提高，进而提高产品质量。所以非常值得投入时间和精力进行沙盒环境的建设。

在搭建沙盒环境的过程中有两个常见的优化点，分析如下。

- 第一点是本地构建。因为我们必须把改动构建成产品才能进行本地验证，而这个步骤通常耗时较长。推荐的优化方法是尽量使用增量构建，避免使用全量构建。
- 第二点是测试数据的产生。产生贴近生产环境的数据往往比较费劲，Facebook 的做法是在开发环境中直接使用生产环境的数据。这个方法比较激进，需要大量的安全防护措施，使用的公司比较少。另一个常见的做法是导出生产环境中的数据并脱敏，然后将其应用到沙盒环境中去。

实践三：使用实时检验工具

快速提供检查反馈，做到极致就是开发人员无须手动触发检查，即工具会自动探测到代码改动并自动开始检查。这种快速反馈值得花时间配置、使用，最常见的例子是 IDE 中的实时语法检查。

另外一个常见的优化实践是利用工具监视文件系统的变化，在需要时自动重启服务。

比如，在使用 Node.js 进行开发时，nodemon 就是不可或缺的工具，我们只需要在原来的命令之前添加 nodemon 即可。如果启动服务的语句是 ./bin/www，那么使用 nodemon 的形式就是 nodemon ./bin/www。使用这个命令运行服务之后，nodemon 就会自动监控文件改动并实现自动重启服务。

我在个人网站（https://jungejason.github.io/dev-eff-book-resources/）对 nodemon 的使用方法录制了演示视频，图 17-3 是录屏的一个截图。第一次保存文件时，存在语法错误，nondemon 重新启动失败；第二次保存文件时，语法错误已被修复，nodemon 成功重启服务。在短暂的过程中，nodemon 帮助我们减少了两次手动重启服务的烦琐操作。另外值得一提的是，nodemon 还可以在 node.js 之外的场景使用，比如 Python，感兴趣的读者可以自行上网查看。

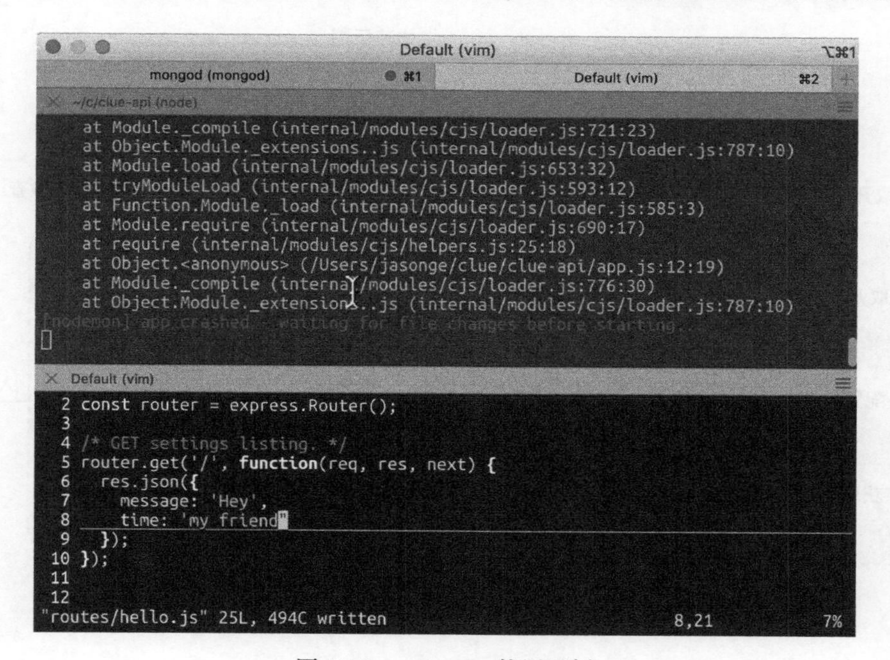

图 17-3　nodemon 使用示例

很多研发框架都有类似 nodemon 的工具。比如，SpringBoot 有 Spring-Boot-Devtools，Django 自带的用于开发的网页服务器也有类似功能。

如果我们使用的框架、语言不支持类似 nodemon 的工具，也可以使用类似 watchdog/watchmedo 的工具来实现。比如，下面这个命令会监控当前文件夹中所有的 Python 文件改动并实现自动重启服务。

```
watchmedo shell-command \
  --patterns="*.py" \
    --command='python "${watch_src_path}"' \
    .
```

快速反馈这一原则看似简单，却能给研发效能带来实实在在的收益。它能够大大提高开发人员对代码的信心，从而促进代码尽早入仓、集成。代码集成太晚会造成产品上线时合并混乱。所以，我们应该在工作流程中尽量提高实时验证能力。

17.3 小结

持续开发是帮助开发人员聚焦于开发工作的根本目标。针对这一目标有两条基本原则：规范化、自动化代码入库前的核心步骤；提供快速反馈，帮助开发人员边开发边验证，以促进增量开发。图 17-4 是对上述内容的一个总结。

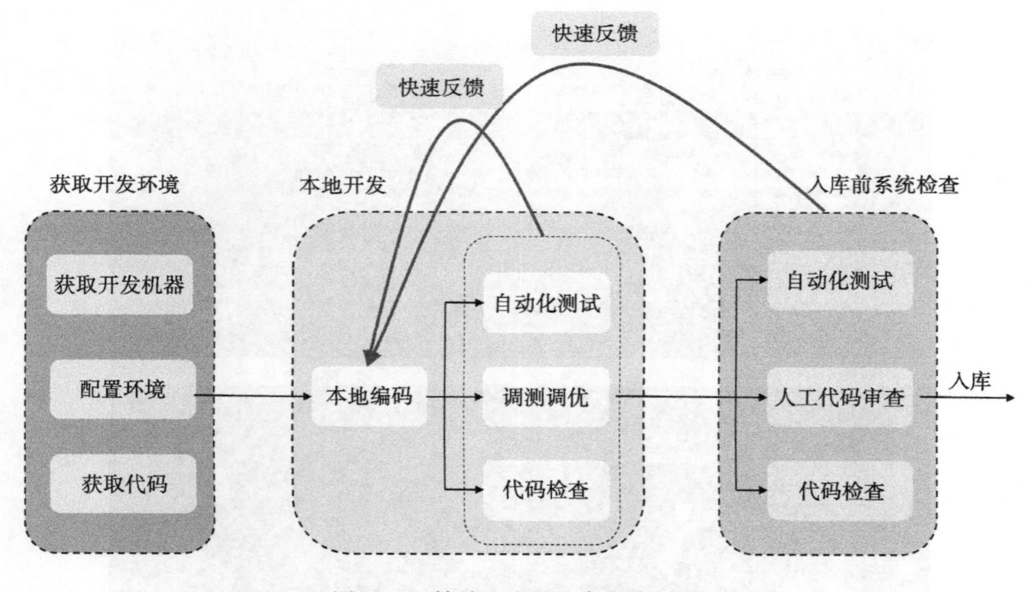

图 17-4 持续开发的两条基本原则

持续开发很适合用自上而下和自下而上相结合的方式来推动。因为开发人员最了解自己工作的痛点，所以能比较准确地找到需要优化的地方。在 Facebook，很多工具和流程都是由开发人员自行开发或者引入，后来逐步推广至团队和公司使用。

所以，在日常工作中，**开发人员应该抽出一些时间去主动优化自己的工作流程；而管理者则应该奖励这样的行为，并对其中适用于团队的部分进行推广。**

第 18 章 Chapter 18

代码入库之后的流程优化

上一章的主题是代码入库之前的流程优化，讨论了持续开发的目标、原则和一些具体实践。这一章将讨论代码入库及入库后的流程优化。

这个部分的流程优化，出发点在于持续对代码进行入库、合并、构建以及检验的操作，以保证最终产品的质量。其中，持续二字是关键。具体来说有三种持续工程方法：持续集成（Continuous Integration, CI）、持续交付（Continuous Delivery, CD）和持续部署（Continuous Deployment, CD）。高效实现这三个“持续”，正是代码入库之后流程优化的根本目标。

首先介绍持续集成、持续交付和持续部署的定义和作用。

18.1 三个“持续”的定义和作用

研发流程中有一个很常见的低效能的情况：产品发布上线时出现大量提交、合并，解决合并冲突的过程中出现很多质量问题。这种低效情况的根本原因在于，**代码合并太晚**。

多人同时开发一款产品，必然会出现代码冲突。而解决冲突，需要花费额外的时间和精力。如果没有一个机制督促开发人员尽早把代码推到主仓进行集成的话，大家通常会尽量在自己的分支上进行开发，只有到了不得已的时候才推送代码入主仓，导致在开发快要结束或者功能即将发布时出现大量的代码合并。而这时又由于较长时间没有进行代码集成，导致需要集成的代码量较大，冲突较严重，解决过程也就更容易出现问题。具体的负面影响包括发布推迟、产品质量不高、发布时常常需要熬夜通宵解决问题、影响团队士气等。

持续集成的根本出发点就是解决这个问题。**持续集成的定义是，在团队协作中，一天内多次将所有开发人员的代码合入同一条主干**。它的目的在于帮助开发人员尽量早、尽量频繁地把自己的改动推送到主仓进行集成，从而减少大量代码冲突引发的低效能问题。

代码入库之后，接下来就需要把代码进行编译并打包成可以发布的格式，先发布到测试环境，再发布到类生产环境，最终部署到生产环境。

为了提高研发效能，我们需要让这个过程尽量频繁地发生。如果我们能够把产品和功能尽快发布到市场上，就能够更快地服务客户，同时以更快的试错速度找到真正对客户有价值的功能。即使某些产品由于自身特性不会频繁地部署给用户使用，这种能够频繁生产出可以马上部署的产品的能力，也能让我们在需要部署时迅速完成任务。

同时，在产品发布到不同环境的过程中，我们也可以发现一些在开发和持续集成步骤中不容易暴露的问题，从而减少推迟交付、线上事故等情况的发生。

以上就是持续交付和持续部署的目标。其中持续交付是**一种软件工程方法，在短周期内完成软件产品，以保证软件保持在随时可以发布的状态**。也就是说，对每一个提交，把集成后的代码部署到"类生产环境"中进行验证。如果代码没有问题，后续就可以手动部署到生产环境中。而持续部署则更进一步，它会立即把持续交付产生的产品自动部署给用户使用。持续部署的定义是，**将每一个代码提交，都构建出产品直接部署给用户使用。**

以上就是持续集成、持续交付与持续部署这三个**"持续"**的定义和作用。它们**共同的本质**为：让每一个代码提交都经过一条流水线进行自动化检验，通过后进入下一个阶段。这里的下一个阶段具体包括代码并入主仓、产品进入测试环境、产品进入类生产环境、产品最终进入生产环境等，如图 18-1 所示。

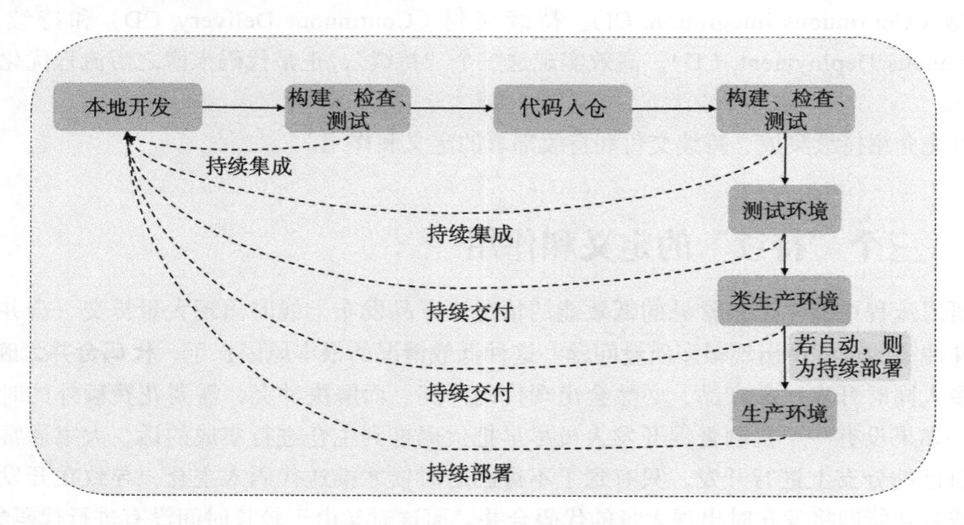

图 18-1 CI/CD 流水线示意

可以看到，在整条流水线中，持续部署只是持续交付的最后一步，也就是自动化上线的那一步。前面的各种检查，都属于持续交付流水线。做好持续集成和持续交付之后，持续部署只是相当于打开一个开关的操作，没有太多内容，所以，**后文再提到 CI/CD 流水线**

时，指的就是持续集成 / 持续交付。

CI/CD 流水线，能够大大提高代码入库的速度和质量，是硅谷互联网公司做到高效研发的必要条件。下面介绍 CI/CD 流水线的原则，并以 Facebook 的具体实践为例帮助大家理解。我们将重点介绍搭建原则，至于具体如何搭建，通常采用持续集成工具 + 代码仓管理系统 + 检查工具 + 测试工具组合的方式，比如 Jenkins+GitLab+SonarQube+Linter+UnitTest，感兴趣的读者可自行查阅相关内容。这里给出一篇文章——《集成 GitLab、Jenkins 与 Sonar 实现代码自动检查》作为参考。

18.2 CI/CD 流水线的原则及具体实践

要做到高效 CI/CD，有 3 条基本原则：流水线的测试要尽量完整；流水线的运行速度要尽量快；流水线使用的环境要尽量和生产环境一致。下面分别对这些原则进行分析。

原则一：流水线的测试要尽量完整

CI/CD 流水线中的测试必须比较完整，才能保证代码和产品的质量。没有检验环节的流水线是没有存在意义的。

Facebook 的研发流水线中有大量的单元测试和集成测试用例，以及安全扫描、性能专项测试等用例。如果某个验证在流水线中失败，开发人员会考虑是否要添加测试用例来防止类似的问题再次发生。

另外，Facebook 持续在测试用例的开发上投入。在内部工具团队中，有一个专门的测试工具团队负责建设测试框架、流程、工具，以方便开发人员编写测试用例。

原则二：流水线的运行速度要尽量快

因为每一个代码提交都要通过 CI/CD 流水线的检验，所以流水线的速度关乎研发速度。我们可以从以下两个方面考虑如何对其提速。

首先，从技术角度来看，我们可以采用以下几种方法进行提速：

- 使用并行方式运行各种测试来提速；
- 投入硬件资源，使用水平扩展的方式来提速；
- 使用增量测试的方式进行精准验证，也就是说，只运行跟当前改动最相关的测试，以减少测试用例的运行数量。

其次，权衡流水线的运行速度、流水线资源和测试完整性的关系。关于运行速度快、占用资源少、测试完整这三个方面，我们不可能做到完全兼顾，所以必须做出权衡，有所取舍。这里推荐几个方法：

- 如果通过增加硬件资源来提升运行速度需要的成本太高的话，可以对测试用例按优先级进行分类，在流水线运行的时候，不需要每次都运行所有测试用例，只选择其中几次进行全量测试即可；

- 提供支持，让开发人员在本地也能运行这些测试，利用本地资源尽早发现问题，从而可以避免一些有问题的提交占用流水线的资源，进而提高整条流水线的运行速度；
- 运行测试的时候，按照一定的顺序运行测试用例。比如可以先运行速度快的用例，以及历史上容易发现问题的用例，这样可以尽早发现问题，避免不必要的资源浪费。

原则三：流水线使用的环境，要尽量和生产环境一致

这里说的环境包括机器、数据、软件包、网络环境等。环境不一致会导致一部分在非生产环境上运行的测试无效，从而使一些问题暴露在用户面前，损失严重。同时，这些问题又因为很难在非生产环境中复现，解决起来比较困难，更容易造成更长的宕机时间。

保证流水线环境与生产环境一致的方法包括以下几种。

- 软件包最好只构建一次，保证各种不同环境都用同一个包。如果不同的运行环境需要不同的参数，可以以环境变量的方式传递给软件包。
- 使用 Docker 镜像的方式，把发布的产品以及环境都打包进去，实现环境的一致性。在我看来，这正是 Docker 的最大好处。
- 尽量使用干净的环境。比如，测试时，使用刚从镜像产生的系统；又比如，使用红黑部署，每次产生新的部署时，直接丢弃旧的环境。

以上就是 CI/CD 流水线的 3 个基本原则和一些最佳实践方法。通过提高验证的完整性、速度，以及保证环境的一致性，我们可以降低成本，提高产品质量和验证产品价值假设的速度。下面，我们通过 Facebook 的具体相关实践，加深对 CI/CD 的理解并学习如何高效落地 CI/CD。

18.3 案例：Facebook 如何落地 CI/CD 来提高效能

Facebook 一直非常注重 CI/CD，早在 2009 年就实现了顺畅的 CI/CD 流水线，而且一直在改进。

在 CI 方面，加强建设持续开发，让开发人员能在开发环境上进行大量的验证。本地的所有验证方式，与 CI 流水线上的验证方式保持一致，大大提高了开发人员在本地发现问题的能力，从而有效避免了有问题的提交被发送到 CI 流水线中的情况。

在**代码入库时**，把 Phabricator 作为 CI 的核心驱动以及质量检查中枢，尽量提高入库前代码审查的流畅性。在这个过程中，Facebook 具体做到了以下几点。

- 测试的完整性。在代码提交到 Phabricator 进行代码审查的同时，进行各种静态检查、单元测试、集成测试、安全测试以及性能测试。开发人员对功能负全责，包括编写单元测试、集成测试用例，通过全栈开发的方式确保每一个功能都有足够的测试用例覆盖。

- 工具的集成。Phabricator 提供插件机制，跟其他大量系统、工具实现集成，以支持运行各式检查。
- 沙盒环境。当代码提交到 Phabricator 进行审查时，Phabricator 会自动产生一个沙盒环境。沙盒环境有两个好处：一是可以让开发人员进行联调；二是避免联调时开发机器被占用。
- 高效的代码审查。比如，代码审查不通过时，代码作者可以方便地在原来的提交之上进行修改，并在下一轮审查时只进行增量代码的审查，从而大大降低了每次代码审查的交易成本，保证了 CI 的顺畅性。

代码入库之后，进入持续交付步骤。Facebook 使用大代码仓，同一个代码仓中每天有几千个代码提交，给持续交付带来巨大挑战。为此，Facebook 有一个专门的发布工具团队，自研了一套发布工具来实现自动化流水线，通过以下两点比较好地实现了流水线资源和测试完整性的平衡。

1）不针对每一个提交进行 CD 验证，而是按照一定时间间隔运行流水线。因为提交太多，如果每个提交都进行构建打包，资源消耗实在太大，所以 Facebook 采用每隔一段时间（比如每 10 分钟）才进行一次构建打包的方式，大大降低了资源的消耗。不过这里有个问题，在验证步骤发现 Bug 时，因为验证的是最近 10 分钟的所有提交，所以不能精准定位造成问题的提交。针对这个问题，Facebook 使用共主干开发分支方式（trunk-based），并强制在代码合并时只能使用 git rebase，不能产生合并提交，确保提交历史是线性的，从而可以使用 git bisect 命令来自动化定位问题。这部分内容会在后文中进行详细介绍。

2）对验证进行分级。也就是说，创建几条不同的 CD 流水线，按照不同的时间间隔运行构建和检验。根据运行时间间隔的不同，它们运行的检验数量以及检查出来的 Bug 优先级也不同。间隔时间越长，运行的检验越全面，检查出来的 Bug 优先级越高。

这里需要说明的是，Facebook 的持续交付并非严格意义上的持续交付。这些持续交付流水线的关键作用在于提高主仓共享分支的质量。在真正进行全量代码部署的时候，Facebook 并没有使用这些流水线产生的软件包直接部署，而是单独拉出一个分支，稳定几天以后再上线。这是因为当时的自动化检验还不能确保产品达到上线要求。这种实用主义的折中办法值得参考。我们常常会需要一些额外的测试和检验来确保上线产品的质量，没有必要一定要实现纯粹的持续交付。

最后，是**持续部署**的操作。起初，Facebook 并没有使用持续部署，而是采用每周全量代码部署的方式。但到了 2017 年，由于代码提交实在太多，按周部署代码，处理的提交量会超过 10000 个，需要太长时间才能稳定发布分支，所以最终转向了持续部署。

Facebook 实现持续部署的关键方法是极致地进行自动化测试验证。关于实施细节，可以参考 Facebook 首位部署工程师 Chuck Rossi 在文章 “Rapid release at massive scale” [⊖]中

⊖ https://engineering.fb.com/2017/08/31/web/rapid-release-at-massive-scale/。

对 Facebook 持续部署流程的描述。

值得一提的是，跟持续交付一样，Facebook 的持续部署也不是纯粹的持续部署。因为代码提交太多，它并没有针对每个提交进行部署，而是按照一定的时间间隔，把这段时间之内的所有提交一起部署。这种**不教条的方式，是我从 Facebook 学到的一个重要的做事方法**。

18.4 小结

Facebook 在 CI/CD 上做到了极致，对每一个代码提交都高效地运行大量的测试、验证，并采用测试分层、定时运行等方式尽量降低资源消耗。正因为如此，它能让几千名开发人员共同使用一个大代码仓，并使用 trunk-based 方式进行开发，生产高质量的产品，实现了超大研发团队协同工作下的高效能。

在前面几章中，我们多次提到"持续"。这个词近些年在软件研发中比较流行，因为它的确是促进高效研发的有效手段。软件研发的本质就是一条流水线。只有让这条流水线持续运转，才能实现高效性。除了我们已经介绍过的持续开发、持续集成、持续交付、持续部署以外，还有一个持续测试。在前文的讨论中我们可以清楚地看到，在 CI/CD 流水线中，**测试作为流水线的一部分，一直在持续运行并给开发人员提供快速反馈**。这正是持续测试的定义。

下面列举出这 5 个持续的定义和关键点供参考，如表 18-1 所示。

表 18-1 5 个持续的定义和关键点对比

	定 义	关键点
持续开发	让开发人员不受阻塞、不受干扰，全身心地聚焦在产品开发上	1）规范化、自动化核心步骤 2）快速反馈，增量开发
持续集成	在团队协作中，一天内多次将所有开发人员的代码合并入同一条主干	1）流水线的测试要尽量完整 2）流水线的运行速度一定要快 3）流水线使用的环境尽量和生产环境一致
持续交付	让软件产品的产出过程在一个短周期内完成，以保证软件保持在随时可以发布的状况	同上
持续部署	将每一个代码提交都构建出产品直接部署给用户使用	
持续测试	测试是作为流水线的一部分，一直在运行并最快给开发人员提供反馈	1）服务化 2）自动化 3）分级

第 19 章 Chapter 19

选择适当的分支管理策略提高流程和产品质量

讨论研发流程，绕不开的一个话题是分支管理和发布策略。在前面两个章节中，我们讨论了持续开发、持续集成、持续发布和持续部署的整个上线流程。这些流水线针对的对象都是某个具体的代码分支，因此代码的分支管理是高效研发流程的基础。能否找到适合自己团队的分支管理策略，是决定代码质量，以及发布能否顺畅的一个重要因素。

Facebook 和 Google 都采用大代码仓和共主干开发模式。比如 Facebook 的网站及 API 服务，几千名开发人员同时工作在一个大代码仓上，每天会有一两千个代码提交入仓。在如此大的体量下，开发仍然能够顺利进行，平心而论，其分支管理水平的确很高。

在本章中，我们将首先深入讨论倍受 Facebook 和 Google 青睐的共主干分支管理策略，然后介绍其他几种常见分支管理策略，最后，在如何选择分支策略的问题上给出一些推荐和建议。

19.1 共主干分支管理和发布策略

这种基于主干的开发方式也叫作共主干开发分支方式（trunk-based）。在这种方式中，用于开发的长期分支只有一个，而用于发布的分支可以有多个。首先，我们来看长期存在的开发分支。

开发分支

这个长期存在的开发分支，通常被叫作 trunk 或者 master。为方便讨论，我们统一称它为 master。所有的开发人员基于 master 分支进行开发，提交也直接推送、合并到这个分支上。

在共主干开发方式下，根据是否允许存在短期的功能分支（Feature Branch），又分为两个子类别：主干开发有功能分支和主干开发无功能分支。Facebook 做得比较纯粹，在主代码仓中，基本上禁止功能分支。另外，在代码合并回 master 的时候，又有 rebase 和 merge 两种选择。Facebook 选择的是 rebase。

由于只采用一个开发分支，并且只允许使用 rebase 操作，Facebook 的整个开发模式非常简单，步骤大致如下：

第一步，获取最新代码：

```
git checkout master
git fetch
git rebase origin/master
```

第二步，本地开发，然后执行以下命令产生本地提交：

```
git add .
git commit
```

第三步，推送到主代码仓的 master 分支：

```
git fetch
git rebase origin/master
git push HEAD:origin/master
```

在 rebase 的时候，如果有代码冲突就先解决冲突，然后使用以下命令更新自己的提交：

```
git add .
git rebase --continue
```

最后，重复步骤 3，也就是重新尝试推送代码到主代码仓。

这种简单的工作方式存在以下两大挑战：

1）如果功能比较大，一个代码提交不合适，又不能使用功能分支。如何处理？

2）如果需要多人协同一个较大的功能，如何处理？

Facebook 的解决办法是采用代码原子性、功能开关、API 版本等方法，让开发人员把功能拆开，尽快在第三步分别推送到 master 分支中去。下面举例说明。比如一个后端开发人员和一个前端开发人员合作一个功能，他们的互动涉及多个 API 接口，其中部分接口是在已有接口上做改动，其余则是新增接口。这两个开发人员的合作方式如下。

1）前后端开发人员商讨确定这些 API 的实现顺序。

2）后端开发人员依照代码原子性，使用多个提交实现这些 API，尽早把完成的提交入库。有以下几种情况。

- 可能一个提交实现多个 API 的改动，也可能多个提交只完成一个 API 的改动，关键在于满足代码原子性：完成独立功能或者子功能，并且大小适中，便于理解和维护。
- 对已有 API 的改动，如果只涉及增加 API 参数，情况比较简单，只需要在现有 API 版本上直接修改。但如果涉及删除或者修改 API 参数的情况，就需要给这个 API 添加一个新版本，避免被旧版本阻塞入库。

- 在实现功能的过程中，如果某个 API 暂时还不能暴露给前端或者用户，就用功能开关把它关闭，确保在整体功能完成之前，单独的改动可以提前入库。

3）后端开发人员完成提交之后马上将其发送到 Phabricator 进行代码审查。Phabricator 会自动调用沙盒管理系统创建一个沙盒环境。提交入库之后会自动部署到测试环境。

4）前端开发人员把自己的开发机指向沙盒环境和测试环境进行本地开发。这里也使用代码原子性原则将前端改动用多个提交实现，每个提交完成之后尽快进行代码审查和入库。

5）前后端开发人员每发送一个提交到 Phabricator 进行代码审查后，马上开始其他提交的编码工作，通常多个提交的编码和代码审查任务会并行处理。

这种合作方式可以扩展到更多的开发人员。所有团队成员都直接在 master 分支上合作而不使用功能分支，并且可以尽快提交代码而不会受到阻塞。

以上就是开发分支的情况。下面我们来看发布分支管理策略。

发布分支

在共主干开发模式中，在需要发布的时候会从 master 拉出一条发布分支进行测试，稳定之后发布给用户使用。如果在发布分支中发现问题，先在 master 上修复，然后使用 cherry-pick 命令把修复合并到发布分支上。分支上线之后，如果该分支需要长期存在，比如产品线性质的产品，就保留分支。如果该分支不需要长期存在，比如 SaaS 产品，我们就可以存档或直接删除分支。Facebook 采用的是后者。

具体来说，部署包括每周一次的全量代码部署、每天两次的日部署，以及每天不定次数的热修复部署三种。下面详细介绍周部署和热修复部署，日部署和热修复部署类似，故不过多介绍。

（1）周部署

周部署流程如下所示。

第一步，从 master 上拉出一个发布分支：

```
git checkout -b release-date-<date-time> origin/master
```

第二步，在发布分支进行各种验证。

第三步，如果验证发现问题，开发人员提交修复到 master，然后使用 cherry-pick 命令把修复合并到发布分支上。接着回到第二步继续验证，直到验证通过。

```
git cherry-pick <fix-sha1> # fix-sha1 是修复提交的commit ID
```

验证通过后，将当前发布分支部署到生产环境。我们把该分支称为当前**生产分支**。同时将上一次发布时产生的生产分支存档或者删除。

（2）热修复部署

在进行热修复部署时，先在当前生产分支上拉出一个热修复分支，具体步骤分析如下。

第一步，拉出一个热修复分支：

```
git checkout -b hotfix-date-<date-time> release-date-<date-time>
```

第二步，开发人员提交热修复到 master，然后使用 cherry-pick 命令将其合并到热修复分支上：

```
git cherry-pick <fix-sha1> # fix-sha1 是修复提交的commit ID
```

第三步，进行各种验证。

第四步，如果验证中发现问题，回到第二步重新进行修复验证。如果验证通过，则发布当前热修复分支，同时将这个热修复分支设置为当前的生产分支。后续如果再有新的热修复，就从这个分支拉取进行发布。

图 19-1 描述了每周五拉取周部署分支，以及不断从当前生产分支上拉取热分支的部署流程。在真实的场景中，还会有每天两次的日部署。不过日部署和热修复部署非常类似，可以简单把它理解为在每天固定时间点进行的热修复部署。两者的主要区别在于日部署包含的提交数远超热修复部署。

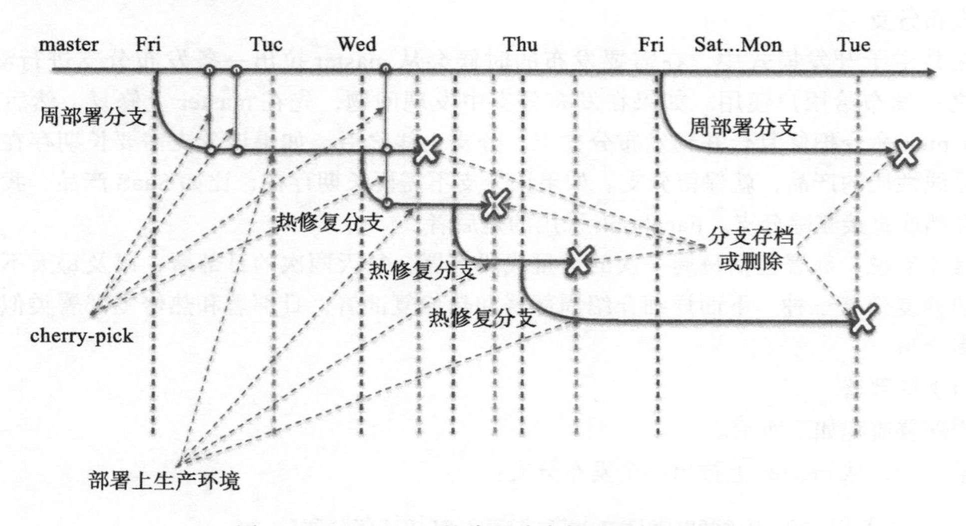

图 19-1 Facebook 的代码分支管理和部署流程

以上就是 Facebook 的代码分支管理和部署流程。更多细节可以参考文章——“Rapid Release at Massive Scale”。

需要注意的是，这里描述的部署流程是 Facebook 迁移到持续部署之前采用的部署流程。考虑到大多数公司并没有达到持续部署的成熟度或者并没有实施持续部署的需求，所以这种持续交付的方式具有更高的参考价值。

19.2 共分支管理策略的优点

这种主干分支模式的最大好处是可以把持续集成、持续交付做到极致，从而尽量提高

master 分支上的代码质量。

主干分支模式的客观效果

在介绍主干分支模式的优点之前，我们先思考一下 Facebook 实践中以下三个措施有何综合效果：

- 几千名开发人员同时工作在同一条主干；
- 不使用功能分支，直接在 master 上开发；
- 必须要使用 rebase 才能入库，不能使用 merge。

它们的共同效果是：**开发人员必须尽早将代码合入 master 分支，否则就需要花费相当长的时间去解决合并冲突**。这就从根本上调动了开发人员进行持续集成（CI）的主观能动性，使得大家都会尽量把代码进行原子性拆分，每写好一部分就赶快合并入库。

我个人曾经有这样一个有趣的经历。一天下午，我和同事在修改同一个 API 接口。我们关系很好，也都清楚对方在做什么，于是一边开玩笑一边像在比赛一样，看谁先写好代码完成自测合并入主库。结果是我赢了，而他后来多花了十多分钟小心地解决冲突。

主干分支模式的优势

系统来看，Facebook 使用主干分支模式的好处主要可以总结为以下两点。

（1）促进开发人员把代码频繁合入主仓进行集成检验

这正是持续集成的精髓所在，对提高代码质量有巨大好处。与之形成鲜明对比的是，很多仅 20 名左右开发人员的小团队，即使采用的也是共主干开发方式，但由于使用了功能分支，结果大家总是拖到产品上线前才把功能分支合并回主干，导致在最后关头产生大量问题。

（2）确保线性的代码提交历史，给流程自动化提供最大方便

前文介绍过，禁止合并可以产生线性的代码提交历史。而线性对自动化定位问题意义非凡，这里做一个较为详细的讲解。

有了线性代码提交历史，我们可以从当前有问题的提交回溯，找到历史上第一个有问题的提交。比如，在一个代码仓中，有 C000～C120 的线性提交历史。某个测试在提交 C100 处是通过的，但是在 C120 出了问题。我们可以使用命令 git checkout 依次检查 C101，C102，…，C120，并依次进行测试，直到找到第一个导致测试失败的提交。

为了提高效率，我们可以先检查位于 C100 和 C120 中间的提交 C110。如果测试在 C110 处通过，证明问题提交位于 C111 和 C120 之间，下一步检查 C115；否则就证明问题提交位于 C101 和 C110 之间，下一步检查 C105。这种方法正是软件算法中经典的折半查找，它把定位问题的时间从 $O(N)$ 降至 $O(\mathrm{Log}N)$。

事实上，Git 本身就提供了一个 bisect 命令支持折半查找。比如，在上述例子中，如果运行测试的命令行是 runtest.sh，那么，我们可以使用下面的命令来自动化这个定位流程：

```
> git checkout master # 使用最新提交的代码
> git bisect start
> git bisect bad HEAD # 告知 git bisect，当前commit是有问题的提交
```

```
> git bisect good C100           # 告知 git bisect，C100是没有问题的提交
> git bisect run bash runtest.sh # 开始运行自动化折半查找
...
Cxxx is the first bad commit     # 查找到第一个问题提交
...
bisect run success
> git bisect reset               # 结束git bisect，回到初始的HEAD
```

O(*N*) 到 O(log*N*) 的优化效果在有较多提交的时候非常明显。比如对于 100 个提交，检查次数可以从 100 次降至 7 次。而如果提交历史并非线性，那么我们就难以方便地定位出第一个问题提交，更不用说使用折半查找提高效率了。

在持续交付过程中，我们常常没有足够的资源检查每一个提交。而折半查找这种快速定位问题的能力，让我们在降低 CI 流水线运行频率的同时，仍然能够迅速定位问题。正如上一章所述，Facebook 的持续交付流水线就是这样做的。

19.3 其他主要分支方式

下面介绍其他几种常见的分支管理策略，包括：Git-flow 工作流、Fork-merge 工作流、由功能分支组成的发布分支工作流。

方式一：Git-flow 工作流

Git-flow 工作流有两个长期分支。第一个是 master，包含可以部署到生产环境的代码。另一个是 develop，用来做代码集成，开发新功能、新发布也都是从 develop 分支上拉取。此外，Git-flow 工作流还有三种短期分支，分别是新功能分支、发布分支和热修复分支。短期分支根据需要来创建，任务完成之后就会被删除。

Git-flow 工作流的特点是对各种开发任务都有明确的规定和步骤，分析如下。

- 开发新功能时，从 develop 分支拉出一个前缀为 feature- 的功能分支。在该功能分支上进行开发工作，完成之后合并回 develop 分支，并删除该功能分支。
- 发布新版本时，从 develop 分支拉出一个前缀为 release- 的发布分支，部署到测试、类生产等环境进行验证。如果发现问题，则直接在发布分支上修复。如果验证通过，则把该发布分支合并回 master 和 develop 分支，并在 master 分支上打 tag，同时删除该发布分支。

发布热修复和发布版本相似，它从 master 拉取分支，完成后合并回 master 和 develop（或者当前发布分支）。

Git-flow 工作流在前几年非常流行，好处是流程清晰，但也有以下一些缺点：

- 流程复杂，学习成本高；
- 容易出错，比如容易出现忘记合并到某个分支的情况，不过这个问题可以使用脚本自动化来解决；

- 不方便进行持续集成；
- 有太多的代码分支合并操作，解决冲突成本比较高。

方式二：Fork-merge

Fork-merge 是在 GitHub 流行之后产生的。这种开发模式的一个重要特点是每个开发人员在代码仓服务器上有一个个人代码仓。这个个人代码仓实际上就是主代码仓的一个副本。开发人员对主代码仓贡献代码的步骤如下：

1）开发人员产生个人代码仓；

2）开发人员在本地备份个人代码仓；

3）开发人员在本地开发，并把代码推送到自己的个人代码仓；

4）开发人员通过 Web 界面，向主代码仓的管理人员提出推送请求；

5）主代码仓的管理人员在自己的开发机器上取得开发人员的提交，验证通过之后再推送到主代码仓。

这种方式看起来烦琐，但实际上和主干分支模式很相似。它也有一个长期的开发分支，就是主仓的 master 分支。不同之处在于，它提供了一种对主分支更严格的权限管理方式，即只有主仓管理人员有权限推送代码。同时，主仓不需要有功能分支，功能分支可以存在于个人仓中。所以，主仓干净，便于管理。

这种方式对开源项目非常方便，但缺点是步骤烦琐，不太适用于公司内部。

方式三：由功能分支组成的发布分支工作流

这种方式基于功能分支进行开发工作，并灵活地把功能分支组合为发布分支。它的典型代表是阿里云效的“分支模式”。

具体方法是利用工具对分支管理实现高度自动化。开发人员在 Web 界面上自助产生功能分支。编码完成后，通过 Web 界面对功能分支进行组合，产生发布分支并验证和上线，上线之后分支才会自动合入主库。

这种方式的优点总结如下。

- 基于功能进行开发。开发人员可以快速产生功能分支进行编码、验证工作。
- 灵活。能够方便地对功能进行组合并发布到对应环境中进行测试和发布。出了问题，可以方便地添加或者删除功能分支。

这种方式的缺点是对工具的依赖比较高。同时，该方式大量封装底层的实现，使得开发人员不清楚底层的情况，在出现问题时不太容易解决。

19.4　如何选择、应用分支管理策略

首先，高效的分支管理策略遵循以下几条基本原则：

1）尽量减少长期分支的数量。这个原则可以简化流程，降低出错率。

2）代码尽早合并回主仓。这个原则让我们可以使用 CI/CD 等方法提高代码的质量。

3）无论使用哪一种策略，都要严格规定管理流程，最好通过工具帮助执行。

其次，这几种管理方式根据自身特点又各有其适用场景。要找到适合自己团队的分支管理策略，需要结合它们的优缺点，根据实际情况进行选择。表 19-1 是对这些方式优缺点的简单总结。

表 19-1 几种常用代码分支管理策略优缺点的简单总结

方 式	优 点	缺点、要求
主干分支，无功能分支	简单，可以进行极致的 CI	对团队成熟度要求比较高； 需要功能开关，提交原子化
主干分支，有功能分支	简单，小团队容易上手	容易出现集成时间推迟
Git-flow	流程严谨，适合较大规模的团队	流程复杂易出错，合并费时
Fork-merge	主仓干净，权限易于管理	操作复杂，不适合团队内部
由功能分支组成的发布分支	灵活，分支对应需求	对工具依赖较高，开发人员不清楚底层实现

最后，给出选择、应用分支管理策略的一些常见问题及解答。

1）代码合并时是否使用 merge？

代码在合并到主干的时候，有 rebase 和 merge 两种方式可供选择。通常来说 rebase 的优势更明显，但使用 merge 也有一定好处。第一是解决冲突工作量比 rebase 小，第二是可以清晰地在分支里看到一个功能的所有提交。而在 rebase 中，一个功能的提交往往是分散的。如果团队规模很小，产品处于 POC 阶段，merge 会比 rebase 更方便一些。

2）是否使用单分支开发方式？

单分支开发集成早，质量比较好，不过对团队成员成熟度以及流程自动化程度要求都比较高。所以，如果你的团队规模比较小，或者成员比较有经验的话，应该尽量使用单分支开发方式。另外值得一提的是，即使选择多分支开发模式，也要想办法把集成提前。

3）如果提供功能分支让成员共享，应该在何处建立这个分支？

如果团队规模不大，可以允许在主仓创建功能分支，不过要注意定时删除不再使用的分支，避免影响 Git 的性能。如果团队规模较大，可以考虑使用 Fork-merge 方式，在上面提到的个人代码仓里创建功能分支，从而避免对主仓造成污染。

19.5 小结

本章讲述分支管理策略，着重讨论了大代码仓下的共主干分支管理发布策略。这种开发方式结合代码原子性的研发模式对提高研发效能作用很大，可以说是 Facebook 高效研发的基石，建议每个希望提高研发效能的团队可以考虑使用这种模式。

最后我再从个人角度介绍一下使用这种方式工作的体验。

Facebook 要求每个开发人员都要使用这种主干分支开发方式。它强迫我们把代码进行原子化，尽量确保每一个提交都尽快合入 master 分支。说实话我一开始并不习惯，因为短期内会带来一些不便。然而习惯后，我发现它的确很棒。

首先，我需要对代码进行拆分，这帮助我提高了功能模块化的能力。其次，因为 master 里面的提交一般都比较健康，并且是比较新的代码，所以我的开发很少会被不稳定的因素阻塞。最后，线性提交历史对我的日常工作也很有帮助。例如，在开发的过程中碰到一个本来工作得很好的 API 在拉取到最新代码之后出现了问题，可以使用折半查找去快速定位问题。

所以，一个流程设计、实施得好，对产品来说可以提高质量，对团队来说可以提高效能，对个人来说可以帮助成长，一举三得。

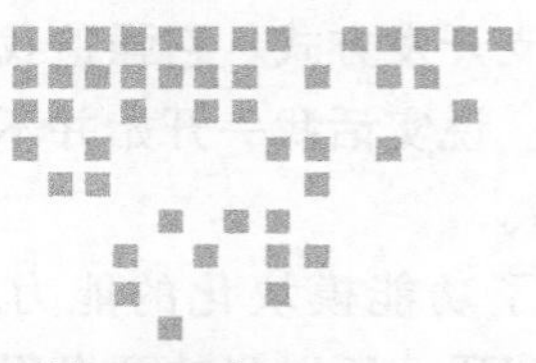

Chapter 20 第 20 章

使用全栈思路打通开发和运维

在优化流程中，打通开发和运维是重要的一环。优化的主要方法有 DevOps 和 SRE，两者都是最近几年软件研发方法的重要发展趋势。

下文会通过 DevOps 和 SRE 的对比，引出它们背后的 Why、How 和 What，即它们的目标、原则和具体实践。然后，我会结合自己在某创业公司的实践经验来推荐如何在团队落地 DevOps。

20.1 DevOps 和 SRE 的异同

因为 DevOps 和 SRE 都与打通开发和运维流程相关，所以常常混淆。比如以下两个常见误区：

- SRE 等同于 Google 的 DevOps；
- SRE 是升级版的 DevOps。

事实上，DevOps 和 SRE 虽然关系紧密，但还是有相当大的差别。

首先，我们给出两者的定义。因为 DevOps 和 SRE 都是比较新的概念，而且仍在不断地发展变化，所以学术界和工业界并未对它们的定义达成一致。我们可以将 DevOps 和 SRE 大致定义如下：

- DevOps（Development 和 Operations 的组合词），是一种重视软件开发人员（Dev）和 IT 运维技术人员（Ops）之间沟通合作的文化、活动或惯例。它通过软件交付自动化和架构、流程的变更，使软件的构建、测试、发布更加快捷、频繁和可靠。
- SRE（Site Reliability Engineer，网站可靠性工程师），是一个职位，是软件工程师和系统管理员的结合，主要目标是创建可扩展且高度可靠的软件系统。为达到这个目标，SRE 需要掌握如下相关知识：算法、数据结构、编程、网络编程、分布式系统、可扩展架构、故障排除等。SRE 使用系统和工具支撑其完成工作，比如自动化发布系统、监控系统、日志系统、服务器资源分配和编排工具等，而这些系统和工具往往需要自己开发和维护。

所以，**DevOps 是打通开发和运维的文化和惯例，而 SRE 是 DevOps 的一个具体实践。**它们的相同点在于都是通过打通 Dev 和 Ops 去提高研发效能；区别在于，DevOps 是文化，SRE 是职位。如果要类比的话，**DevOps 与 SRE 的关系，就像敏捷跟 Scrum 的关系。**

理解了 DevOps 和 SRE 的异同后，我们来看它们的目标、原则和具体实践。

20.2 DevOps 和 SRE 的目标、原则

在传统定义中，开发人员和运维人员的利益是存在冲突的。

开发人员的职责是开发功能。功能上线越多，对团队和公司的贡献就越大。所以，开发人员倾向于多开发功能，并快速上线。而运维人员的主要职责是部署功能上线以及保证线上系统的稳定性。对他们而言，新功能上线越多，工作量就越大，服务越容易不稳定，所以运维人员不愿意上线太多功能，也反对快速上线。两者的诉求有显而易见的对立性。

另外，职能竖井划分越明显，这些问题就越严重。在这种情况下，开发人员倾向于写完代码就扔给运维人员，运维人员很少能从开发人员这里获取有效信息。于是，线上问题的修复对运维人员来说就有了更大的挑战，使得他们对部署更加谨慎，不愿意功能快速上线。这又会造成开发人员的不满，形成恶性循环。在极端的情况下，运维团队会设置多而严格的上线检查门禁，限制上线频率，而开发人员则把一些功能“伪装”成 Bug 修复，来绕过针对版本发布的严格检查。

这正是 DevOps 和 SRE 要解决的根本问题：开发和运维这两个角色的目标不一致，导致研发和上线流程不顺畅，最终严重影响软件上线的效率和质量。

要解决这个问题，可以下几个原则和方法。

原则一：协调运维和开发人员的目标、利益

目标、利益不一致，是导致开发团队和运维团队矛盾的根本原因，所以要想办法让两个团队的目标、利益变得一致，让大家愿意主动去解决问题才行。这是整个 DevOps 的首要原则。

实现这个原则的最主要方法是**全栈开发**。全栈开发是指每一个工程人员的工作涵盖了不止一个领域，虽然他专攻这些领域中的某一个，但会对所有领域负责。也就是说，全栈开发人员对产品结果负责，而不是只对某一个具体环节负责，从而实现目标和利益的统一。实施全栈开发主要从以下两个方面入手。

第一，增加新的运维角色，用开发的方式去做运维。

不同于传统运维人员主要关注服务的稳定性和速度，这种新型运维角色负责帮助开发人员快速开发和上线业务，具体工作包括优化流程，提供自助工具。

在Facebook，这个角色由一个专门的发布工程师团队以及一个生产工程师（Production Engineering，PE）团队承担。而在Google，这个角色就是SRE。为了方便讨论，**我们把PE、SRE和发布工程师这种新的运维角色统称为"类SRE"**。

在类SRE的三个角色中，PE和SRE的职责比较类似，他们都较多地参与到了具体产品和项目中。工作任务包括日常运维、紧急响应、工具研发、建设平台化服务体系、容量规划、容量管理以及Oncall等。他们会被指派到具体的产品团队中，深入开发第一线，拿出比较多的时间（Google规定至少50%）进行编程工作，针对性地自动化和优化CI/CD中的流程、工具等。注意，他们的开发工作不是业务开发，而是工具开发和自动化。

和PE、SRE相比，发布工程师则主要负责开发部署工具，以及实施具体的部署过程，而不直接参与具体产品和项目。

类SRE实践能够顺利推进的重点，是找到高质量的开发、运维多面手，即找到具有较强开发能力，又有系统维护、网络问题排查等运维能力的工程师。这也是SRE工作推进的难点。

需要注意的是，引入类SRE角色之后，往往仍然需要一些传统的运维角色，比如网络工程师、系统工程师等，不过人员数量会比以前大幅减少。这些传统的运维角色也使用类SRE提供的工具链提高工作效率。在遇到线上问题时，开发、类SRE和传统运维常常需要合作解决。

第二，将开发人员的职责描述修改为快速开发和上线稳定的高质量产品，让他们也参与到一部分运维工作中去。

开发人员最主要的工作仍然是开发，但会使用类SRE团队提供的工具、流程来自己发布相关的工作，包括代码部署、线上问题定位和处理等。

以Facebook日部署为例，开发人员完成了修复的代码提交后，需要自己去找到提交所依赖的、还没有上线的其他提交，并跟这些提交的作者进行确认，没有问题后才可以一起上线。上线时，开发人员对自己的提交和其所依赖的提交负责，把它们全部发送到日部署流程工具上，然后进行功能验证。在这个过程中，负责部署的发布工程师只使用工具对日部署中的所有提交进行部署，而不是针对个别提交进行单独处理。可以看到，开发人员较多地参与到了整个部署过程中，这正是全栈开发的体现。

另一个开发人员参与运维工作的实践是，让开发人员参与Oncall。开发人员使用BP机或者手机上的Oncall应用，线上出现问题要马上响应，即使半夜三更也要马上起床。这个实践让开发人员和类SRE一起承担解决一线问题的职责。

通过引入类SRE角色和修改开发人员职责描述这两种方法，开发人员和部分运维人员都从原来负责单一职能扩展到负责综合职能（产品的高效研发、上线、运维等），从根本目标和利益上实现了两个角色的对齐。

原则二：推动高效沟通

为了解决开发团队和运维团队因为存在“部门墙”而导致的信息不流通的问题，必须推动高效沟通。具体的实施方法列举如下。

- 设置聊天室（比如 IRC），用于沟通部署进展和问题。
- 引入 ChatOps，通过自动化的方式提高部署相关的沟通。比如，可以让聊天机器人在 ChatOps 聊天室中自动发送发布流程的进展，也可以向聊天机器人询问服务部署进展。这些自动化操作可以节省很多部署人员的时间。
- 把代码提交相关的信息提供给大家自助使用。比如把任务、代码提交、发布的关联关系等在工具中呈现出来，同时提供任务看板、系统监控看板等可视化工具，显示开发、运维重点信息，从而提高运维人员定位问题的效率。

理解了 DevOps 和 SRE 的目标、原则后，我们来看具体的落地实践。

20.3　落地实践

因为 DevOps 的本质是解决开发和运维之间的冲突，所以落地 DevOps 时首先要从人的主观能动性出发，解决这个冲突，然后才是流程和工具。顺序不对，效果一定不好。

具体来说，推荐使用以下步骤进行 DevOps 落地：

1）对团队目标达成共识，并重新定义职责；

2）设计制定 CI/CD、快速反馈、高效团队沟通等流程；

3）引入工具，实现自动化。

下面以我在某创业公司的具体实践来对这些落地步骤进行讲解。当时公司刚成立不久，我的角色是技术总负责人，所以操作的自由度很大。为了提高产品研发的交付效能，即提高团队快速发布高质量软件的能力，我采用了以下步骤。

步骤一：在团队内部统一目标

首先，让研发团队成员明确大家的一致目标是快速、高质量上线 App 及其服务。绩效考评也都以此作为评判标准。

事实上，这个统一目标针对的人群是所有研发人员，而并不仅限于 DevOps 中的开发和运维人员。同时，我尽量将这个共同目标扩展到研发团队以外，比如市场、设计团队等。在推广时，始终注意以公司利益而不是团队职能划分为出发点，获得了 CEO 和其他团队管理者的支持。最终，推广得比较顺利。

步骤二：增加“发布工程师”角色

这个角色相当于 Facebook 发布工程师团队。因为我在部署、运维方面的经验相对丰富，便承担起了这个工作，负责设计、优化产品的开发和上线流程，包括持续集成、持续交付、手动部署流程，以及问题监控流程和 Oncall 机制。

其他开发人员则使用这个流程来部署、上线、监控、解决问题，最终达到提高交付效能的目的。在这个过程中，我作为发布工程师，主要起到“使能”的作用，即日常的部署上线由开发人员自己负责，而我只参与解决一部分运维相关的难题。

步骤三：设计问题沟通流程

在解决了“人”的问题之后，我设计了两个流程。

首先是部署沟通流程。我们建立了专门的聊天室，用于沟通持续集成、持续交付以及手动部署的进展，以确保发布上线流程相关信息的顺畅流通。

其次是部署系统常见问题及解决办法收集流程。在解决完每一个线上问题之后，我们需要记录问题的细节和解决步骤。每个团队成员都可以灵活更改和搜索这些记录。因为很多问题会重复出现，在遇到问题时先到这个知识库查找答案和线索，大幅提高了问题的解决效率。

步骤四：用工具来实现流程自动化

完成了有关人和流程的工作之后，工具的使用就比较简单了。DevOps 相关工具主要包括两大类：CI/CD 工具链和沟通工具。我们当时使用的主要工具如表 20-1 所示。

表 20-1 CI/CD 工具链和沟通工具

任 务	工 具
CI/CD	GitLab+ CodeCI + AWS EC2
任务管理	Pivotal Tracker，后来转为 MeisterTask
监控、分析	Fabric、MixPanel
Wiki、文档中心	Google Docs
问题讨论	邮件、MeisterTask、Slack

通过这一系列针对人、流程、工具的优化措施，整个研发团队实现了全栈开发，做到了成员目标一致、流程顺畅。大家能够聚焦于开发，交付效能非常高。我们实现了后端服务每周上线三次，热修复上线时间 5 分钟，MTTR（Mean Time To Recovery）大概 15 分钟，线上也很少出问题，系统的可用性达到 4 个 9（即 99.99%）。同时，对于开发人员来说，全栈开发机制也优化了开发体验，提升了技术成长速度。

当然，这些实践能够顺利推广，与这是一个小初创公司有一定关系。一方面，公司存亡直接关乎个人利益，所以团队成员更容易做到目标一致；另一方面，一切都在建设期，所以引入具体实践的阻力比较小。如果是在较大的团队，或者职能已经成型的团队，实施的困难会相对较大。这种情况下，建议团队管理者从以下 3 个方面入手：

- 在团队普及全栈开发的理念；
- 在自己所管理的范围内推行全栈开发，做出效果；
- 通过实际运行效果获取公司管理层的支持，让他们了解全栈开发模式为提升研发效能带来的好处，从而逐步改变公司范围内的职责定义和流程。

20.4　小结

DevOps 和 SRE 的目的在于打通开发和运维的“部门墙”。成功的关键在于能否统一开发团队和运维团队的目标，从而解决人的问题。而全栈开发就是一个非常棒的解决方法。简单来说，全栈开发就是让工程师不再只是对某一个单一职能负责，而是对最终产品负责。

事实上，测试工作也是全栈开发的一部分。在 Facebook，没有专门的功能测试团队，而是有一个测试工具团队负责提供测试平台、流程和工具，让开发人员更进一步地对整个产品负责。这种开发人员负责全栈工作、其他职能人员提供支持的工作方式，如图 20-1 所示。

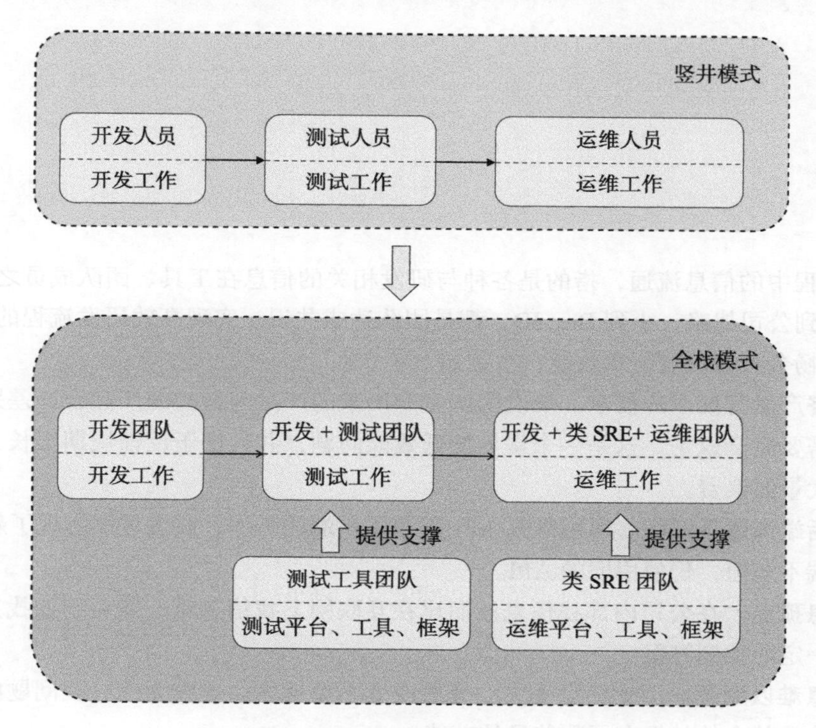

图 20-1　全栈开发方式示意图

另外，云技术，尤其是 Docker 和 Kubernetes 的流行，使得越来越多的底层运维工作被自动化，导致对传统系统工程师、运维工程师的需求越来越少。所以，懂得开发的运维人员会越来越重要；同时，更关注部署、测试，甚至产品的全栈工程师，也会越来越受欢迎。

Chapter 21 第 21 章

研发流程中的高效信息流通

研发过程中的信息流通，指的是各种与研发相关的信息在工具、团队成员之间的流动。这些信息大到公司战略，小到 Bug ID，都是团队达成共识、实现高效研发流程的重要因素。

沟通不畅会大大影响研发效能，举例如下。

- **最终产品背离用户需求**。研发团队生产出来的产品与最初的产品设计差别很大，甚至需要完全返工。这是一个常见的低效能问题，并且由于反馈周期很长，所以会导致大量的浪费。
- **前后端沟通不顺畅**。后端修改 API 阻塞了前端的工作，或者后端实现了新的 API 但前端不知道，仍使用旧的 API。
- **信息孤岛**。在公司内部找信息反而比在互联网上找信息难，需要到处找人询问，还不一定能找到答案。
- **信息难以溯源**。历史信息丢失、分散或者不可搜索，导致无法寻找问题的源头，难以确认某个软件发布了哪些具体功能。
- **工作干扰大**。研发工作常被实时聊天信息、电话等打断，刚整理好的思路又得重新梳理。

要做到高效信息流通，总结来说，要从以下三个方面入手：

- 首先，从人入手，建设共享文化，鼓励共享行为，使信息共享与团队成员利益一致，从而让大家愿意共享；
- 其次，在流程和工具方面，对研发相关的信息，按照种类有针对性地设计共享方式，让信息在流水线上的流动实现自动化；
- 最后，在沟通技巧上下功夫，掌握高效沟通的原则，根据场景选择恰当的沟通方式和工具。

21.1 团队成员愿意共享是有效沟通的前提

与上一章提到的团队协作一样，激发人的主观能动性是最重要的。不解决人的意愿问题，流程、工具再好，也用不好甚至用不起来。所以，让团队成员愿意共享，是有效沟通的前提。那么，如何才能调动起团队成员共享消息的意愿呢？

要让团队成员了解信息沟通的重要性

软件开发由于需要多人协作，沟通的重要性不言而喻。但有相当一部分开发人员，尤其是初级开发人员，因为欠缺工作经验等原因，不愿意和别人沟通，甚至意识不到信息流通的重要性。

所以，作为团队管理者，我们要在团队内强调沟通的重要性，并对不愿意沟通的成员，比如新员工，提供额外的帮助。作为开发人员，我们要主动克服不愿意沟通的倾向，比如在对需求有疑问时提醒自己，如果现在花一小时的时间去沟通，很可能会节省后面三天的时间。

建设机制，鼓励共享的行为

有了沟通很重要的共识，就有了实现顺畅沟通的基础。下一步，同时也是更重要的一步是，我们要**在团队内部建设机制，鼓励共享的行为，从而形成共享的文化。**

简单来说，就是让信息共享和每个成员的利益紧密联系起来。这样做，可以帮助我们解决最终产品背离用户需求，以及前后端沟通不畅导致返工等低效能问题。这一类问题的共同点在于，负责整个产品或功能的成员没有紧密合作，在按职能划分的团队中尤其容易出现。因为职能部门的成员在职能线上向上汇报，最关注的往往是职能部分的完成情况，而不是整个产品或功能的进展。

一个比较有效的解决办法是，**按照产品或者功能划分团队，让团队成员直接对产品或者功能负责**，Facebook 和 Spotify 等很多高效能公司使用的就是这种方法。Spotify 把这样的团队称为小分队（squad）。

一个小分队负责一个产品或者功能，人数通常不超过 15，包括产品经理、UI 设计、数据科学家、前后端开发人员。小分队的工作重心是把产品和功能做好，这也就意味着只有把产品和功能做好了，每个人的绩效才会好。在这种情况下，沟通就和自己的利益紧密相关，所以大家会通过主动沟通去推动产品和功能的开发。比如，产品设计得慢了，开发人员就会催促询问，看有没有自己能够帮得上忙的地方。又比如，前后端开发人员会有更多交流，以确保功能能够快速上线，基本上不会出现类似前面提到的后端实现了一个 API，但是前端不知道的低效情况。

这种划分小分队的方法效果很好，但是因为涉及改变公司的组织架构，阻力往往比较大、推进比较缓慢。所以我们常常还需要**在按照职能划分的团队内迅速提高团队成员的沟通意愿**。有一个比较有效的办法：虚拟团队。在微软的 Office 组工作时，我所在的团队常常使用这种方法。后来我把它应用在了其他公司，效果都非常好。

具体办法是，**给每个功能设计一个虚拟团队**，该团队包括产品、设计，以及相关的开发人员。之所以说是虚拟团队，是因为它并不存在于公司的正式组织架构里。对每一个虚拟团队，我们需要明确提出这个团队的职责是要做好哪个功能，从而推动成员的沟通意愿。具体实施方法可以很灵活。以我在某初创公司的实践为例，我当时使用的主要方法如下。

- 给每个虚拟团队建立一个专门的聊天群，让大家在这个群中沟通这个功能的相关问题。
- 我每周会收集每个虚拟团队的工作进展，以此来推动产品维度的进展。即使我不会去看这些工作进展的细节，仅仅是这一个收集的动作，就可以促进虚拟团队的沟通。
- 在每个虚拟团队，采用毛遂自荐的方式选出一个负责人，进一步推动沟通。这个责任人隶属哪个团队不重要，可以是产品经理、开发人员、测试人员、运维人员。

说到这儿，读者可能会有一个疑问，**如果我想采用虚拟团队的实践，但是对非开发部门没有管理权，如何处理？**事实上，我在推动这个虚拟团队的时候，只负责管理前后端开发人员，对产品、运维等团队没有管理权。但因为这个虚拟团队和其他团队不存在利益冲突，而且流程很轻，所以其他团队的主管并没有任何反对，进展很顺利。

在团队成员有了主动沟通的意愿之后，我们就可以开展下一步工作了，即设计流程和使用工具，推动研发信息高效沟通。

21.2 设计流程和使用工具，推动研发信息高效沟通

这一步的关键在于确认研发流程中的重要信息，然后针对性地设计合适的流程，并选用恰当的工具。

对提高研发效能起到关键作用的信息，主要分为 4 种。下面以 Facebook 的具体实践为例进行讲解。

战略目标相关的信息

这一类信息的处理原则是尽量公开。只有当团队成员清楚公司以及团队目标时，才更容易把自己的目标与之对齐。这也是 OKR 最近几年特别流行的一个重要原因。

Facebook 每年都会召开一次全体员工大会，详细列举公司的战略目标；每周还会有一个 Q&A 会议，每个员工都可以参加，马克·扎克伯格会出席并回答员工提出的各种问题。这些举措，都促进了员工对公司战略和目标的深入理解。

代码相关的信息

这一类信息的处理原则也是尽量公开。代码是最直接的参考，是最实时的文档。Facebook 基本所有的代码仓，都对全部开发人员公开。更进一步地，开发人员不但可以阅

读其他团队的代码，还可以主动去修改、提高他们的代码，只要修改得当，就会被接受。

在国内，由于IP保护不力等客观原因，绝大部分公司不愿意把代码对所有员工公开，这也可以理解。不过，我还是建议在不泄露核心机密、不影响核心业务的前提下，尽量扩大代码公开的范围以及受众人群。

选择共享代码的工具和方式，基本原则是便于查找，并在进行开发工作的主要入口（比如IDE、命令行工具、Web浏览器）提供接口。

以Facebook为例，他们使用Phabricator的Diffusion子工具，方便团队成员在网页上浏览和查找代码仓的历史；在代码搜索方面，他们自研了一个内部工具，对主要代码仓的代码进行几乎实时的索引，开发人员可以通过网页浏览器、命令行，以及IDE的插件使用代码搜索功能。

高效的代码浏览和搜索对研发顺畅很重要，推荐在这方面进行投入。

研发过程中用到的各种文档

这些文档，包括产品设计文档、开发设计文档、测试文档、部署流程文档等。确保这一类信息高效流通的比较有效的原则是：使用统一的工具，方便大家添加、修改、查询这些文档。

在Facebook，每个产品团队可以选择自己的文档管理方式。总的来说，绝大部分团队主要使用公司统一的Wiki来进行松散的文档管理，既方便添加、修改，也方便搜索。而对于那些比较正式的文档，有些团队会使用类似Quip的共享文档系统进行管理。对于这种文档管理方法，有两点值得强调。

- 第一，文档的管理流程由每个小的功能团队自行决定。比如10个人左右的小团队，因为他们的共同目标是尽快开发好产品，所以会主动寻找合适的方式和工具。
- 第二，绝大部分Wiki和Quip管理的文档都是全公司公开的，所以团队之间也可以很方便地找到其他团队的相关文档，避免信息孤岛的问题。

各种标识信息

在整个研发流程中，各种工具之间流动着多种标识信息，包括任务工单、代码提交号、版本号、代码审查ID、测试用例ID、Bug ID，等等。**管理这一类信息的有效方法是，各种工具通过提供API，做到服务化，形成工具之间的网状连接**，以方便开发人员在工具链上快速获取需要的各种信息。

下面用一个热修复的具体案例来说明这种高效利用标识的过程。

开发人员写好热修复的代码提交后，需要去发布工具网站填写这个提交的Commit ID，申请进行热修复。热修复发布工具根据Commit ID，找到对应的代码审查ID以及Bug ID，自动显示到这个网页上。同时，这个工具还会自动找到热修复提交所依赖的那些还没有发送到生产环境的提交，并显示出它们的信息。

有了这些信息，开发人员就可以方便地检查自己的热修复，然后点击确认，正式发送热修复申请。最后，热修复发布工具自动选中这些提交，把它们都部署到一个热修复环境上进行验证。

整个流程涉及的服务和工具包括：代码仓服务、代码审查服务、Bug 管理系统、测试验证服务、发布上线服务等。这些工具具有信息高度互通以及自动化的特点，使得开发人员和运维人员能够以最快的速度获取各种信息，避免烦琐而且容易出错的手工操作，从而迅速、安全地完成热修复的部署。同时，这也就解决了信息溯源难的问题。

通过对研发流程中重要信息的管理，以及对应的高效沟通方式，我们实现了研发信息流通的顺畅性，进而实现了团队的高效协作。

最后，我们再来了解具体的沟通工具的选用技巧。

21.3 沟通工具的选用技巧

在研发团队沟通过程中，有多种不同的工具可供选择。这些工具在实时性、可追溯性，以及对他人的干扰程度上大有不同。我们应该根据沟通的具体场景进行选择，在满足沟通的实施性、可追溯性的前提下，尽量避免对他人的干扰。

沟通方式分类和比较

表 21-1 是几种常见沟通方式的特点比较。

表 21-1 几种常见沟通方式的特点比较

	实时性	方便追溯性	对他人干扰程度
面对面	最好	无	大
电话、IM	好	差	大
邮件	中	中	小
任务工具的讨论功能	中	好	小

可以看到，不同的沟通方式之间差别很大，我们应该根据具体场景去选择最合适的一个。但在现实工作中，有一个不好的趋势，就是大家都倾向于追求沟通的实时性而忽视可追溯性，同时不太在意是否对别人造成干扰。于是大量使用即时聊天工具和电话，这个情况在国内尤其严重。很多公司完全使用即时聊天工具，比如微信、钉钉等，基本上放弃了邮件等其他方式。

这种沟通方法如此流行的原因显而易见，每个人都希望自己的问题能够马上得到反馈。不过，短暂的好处却带来了长远的利益损失，主要表现在以下两个方面。

- 问题难以追踪。在聊天群里讨论问题时，问题只要一多马上就乱，很难找到之前的相关内容。
- 对他人干扰很大。举一个极端的例子，有公司做过调研，数据显示开发人员平均每 8 分钟就会被打断一次。这种情况下的研发效能自然不可能高。

合理选择沟通方式

解决这个问题的办法很简单，就是要求大家针对不同的情况，对实时性、可追溯性，以及对他人的干扰程度进行综合考虑。

- 如果问题不紧急，尽量使用邮件，避免使用即时聊天工具和电话。为了确保大家能够及时回复邮件，可以在团队内规定检查邮件的频率，比如每天至少检查一次或者两次。
- 如果问题紧急，使用即时聊天工具、电话。
- 如果要讨论的问题比较复杂，或者是非常紧急，则直接选择电话，或者面对面沟通。
- 针对某个任务进行讨论时，最好使用任务工具中的讨论功能，同时通过 @ 的方式来告知相关人员。大部分工具都可以通过配置，在出现 @ 时自动发出邮件通知对方。所以，如果不是紧急任务，都可以采用这种方式。

选择恰当的沟通方式及工具，不仅可以大大减少员工间的互相干扰，还可以提高问题的可追溯性，对保证研发流程的顺畅有很大帮助。

21.4　小结

实现高效沟通的首要问题，是团队成员的沟通意愿问题。要让大家愿意沟通，应该通过与利益挂钩的方式，在团队内部建设机制，鼓励共享的行为，从而形成共享的文化。

其次，针对研发流程中流动的各种信息，应该根据类别，有针对性地设计流程、选用工具，在团队中实现最大程度的共享。比如，公司的战略目标、代码、文档、流程等信息尽量公开；再比如，使用统一的工具，方便团队成员添加、查询有效信息。

最后，在平时的沟通中，要权衡实时性、可追溯性以及对其他成员的干扰程度，来选用工具和沟通方式。

开发人员大多在沟通上有所欠缺，有时甚至认识不到沟通的重要性。然而在研发过程中，信息的缺失对研发效能有巨大的负面影响。试想一下，如果没有搜索引擎的帮助，我们编写代码的效率会下降多少？所以，在信息沟通上多花些时间、精力，对团队和个人效能的提升都大有裨益。

第四部分 Part 4

团队高效研发实践

前面三部分分别介绍了研发效能综述、个人高效研发实践、研发流程优化，在这一部分中我们来讨论团队高效研发实践。

我们会针对开发、测试、运维步骤中的以下重点实践展开详细讨论：

- 建设高效研发环境，让研发人员不用操心环境，专注于提供价值的任务；
- 实施高效代码审查，提高产品质量，提高个人能力，促进知识共享；
- 合理处理技术债，实现获取竞争优势与长期发展之间的平衡；
- 合理利用开源，提高代码产量、质量，提高公司声望；
- 充分发挥云计算优势，提高研发体验，提高服务可靠性和资源利用率；
- 利用测试左移，适应快速研发模式；
- 选择高效部署发布方式，应对快速部署方式带来的挑战。

最后，我们对高效工程实践的趋势做一些大胆的预测和解读。

第 22 章 Chapter 22

研发环境：让开发人员不再操心环境

正如低劣的空气质量和食物质量会影响我们的身体健康一样，不理想的研发环境会严重降低研发效能。举例如下。

- 开发人员使用的电脑配置太低，运行太慢，编译一次要 10 分钟；
- 测试环境不够用，上线时熬夜排队等环境；
- 工具零散，不成系统，很多步骤需要手动操作，开发思路常常因为流程不连贯而被打断；
- 团队成员的环境设置质量参差不齐，有个别开发人员环境配置得比较好，效率比较高，但没有固化下来，其他团队成员用不上。

要从全局解决开发人员操心环境导致的效能低下问题，我们需要全面研究和提高研发环境。

在前文关于“持续开发”的讨论中，我们已经对获取开发环境做过一些介绍。这里我们讨论一个比开发环境更大的话题：研发环境。研发环境是开发环境的超集，范围更广，包括整个研发过程中的各种子环境，举例如下：

- 开发机器；
- IDE；
- 开发过程中使用的各种工具、数据和配置；
- 本地环境、联调环境；
- 测试环境、类生产环境。

Facebook 有一整套高效的研发环境系统。下面我们就基于 Facebook 的实践，针对上述几个环境进行讨论，总结提供高效研发环境的原则。同时，我也会给出一些我在其他公司的具体实施案例，帮助读者加深理解。

22.1 开发机器

Facebook从不吝于在开发机器上投资。每个开发人员除了有一台笔记本外，还在远程数据中心有一台开发机器。数据中心的机器用于后端及网站的开发，为方便描述，下文称之为“后端开发机”。而笔记本有两个用处：一是用来做移动端App的开发；二是作为终端，连接到后端开发机进行工作。

两台机器的配置都非常强。后端开发机起初是实体机器，后来为了便于管理和提高资源利用率，逐步转为虚拟机，但不变的是配置始终强大。在2015年，绝大部分机器配置都能达到16核CPU、144GB内存。笔记本则有两种选择，一种是苹果的MacBook Pro，另一种是联想的ThinkPad，都是当时市场上顶配或者接近顶配的机器。

后端开发机的获取和释放是通过共享机器池以服务化、自助化的方式完成的，详情请参考前文研发流程的相关内容。笔记本是由IT部门统一设置和发放。它预装了最常用的软件以及一套自动更新的系统。另外，公司园区还有多个提供笔记本现场维修服务的服务台。

22.2 IDE

Facebook持续在IDE上投入，不断提高其功能、一致性及一体化体验。下面以后端和网站的开发为例来详细说明。

Terminal上的编辑器

因为代码存放并运行在后端开发机上，所以在2012年以前，绝大部分开发人员通过SSH远程登录到后端开发机，使用Vim/Emacs这类能在命令行终端运行的编辑器工作。也有人尝试在笔记本上远程挂载后端开发机上的文件系统，使用本地GUI的IDE，但总是有卡顿，效果不好。

在这种情况下，公司首先采用的提效办法是提高命令行编辑器的体验，把Vim/Emacs配置成类似IDE的工具，将最常见的功能（如代码搜索、代码跳转、代码调试等）集成进去，效果还算可以。

不过，与GUI形式的IDE相比，这种命令行的工作方式始终有一些局限性。比如，不便和其他工具服务集成，需要记忆大量快捷键，在显示形式上不够丰富导致用户体验不够好，等等。所以，Facebook持续投入研究GUI形式的IDE。

Web IDE

第一个成型的GUI IDE是一个Web IDE，也就是在数据中心运行一些Web IDE服务。这些IDE服务连接到开发人员的后端开发机上获取代码，同时提供网页界面，供开发人员使用浏览器进行开发工作。这种专门的IDE服务解决了远程文件夹挂载的卡顿问题，同时跟其他服务集成起来也很方便。

比如，它与 Phabricator 的代码审查功能做了深度集成，在 IDE 的编辑窗口中，使用内联（inline）的方式显示代码审查的讨论内容。也就是说，在两行代码之间展开一个额外区域，用于显示讨论内容。类似的，它还与代码搜索服务、代码跳转服务、代码调试进行了集成，甚至还跟 CI/CD 工具链的发布工具进行了集成，非常方便。

到 2014 年，Facebook 的大部分开发人员逐渐转移到这个 Web IDE 上去了，体验很不错。Web IDE 并没有开源，如果你想深入了解 Web IDE，可以参考 Eclipse Che[1]项目。

Native IDE

尽管 Web IDE 已经很方便，但基于网页的 IDE 在易用性和安全性上终究还是有一些局限，所以 Facebook 继续加大在 GUI 形式的 IDE 方面的投入，最后选择使用 Electron 框架实现了一个原生的 IDE，也就是 Nuclide[2]。

Nuclide 的工作原理和 Web IDE 基本一致，都是在数据中心运行 IDE 服务，IDE 的前端则运行在本地笔记本上，通过与 IDE 服务连通实现代码编辑等功能。只不过 Nuclide 的前端是运行在笔记本上的原生 Electron 应用，而 Web IDE 的前端是运行在笔记本上的网页浏览器而已。Nuclide 的功能比 Web IDE 更强大，易用性也更好，同时因为不依赖于浏览器，安全性也更好一些。

开源 Native IDE

Nuclide 的开发效率很高，但是需要投入较多成本进行开发与维护。而这时 VSCode 异军突起，提供了 Nuclide 能够提供的大部分功能，并具有更完整的生态。于是在 2018 年年底，Facebook 停止了对 Nuclide 开源项目的维护，转而使用 VSCode，并在上面进行二次开发。这样，Facebook 实现了在保证高效 IDE 环境的同时，降低工具投入成本。

以上就是 Facebook IDE 的实际演进过程。可以清楚地看到，Facebook 非常重视 IDE 能够给开发人员带来的效率提升。

22.3　本地环境与联调环境

关于 Facebook 的本地开发环境，前面章节已经介绍过，主要就是加快本地构建，合理使用生产环境的数据，这里不再重复。

至于联调环境，前面也简单提到过，有一个沙盒环境系统帮助研发。具体来说，在代码提交到 Phabricator 上进行审查的时候，Phabricator 会调用这个沙盒系统创造出一个沙盒环境，运行正在被审查的代码。这个系统是用机器池实现的，也是一个自助式服务，开发人员在不使用 Phabricator 的时候，可以直接调用 API 来生成沙盒环境。

---

[1] https://www.eclipse.org/che/。

[2] https://nuclide.io/docs/quick-start/getting-started/。

本地环境和联调环境是开发中使用频率最高的环境，对持续开发很重要。下面分享两个其他公司的实施案例。

案例一：搭建本地环境

这个例子来自我在Stand公司的项目实施经历。Stand的业务规模小，因此并没有使用微服务。它的主要服务只有单体的网站后端服务、数据库服务RDS（MySQL）和Neo4j、缓存服务Redis以及一些数据监控服务等，相对来说比较简单。

我们的目标是尽量在本地开发机（笔记本）上直接工作。具体做法是让这些依赖服务尽量在本地开发机器上运行。实在不能在本地运行的，要么在本地环境运行时不调用它，要么就在调用它的时候传递额外的参数，表明这个调用来自开发环境，而被调用的服务则针对这样的调用进行特殊处理，从而达到不污染线上环境的效果。

这是一个很常见的办法，简单，而且效果也不错。不过，它的缺点是本地环境数据跟线上环境数据有区别。我们采取的解决办法是定期从生产环境复制一份数据到本地。

如果你的系统采用的是微服务，则可以采用以下三种常见方法。

1）直接在本地开发机上运行所有依赖服务。使用docker、docker-composer是比较方便的办法。这种方法在本地开发非常便利，但是在环境复杂的情况下往往不容易实现，同时对开发机器的配置要求比较高。

2）团队维护一个环境，让大家的开发环境接入。开发人员在本地开发机上只运行自己开发的服务，需要调用其他服务时就使用这个共享环境中运行的服务实例。这种方式对开发机器要求不高，但需要团队维护这个环境，并且一般来说大家需要经常更新该环境中的服务，整个环境容易不稳定。

3）使用服务虚拟化工具（比如Mountbank、WireMock）来模拟依赖的服务。可以参考“微服务环境下的集成测试探索（一）——服务Stub & Mock”[⊖]一文来了解WireMock的使用方法。

案例二：提供联调环境

这个例子来自我在另一家公司带领效能团队为一个云产品团队提供服务的经历。这个云产品结构非常复杂，有十多个服务，至少需要3台服务器；不仅有软件，还有数据、组网等复杂的设置，部署很困难；更麻烦的是，这个环境一旦损坏就很难修复，需要从头再来。所以开发人员基本不可能自己配置，运维人员也是忙于维护，无法为开发人员提供足够的环境进行联调。

针对这个问题，我们效能团队实现了一个联调环境的自助式获取系统。该系统使用机器池的办法来实现，不过，这个机器池里的单元不是单个机器，而是由3台机器组成的整体环境。这个环境在使用之后会自动回收、销毁。同时，我们要确保机器池中始终有两套

⊖ https://juejin.cn/post/6844903548849766413。

空闲环境。不够就补充，多了就删除，以保证既可以快速获取环境，又不会因为有太多空闲环境而造成资源浪费。

另外，每次有了新的稳定版本，运维人员都会更新脚本，并重新安装和配置系统，保证开发人员能够在稳定版本上进行联调。

这样就解决了团队开发人员的环境问题，将获取环境的时间由2～4个小时缩短到了几分钟。

22.4 开发过程中使用的各种工具、数据和配置

除了IDE，开发过程中还会用到其他工具，比如代码搜索、发布部署、日志查看工具等。这些工具的组合可能与我们理解的开发环境不大一样，但事实上它也是一种广义的开发环境，对开发效率影响很大。

这部分环境的优化主要是使用工具之间的网状互联来提高效率，具体可参见前文的相关内容。这里，我想强调Facebook的另一个重要实践：**重视开发体验，将开发流程中常用步骤的自动化做到极致。**

下面用一个具体的例子来说明。大家知道，Git的Commit Message（提交说明）是提供信息的重要渠道。但它有一个局限，就是只能存储文本，而图片在描述问题时常常比文字有效得多，也就是我们常说的"一图胜千言"。

为解决这个问题，Facebook采用了以下方式：

1）提供了一个图片存储服务，并为上传的图片提供永久URL；

2）开发了一个端测的截屏工具，截屏之后自动上传图片，图片上传成功之后，自动把图片的URL保存至本地笔记本的系统剪贴板；

3）提供了一个内部使用的URL缩短工具，避免因URL太长占用太多文字空间。

这三个工具集成起来的具体使用场景如下：开发人员写提交说明的时候，如果要截屏描述修改效果，就使用一个快捷键（比如Cmd+Opt+4）激活截屏工具，随后拖动鼠标截屏，然后使用Cmd+v就可以直接把图片的URL粘贴到提交说明了。

这个工作流非常顺畅、高效，不仅被大量用于提交说明中，也经常被用在聊天工具中。后来，我到了其他公司，都会先配置这样一套工具流程。

22.5 测试环境与类生产环境

在测试环境、类生产环境的管理上，Facebook使用一个叫作TupperWare的内部系统，以IaC（Infrastructure as Code，基础设施即代码）的方式进行管理。不过，Facebook并没有开源这个系统。如果你所在公司使用的是Docker，那么可以使用Kubernetes实现类似的功能。

如果你们没有使用Docker，也可以使用HashiCorp公司的Terraform或者Ansible、Chef这类配置管理工具来实现一套干净的环境供团队成员使用，之后再销毁，既方便又不浪费资源。

这里，我再分享一个我在某创业公司的具体环境管理的例子——使用AWS OpsWorks管理压测环境。

当时Docker刚刚出现，还不太成熟，所以我们没有使用Docker，而是选择了AWS的OpsWorks框架。它是AWS基于Chef-Solo开发的一个应用程序管理解决方案，同时支持基础设施的建模和管理。

OpsWorks框架的用法也是声明式的，只不过这个声明不是纯代码，而是在AWS的网页上配置，使用方法和TupperWare类似，即首先定义一个压测环境需要几台机器，需要运行什么操作系统、需要什么负载均衡器、需要什么数据库等。然后，通过OpsWorks上暴露的钩子，使用代码来管理应用的生命周期，从而实现系统和应用的初始化。通过这种方式，我们可以很方便地使用OpsWorks产生一个云主机集群用于压测，结束之后马上删除，方便而且划算。

当然，使用Ansible或者Chef也可以实现类似功能，但需要自己开发更多的东西，这里不再详细讨论。

22.6 提供高效研发环境的原则

通过以上实践可以看出，配置高效的研发环境主要遵循以下几条原则。

1）舍得投入资源，用资源换取开发人员的时间。Facebook之所以从不吝于在开发机器硬件上投入，就是因为人力成本更高。

2）对环境的获取进行服务化、自助化。这一点在开发机器、联调环境的获取上有很好的效果。常见实现手段包括IaC、配置管理系统（比如Chef）、机器池，以及利用弹性伸缩来节约资源。

3）注重环境的一体化、一致性，也就是要把团队的最佳实践固化下来。比如Facebook的一个常见操作是，配置文件统一处理。以Vim为例，将Vim的配置文件存放到网络共享文件夹中，开发人员只要在自己的.bashrc文件中加上一行source /home/devtools/vimconfig就可以轻松搞定。

22.7 小结

本章首先针对研发环境中的几个子环境，详细介绍了Facebook在研发环境方面的具体高效实践。然后，基于这些实践总结了3个基本原则：一是用资源换时间；二是对环境的获取进行服务化、自助化；三是实现环境的一体化、一致性。

这些原则和实践的背后有一条重要思路是，重视环境并持续优化环境。这一点在Facebook的IDE演进上体现尤为明显，从命令行到Web IDE再到Nuclide，最后又开始使用VS Code，一直在不断优化。

以上种种做法使得Facebook开发人员在开发的时候，不用再操心研发环境，需要使用的时候直接到网站上申请即可；而且配置方便，环境中的各种工具、流程都很顺畅，**使得开发人员能够静下心来做开发、写算法，做最能提供价值的事情。**

Chapter 23 第 23 章

代码审查：高效代码审查实践

代码审查（Code Review）是一项重要的团队高效工程实践。硅谷很多效能标杆公司都非常重视代码审查，充分利用它提高代码质量，促进知识共享。比如 Facebook、Google 都要求每一个提交在合入主库之前，必须通过审查。

国内很多软件公司也在引入代码审查：有的直接使用代码仓管理工具（比如 GitHub、GitLab）提供的 PR 功能进行审查；有的则使用专门的审查工具，比如 Phabricator、Gerrit；还有的采用面对面检查；少数公司甚至尝试使用结对编程的方式进行代码审查。

不过真正要把代码审查做好，并不容易。虽然进行代码审查的公司不少，但是真正做好的却不多。大多数公司由于对代码审查理解得不够深入，对审查方法的认识也不够全面，只能简单地去追随一些最佳实践。结果要么推行不下去，半途而废；要么流于形式，花了时间却看不到效果。

下面我们使用两章的篇幅来详细讨论代码审查：本章系统介绍代码审查的作用、分类及选择方法，下一章则进一步讨论如何有效引入、执行代码审查。

23.1 代码审查的作用

要做好代码审查，我们首先必须对代码审查进行深入了解。只有弄清楚其常用方式及适用场景，才能做出正确选择。

首先，我们来看代码审查的定义。代码审查指的是**代码作者以外的人员对代码进行检查，以寻找代码的缺陷及可以提高的地方**。需要注意的是，按照定义，**人工检查才是代码审查**。机器进行的检查通常叫作代码检查或者代码自动检查。

代码审查的作用很多，主要表现在以下五个方面。

作用一：尽早发现 Bug 和设计中存在的问题

我们都知道，问题发现得越晚，修复的代价越大。代码审查把问题的发现尽量提前，自然会提高效能。

作用二：提高个人工程能力

别人对我们的代码提建议，自然能提高我们的工程能力，这一点显而易见。事实上，仅仅因为知道自己的代码会被同事审查，我们就会注意提高代码质量。

作用三：团队知识共享

一段代码入库之后，就从个人的代码变成了团队的代码。代码审查可以帮助其他开发人员了解这些代码的设计思想和实现方式，从而促进知识共享。另外，代码审查中的讨论记录还可以作为参考文档，帮助他人理解代码、查找问题。

作用四：针对某个特定方面提高质量

一些比较专业的领域，比如安全、性能、UI 等，可以邀请专家进行专项审查。另外，一些核心代码或者高风险代码，也可以通过团队集体审查的方式来保证质量。

作用五：统一编码风格

这也是代码审查的一个常见功能，不过，这一功能最好能通过机器检查而不是人工审查来实现。

以上就是代码审查的五个主要作用。下面详细介绍具体的审查方法，针对每一种方法详细讨论其优缺点及适用场景，并根据我的经验给出建议。

23.2　代码审查方法的分类

代码审查有多种方法，按照不同的维度可以有不同的分类。这些是根据团队特点进行选择的基础。

按审查方式分类

按照审查方式，代码审查可以分为工具辅助的线下异步审查和面对面审查两类。

工具辅助的线下异步审查，就是代码作者通过工具将代码发送给审查者，审查者再通过工具把反馈传递给作者。比如，GitHub、GitLab、Gerrit、Phabricator 等工具的审查都采用了这种方式。这是当前最常见的审查方式，应用灵活的话，可以在任何一个团队中取得良好的效果。

使用这种方式的优点，主要表现在两个方面。

- 审查者可以灵活控制审查时间，减少对自己工作的干扰。比如，审查者可以根据自己的日程安排，选择一个小时的时间段来集中处理多个代码审查要求。
- 在工具中的讨论会留下文档，方便事后参考。

相应地，使用这种方式的最大缺点是实时性不好，以及对复杂问题的讨论效率较低。针对这两个问题，一个有效的解决办法是在工具上发出审查要求之后，与审查者进行面对面讨论，也就是下面要介绍的面对面审查。

面对面审查，就是审查者和代码作者面对面阅读代码，进行实时讨论。它的一个极端例子是结对编程，也就是两个人同时写代码。面对面审查的最大好处是快，以及可以高效地审查不方便用文字讨论的代码。比如，架构问题就很适合用这种方式。

不过，面对面审查问题也有缺点，大量使用的话会严重影响审查者的心流，给审查者带来较大干扰。一个降低干扰的方法是，提前预约时间，给审查者一些灵活安排的空间。2010 年之前我在微软工作时，团队就常常使用面对面审查的方式，大家也会提前预约时间。总的来说，这种方式还是可以接受的。

按审查人数分类

按审查人数，代码审查可以分为一对一审查和团队审查两类。

一对一审查，就是审查者单独对代码进行审查。除了面对面进行之外，上面提到的基于工具的异步审查实际上就是最常见的一对一审查方式。

这种方式的好处是，安排起来比较方便，也更容易避免多人讨论时造成的效率低下。

需要注意的是，在这种基于工具的一对一审查中，代码作者通常会把代码同时发给几个人审查，以避免出现由于单个审查者最近过于繁忙而耽误审查进度的情况。这就可能会出现几个审查者同时审查一段代码的现象，造成重复劳动。针对这一问题，常见的解决办法有两个：

- 代码作者明确邀请审查者检查代码的不同部分，或者关注不同方面；
- 审查者在开始审查时通知其他审查者，确保不会重复审查。

团队审查，就是团队成员聚在一起进行代码讨论。这种方式适合专项讨论，比如团队成员集体讨论关键代码。一般会在会议室面对面进行，当然有的团队也会使用电话会议的形式。

团队审查的好处是，大家一起讨论可以检查出更多问题，质量更有保障。但缺点也比较明显，因为要开会，所以很容易出现会议效率不高的通病。解决这个问题，至少应该做到以下四点。

- 会前做好准备。组织者提前发出审查要求和要点，每个参会者提前阅读代码，做好讨论准备。
- 增加一个协调人员，确保会议讨论能够聚焦和按部就班地进行。
- 有会后跟进，最好能够把文字记录存档到可以搜索到的地方，供将来参考。
- 尽量减少参会人数。

当然，这四点适用于所有会议。

按审查范围分类

按照审查范围，代码审查可以分为增量审查和全量审查两类。

代码增量审查是只针对改动部分进行的审查。在一个团队形成代码审查机制以后，通常只会审查新增代码。

这种方式的好处是，能把有限的时间花在最容易出问题的地方。不过需要注意的是，在审查新的代码改动时，一定要同时关注相关的已有代码，比如留意是否会有旧的代码可以被重构的情况。

目前来看，这种方法没有什么明显的缺点。

代码全量审查是对现有代码的全量（比如整个文件夹内的所有代码）进行的审查。

这种方式常见的适用场景有两个：

- 专项检查；
- 在刚开始引入代码审查时，对遗产代码进行一次审查。

这种方式的优点是关注整体质量，缺点是工作量大，不能常常进行。

按审查时机分类

按照审查时机，代码审查可以分为代码入库前门禁审查、代码设计时审查、代码入库后审查三类。

代码入库前门禁审查是把代码审查作为门禁的一部分，要求代码在入库前必须通过人工审查。这也是最常见的审查方式。比如，GitHub 等工具里面进行的 PR 审查就属于这一类；在 Gerrit 工具里，代码入库前必须通过打分才能入库，也是典型的门禁审查。

这种审查方式的优势很明显，如果没有流于形式的话，可以在代码入库前的最后一步拦截问题，从而避免入库后昂贵的缺陷修复花销。

但这种方法也可能会由于太过死板而导致代码入库效率降低。比如，仅仅做了错别字修改的紧急提交可能会因为等待代码审查而推迟入库。

我们可以通过引入灵活的机制来解决这个问题。比如，Facebook 通过 Phabricator 审查时，有一个办法可以让代码作者绕过审核者直接将代码入库，但是需要通知审核者这样操作的理由。比如："这个修复很简单，我的把握很大，但又很紧急，需要马上通过热修复上线。另外，现在是凌晨一点半，不想把你叫起来帮我审查。"

代码设计时审查就是在设计阶段进行代码审查。这种方式主要讨论代码的架构设计是否合理。因为代码还没有成型，修改成本非常小，代码作者的抵触情绪也很小。如果代码写好后再去审查架构设计，一旦发现问题就会改动较大，甚至推倒重来，非常浪费时间，最后往往为了保证项目进度而不得不放弃修改。

事实上，代码审查更容易发现架构问题而不是 Bug。所以**建议尽量多使用代码设计时审查。**具体的实施方法是，可以使用与门禁审查相同的工具，只是此时发出的 PR 审查的目的不再是入库，而是进行架构讨论。讨论结束后可以立即删除这个 PR。

需要强调的是，代码设计时审查的用处很大，但在实践中却常常因为大家对它不够了解而被忽略。

代码入库后审查就是审查已经入库的代码。有些工具对此有专门的支持，比如

Phabricator 的审计功能（Audit）。

这种方式的好处是，既不阻塞代码入库，又可以对提交的代码进行审查，只要入库代码没有马上上线，风险就很小。实际上，Phabricator 的审计功能是我在 Facebook 时设计研发的，上述好处正是我们当初的意图。如果你使用的工具里没有这个功能，也可以在代码历史浏览工具里，使用讨论的方式来进行。虽然不够方便，但应该也够用。

另外，入库后审查还有一个作用，可以提高遗产代码的质量。

以上就是代码审查的基本方式、特点及适用场景。掌握了这些，我们就可以根据自己团队的特点选择最恰当的方式了。最后，我们来看三个真实的成功选择审查方式的案例，希望能让你有所启发。

23.3 代码审查方法选择的三个成功案例

以下这三个案例在团队规模、引入代码审查的时机，以及使用的代码审查工具、方法上都有所区别，希望可以帮助读者加深对代码审查的理解。

案例一：5 个开发人员组成的初创团队的代码审查实践

这个团队只有 5 个开发人员。从审查方式来看，他们采用的是基于 GitHub 的线下异步审查和面对面审查相结合的办法。这样做的原因以及好处如下。

- 他们的代码仓库在 GitHub 上，使用 GitHub 的 PR 功能直接进行审查可以避免引入额外的工具。虽然 GitHub 不如专业的代码审查工具方便，但足够用了。
- 使用 GitHub 做基本的代码审查所需的配置很少，所以引入的工作量也非常小。
- 在使用面对面审查时，具体方法是在 PR 发出去之后基于 GitHub 进行面对面的讨论，把几个讨论放到一起，而不是无节制地使用面对面审查，从而降低干扰，提高审查效率。

从审查范围来看，从开发第一个 MVP 开始，他们就引入了代码审查，所以后续一直采用代码增量的一对一审查，只是在 App 上线之后，针对登录模块做了一次关于安全性的全量代码入库后检查。

从审查时机来看，他们并没有强制使用代码入库前门禁审查。但是，他们仍然把代码审查作为一个高优先级的任务来做，要求没有特殊原因都要做代码审查。

除此之外，他们做了力所能及的机器检查，比如通过 GitHub 的钩子运行各种 Linter 以及单元测试和一些集成测试，与人工审查互为补充。

以上实践的结果是，这个初创公司从一开始就形成了灵活使用代码审查的文化。在提高代码质量的同时，并没有减缓代码入库的速度。

案例二：30 人团队的代码审查实践

这个团队的代码管理工具是 GitLab，最初没有使用代码审查。因为业务发展太快，代码质量问题越来越严重，所以他们决定引入代码审查。具体做法如下。

他们放弃了 GitLab，直接引入 Gerrit 进行代码仓库管理和代码审查。这是因为 GitLab 的代码审查功能不如 Gerrit 强大。而 Gerrit 同时具备代码仓管理功能，所以没必要同时维护两个系统。

从审查方式和审查人数来看，他们采用的主要是工具辅助的线下一对一异步审查，偶尔使用团队审查。

从审查范围来看，他们只是在引入代码审查的开始阶段，集中团队核心成员对现有遗产代码进行了几次多对一、面对面的代码全量审查。

从审查时机来看，他们将代码审查作为门禁的一部分，严格执行，以保证业务快速发展时期上线代码的基本质量。

在机器检查方面，他们使用 Gerrit、Jenkins、SonarQube 三个工具互相集成，自动化了较多的机器检查。

针对之前出现多次的因为架构问题发现较晚而来不及修复的情况，团队逐渐引入设计时审查这一实践，效果非常不错。

这里需强调一下这个团队在引入代码审查时的一个步骤。他们利用严格的提交说明规范以及 PR 描述规范，来逐步提高代码提交的原子性。这种方法很有效，下章会进一步介绍。

案例三：百人以上团队的代码审查实践

这个团队原本使用 GitLab 作为 Git 服务器。他们没有做规范的代码审查，只偶尔进行团队集中审查，并且只有团队的几个核心成员有审查权。这种方式导致了两个问题：一是审查效率低下；二是这几个核心成员都是技术骨干，因为需要花费大量时间做审查，无法贡献新代码。

在引入代码审查的过程中，为了提高代码审查的效率和体验，他们没有使用 GitLab 做代码审查，而是引入了 Phabricator。具体做法如下。

- 使用 Phabricator 的镜像方式进行代码审查。也就是说，代码仓库仍然是 GitLab，Phabricator 上只有一个用来做代码审查的副本，这样既实现了代码审查，又把对原有 Git 流程的影响降到了最小。
- 因为团队较大，又分散在多个地区，所以大量使用了线下的异步审查流程。为了保证开发人员在等待一个提交审查的同时，还可以做其他开发工作，他们使用了 Git 的提交链和多分支的方法。关于 Git 的这个使用技巧，前面的章节已经做过详细讨论，这里不再赘述。
- 基于 Phabricator 进行代码设计时审查，解决代码仓库规模大导致添加新功能时设计复杂且容易有疏漏的问题。开发人员使用伪代码来表明自己的设计计划，并发出代码审查需求，然后跟审查者进行面对面的讨论或者视频会议讨论。
- 逐步放开权限，让每个团队成员都有权进行代码审查。

- 使用代码审查对新人进行培训，通过严格审查新人提交的代码，来传达团队的代码规则、质量基准等。

采用上述代码审查方法之后，团队降低了开会进行代码审查的频率，提高了代码质量和知识共享程度，也解决了代码审查导致骨干无法编码的问题。

23.4 小结

代码审查对团队产出质量、知识共享以及个人技术成长有很多好处。代码审查方法多种多样，根据不同维度可以分为工具辅助的线下异步审查、面对面审查、一对一审查、团队审查、代码增量审查、代码全量审查、设计时审查、入库前检查、入库后检查等。表23-1列出了这些审查方法的优缺点。

表 23-1 各审查方法的优缺点

分类方式	审查方法	优 点	缺 点
审查方式	线下异步审查	时间灵活，干扰小，易于存档	实时性差
	面对面审查	实时性好	对审查者干扰大
审查人数	一对一审查	安排容易，干扰小	多人同时线下审查容易出现重复工作
	团队审查	讨论深入，审查细致	人数多时，容易造成效率低下
审查范围	增量审查	聚焦重点，效率高	
	全量审查	系统性，专项集中检查	工作量大，不能常常进行
审查时机	代码入库前门禁审查	对于把关入库代码的质量效果很好	太过死板的话，会降低代码入库效率
	代码设计时审查	尽早发现问题，从而大大降低问题修复成本；代码作者抵触情绪小；有效的架构讨论工具	
	代码入库后审查	既不阻塞代码入库，又可以对提交的代码进行审查	有问题代码错过审查而上线的风险

一般来说，绝大部分团队适合引入工具辅助的线下一对一异步审查，在互联网上也有比较多的关于这种审查方式的最佳实践推荐。比如，Google发表的《代码审查指南》就是一个不错的参考。

另外，多使用一些设计时审查，尽早进行讨论，收效一般都不错。

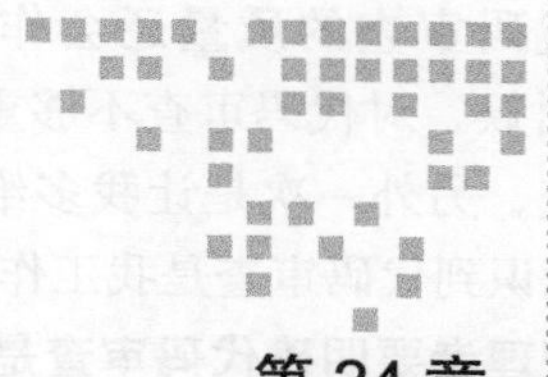

第 24 章　Chapter 24

代码审查：如何有效引入、执行代码审查

上一章详细介绍了代码审查的作用，讨论了代码审查的分类及其优缺点，并给出了一些选择的建议。这一章，我们进一步讨论如何有效引入、执行代码审查。

推行代码审查的确不是一件容易的事。一个经常出现的结果是大家只能简单给一些格式方面的建议。这种流于形式的执行情况让大家觉得代码审查只是浪费时间。

那么，我们应该如何解决这个问题呢？从我在 Facebook 的工作经验以及国内外一些公司的落地实践来看，高效引入、执行代码审查是有迹可循的。首先，要有步骤、有计划地引入代码审查；其次，在推动过程中要使用有效抓手来促进实践的落地；最后，从文化的角度促进、固化代码审查高效执行。

24.1　引入代码审查的步骤和方法

要成功引入代码审查，首先要在团队内达成一些重要的共识，然后选择试点团队试行，最后选择恰当的工具和流程。

步骤一：达成代码审查应该计入工作量的共识

代码审查需要时间，这听起来似乎是废话，但很多团队在引入代码审查时，都没有为它预留时间。结果是团队成员只能挤时间做审查，效果自然不好。而效果不好又导致代码审查得不到管理者重视，开发人员更不可能将代码审查工作放到自己的工作计划中。于是，形成恶性循环，代码审查要么被逐渐废弃，要么流于形式。

Facebook 的研发人员在预估工作量的时候就会考虑代码审查的时间。比如，我平均每天会预留 1～2 个小时用于代码审查，大概占写代码总时间的 1/5。在一些基础平台团队里，这个比例还会更大。

同时，代码审查的质量还会作为个人绩效考评的一个重要指标。比如，我刚加入Facebook的时候，对代码审查不够重视，就收到我的主管的两次反馈。其中一次是让我多给同事做审查，另外一次是让我多给一些结构上的建议，不用太重视语法细节。经过这两次反馈，我意识到代码审查是我工作中实实在在的一部分，于是逐步重视起来。

总之，管理者要明确代码审查是开发工作的重要组成部分，并计入工作量和绩效考评。这是成功引入代码审查的前提，再怎么强调都不为过。

步骤二：选择试点团队逐步落地

对代码审查形成共识以后，下一步是选择试点团队推行代码审查。引入代码审查的一个常见方法是马上在整个团队全面推行。在团队规模比较小，比如少于20个开发人员时，这个方法能够迅速推动实践落地，效果不错。但如果团队规模较大，成员对好的代码审查方法又不是很熟悉的话，往往会造成混乱，效果不好。

比如，大家倾向于按照自己的想法进行审查，这就可能会导致审查者只检查格式或者把个人喜好强加到别人身上的错误做法。**而如果在推行一个实践落地的最初阶段就出现较多负面效果，会让大家对这个实践失去信心。**

所以，在团队规模较大时，我们不应该一上来就大范围实施，而应该先选择试点团队试用，之后再推广。这样做的好处是：一方面，试点团队成员有限，容易推行新的做法；另一方面，有了试点团队的成功案例后，再全面推行就有了可借鉴的经验，会更顺畅。

选择试点团队时，最好是找成员经验丰富、对技术有追求，同时当前所做业务又不是特别紧急的小团队。这些团队的成员有兴趣、有精力，也有能力去学习好的代码审查实践，容易出成果。

步骤三：选择工具和流程，把机器检查和人工审查高效结合使用

有了试点团队之后，下一步到了选择代码审查工具及配置流程的工作。前一章提到，几乎所有团队都适合使用工具进行异步的一对一审查。所以下面的讨论将针对这种审查方式展开。

如果团队本来已经在使用GitLab、GitHub、Gerrit、Phabricator管理代码，那么应该优先考虑直接在这些工具上进行代码审查。因为GitHub和GitLab有基于PR的审查，而Gerrit和Phabricator本身就主打代码审查功能。如果团队没有使用以上工具的话，则需要投入资源引入新工具。除了上面提到的几个，Review Board也是一个不错的选择。

选好代码审查工具之后，我们需要对其配置流程。代码审查通常和CI工具配合使用。以下是一个十分常见的工作流：

1）将代码提交到本地Git仓库；

2）把提交发送给代码审查工具；

3）代码审查工具开始进行机器检查和人工审查；

4）如果审查没有通过，就打回重做：开发人员修改后重新提交审查，直到审查通过后代码入库。

图 24-1 展示了机器检查和人工审查的常用工作流程。

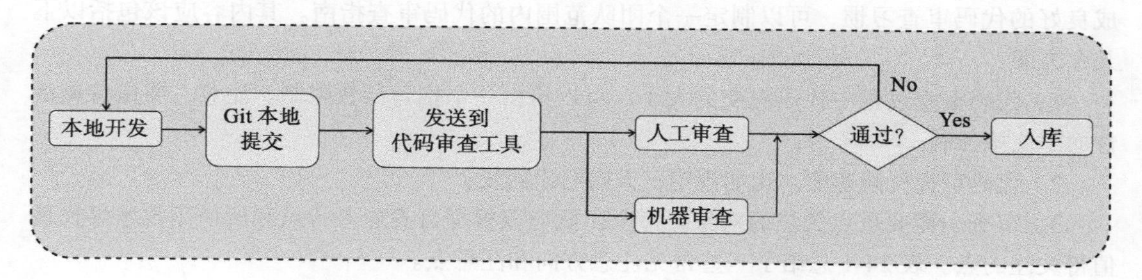

图 24-1 机器检查和人工审查的常用工作流程

至于这个流程的配置，有很多选择。这里给出两个具体例子。

1）使用 GitLab、Jenkins 和 SonarQube 进行配置。具体来说，使用 GitLab 管理代码，代码入库后通过钩子触发 Jenkins，Jenkins 从 GitLab 获取代码，运行构建，并通过 Sonar 分析结果。感兴趣的读者可参考《集成 GitLab、Jenkins 与 Sonar 实现自动代码检查》[⊖]，了解更多内容。

2）使用 Phabricator 作为控制中心，结合原生的 Git Server 进行配置。具体来说，直接使用原生的 Git Server 作为代码仓服务器。用户将改动提交到 Phabricator，进行人工审查，以及通过 Phabricator 提供的钩子和插件机制进行机器检查。审查通过之后，Phabricator 负责将代码推送到 Git Server 上。关于 Phabricator 的配置，请参考其官方文档。另外，这里使用了原生 Git Server 来管理代码仓，我们也可以使用 GitLab 或者 GitHub 代替。

最后，要在这个流程中充分实现高效的代码审查，我们必须把机器检查和人工审查有机地结合起来。参考硅谷的高效实践，以下三点特别值得留意。

1）代码审查者应该把最宝贵的时间投入到逻辑、设计等难以自动化的问题上，至于代码风格、静态检查、单元测试等工作，尽量让机器自动化完成。

2）考虑让人工审查和机器检查同时进行。这个操作乍看起来似乎有违常理，因为如果首先进行机器检查，通过之后再进行人工审查的话，应该可以因为机器检查对提交的过滤而节省人工审查的时间。绝大部分公司也是这样做的。但事实上，人工审查和机器检查的关注点的重合率不高，所以两者同时进行的话，在加快反馈速度的同时，造成的浪费并不大。

3）考虑让人工审查作为整体审查是否通过的唯一标准。也就是说，只要人工审查通过，代码作者或者审查者就可以立即将其入库，即使这个提交的机器检查没有通过，甚至机器检查还没有结束运行。这样做可以充分利用人的灵活性来处理各种特殊情况。

⊖ https://www.jianshu.com/p/e111eb15da90。

步骤四：制定团队代码审查指南

选择工具和流程之后，我们就可以实施具体的代码审查工作了。为了帮助团队快速形成良好的代码审查习惯，可以制定一个团队范围内的代码审查指南。其内容应该包括以下几个方面。

1）代码审查过程中代码提交的大小。可以给出一个推荐行数限制。注意，要保持灵活性而不应该强制。

2）代码审查反馈速度。比如规定三天内给出回复。

3）审查中需要重点关注的对象。每个团队应该根据自身业务特点和所使用技术寻找最值得关注的点。表 24-1 总结了一些常见注意方向和注意点。

表 24-1 常见注意方向和注意点

注意方向	注意点
设计	逻辑是否合理
	改动是否位于正确的位置、时间、方式
功能	是否与需求实现目标一致
	对用户是否友好
	是否经过了开发自测
复杂度	是否易于理解
	是否避免了过度工程化
测试	是否经过了 PASS 和 FAIL 两方面的测试
	是否遵循测试金字塔原则
异常处理	是否在合适的抽象层对异常、错误进行了处理，处理方式是否合理
命名	是否解释了“是什么”和“做什么”
注释	应该解释某些代码为何存在，而不是做什么，尤其是一些异常算法
格式	遵守团队规定即可，不要重视个人喜好

24.2 推进代码审查的两个关键操作

上面介绍了引入代码审查的四个步骤。下面我们来看在推进过程中，如何高效落地。以我的经验来看，有两个实践最为直接有效，可以作为推进代码审查的抓手：一是注意审查提交的原子性，二是审查中关注提交说明的质量。

操作一：提高提交的原子性

前文多次提到的**代码提交的原子性**，是高效推进代码审查的第一个有效抓手。

在 Facebook，如果提交的原子性不好，在代码审查的时候常常会被直接打回。所以大家对它都很重视，做得也都很好。以我的亲身经历为例。我曾经和一个 10x 程序员合作一个大功能。他将整个实现拆成了 15 个原子性提交，每一个提交的代码量都控制在 500 行以内，结构清晰，条理清楚。我负责审查这 15 个提交。在 3 天的协作过程中，这个同事不断发出审核 PR，我不断反馈修改意见，然后他不断对旧的提交进行修改，同时发出新的 PR 请求。整个审查过程非常流畅，效率很高。

这一段合作经历给我的触动非常大，让我深刻体会到了原子性提交对代码审查的重要性。所以后来我在其他公司推动代码审查的时候都会把它作为抓手，让大家在审查中首先关注原子性。如果一个提交做了几件事，可以不看细节直接打回。这种方法的效果一直很好，推荐尝试。

另外值得一提的是，**在对一个大功能进行原子性拆分的时候，功能开关是一个很好的工具**。感兴趣的读者可以参考马丁·福勒的文章“Feature Toggles”[1]，了解更多内容。

操作二：提高提交说明的质量

提交说明的质量是提高代码审查的第二个有效抓手。好的提交说明应该至少包含以下几个方面内容。

- **标题**，简明扼要地对提交进行描述。这部分内容最好控制在 70 个字符以内，以确保在单行显示 Git 日志时能够完整展示。
- **详细描述**，包括提交的目的、选择具体实现方法的原因以及实现细节的总结性描述。这三个方面的内容最能帮助审查者阅读代码。
- **测试情况**，描述代码作者对这个提交做了什么样的自测验证，具体内容包括正常情况、错误情况的输入输出，以及性能、安全等方面的专项测试结果。这些自测的描述可以大大加快审查者对提交的了解。
- **相关系统信息**，比如相关任务 ID、相关冲刺（sprint，也可翻译为“迭代”）链接及设计文档链接等。这些信息是实现工具网状互联的基础，对快速理解代码也有很大帮助。

提高代码提交说明的质量，可以从审查者和代码作者两个方面同时对代码审查提供帮助。从审查者的角度来看，它可以方便审查者理解代码的意图、实现思路，并提高对代码质量的信心；从代码作者的角度来看，它可以督促开发人员提高代码质量，而代码质量的提高，也能进一步促进代码审查顺利进行。

下面是一个我在某公司逐步提高提交说明要求的具体例子。

在推行这个实践之前，大家的提交说明非常简短。比如，实现一个功能的提交常常只写一句“实现 A、B 功能”；Bug 修复的提交则更简单，通常就三个字母“Fix”。针对这个情况，我采取了以下三个步骤进行调整。

第一步，规定提交说明一定要包括标题、描述、测试情况、任务 ID 四部分，但暂时还

[1] https://martinfowler.com/articles/feature-toggles.html。

不具体要求必须写多少字。比如，测试部分可以简单写一句"没有做测试"，但一定要写。如果格式不符合要求，审查者就直接打回。这个格式要求的工作量很小，比较容易做到，两个星期后整个团队就习惯了。虽然只是在提交说明里增加了简单描述，但已经为审查者和后续工作中进行问题排查提供了一些必要信息，所以大家也比较认可这个操作。

第二步，要求提交说明必须详细写明测试情况。如果没有做测试，一定要写出具体理由，否则会被直接打回。这样做，不仅为审查者提供了方便，还促进了开发人员的自测。一个多月后，整个团队逐渐养成了详细描述测试情况的习惯。

第三步，逐步要求提交的原子性。要求每一个提交详细描述其具体实现了哪些功能。如果一个提交同时实现了多个功能，那就必须解释为什么不能进行拆分。如果解释不合理的话，提交会被直接打回。

这一步实施起来比较困难，原因有大家对功能拆分不习惯或者不熟悉、对Git操作不熟悉等。针对这些问题，我们通过内部培训来提高团队的Git能力和对原子性的理解。同时，我们还先在一个小团队内专门进行原子性的实践，再让这个团队帮助其他团队提高。

大概三个月以后，整个团队在提交原子性方面也提高了很多。于是，代码审查终于真正有效地做起来了。可以看到，在这个过程中，提交说明充分起到了抓手的作用。

另外，在推动团队提高提交说明质量的时候，还有一个Git的小技巧：**可以使用Git的提交说明模板（Commit Message Template）来帮助团队使用统一的格式**。代码如下：

```
# 配置文件：提交说明模板文件 ~/.git_commit_msg.txt
> cat .git_commit_msg.txt
Summary:Test:Task ID: # 将上述文件设置为提交说明模板
> git config --global commit.template ~/.git_commit_msg.txt
# 使用实例：之后git commit 命令自动使用上述模板
> git add app.js
> git commit
Summary:Test:Task ID: # Please enter the commit message for your changes. Lines starting
# with '#' will be ignored, and an empty message aborts the commit.
#
# On branch master
# Your branch is up to date with 'origin/master'.
#
# Changes to be committed:
#       modified:   app.js
```

24.3 推行代码审查的两个关键原则

上面介绍了推进代码审查的两个关键抓手，下面我们介绍推行代码审查时，在文化方面的两个关键原则。

原则一：相互尊重

代码审查是开发人员之间的技术交流，双方都要谨记相互尊重的原则。

从代码作者的角度来看，审查者是在花时间给自己帮忙。所以，代码作者一定要替审查者着想，帮助审查者比较轻松地完成审查。至少做到以下几点。

1）提高提交说明的质量。这是对审查者最基本的尊重。

2）把提交大小控制在一个合适阅读的范围内，减少审查者的心智负担。

3）尽量提早发出审查需求，不要求马上反馈，让审查者能够更好地安排时间，减少代码审查造成的干扰。

除此之外，替审查者着想，在很多细节方面都能有所体现。

1）注意描述文字的格式。比如，使用 Markdown 格式书写，在 GitHub、GitLab 等工具上就会比较美观。这些格式方面的问题，有的开发人员会觉得麻烦而不屑于去做。但实际上，这样的细节也是对审查者尊重的体现。它会让审查者更愿意，也更容易阅读提交说明，从而提高代码审查的效率。

2）在描述测试情况的时候，尽量提供真实的输入、输出，如果是 UI 改动的话，最好能够提供截屏。提交说明只支持文字，但我们可以把图片上传到其他图床，然后提供链接。这样审查者可以更直观地看到修改效果，对审查效率的提高有非常大的帮助。

3）如果想让审查者特别注意提交的某一方面，应该明确指出。如果有代码过于复杂，可以主动找审查者当面讨论。

从审查者的角度来看，在提出建议的时候，一定要考虑代码作者的感受。最重要的一点是，不要用主观标准来评判别人的代码。

我在 Facebook 工作时，团队中有一个同事对一些技术的细节特别坚持己见。本来两个实现方式的效果差不多，设计也各有优劣，但他却总是要求别人按照他的思路来实现。同时，他的语言能力特别强，经常在讨论里面做长篇大论，让代码作者非常头痛，降低了大家的研发效能。最后还是因为大家都在绩效考评时给他不断提意见，他才改了一些。

除了不要用主观标准来评判别人的代码之外，尊重代码作者的常见做法还体现在以下几个方面：

1）在打回提交的时候，一定要礼貌地描述原因；

2）审查要尽量及时，如果不能及时审查要尽快通知代码作者；

3）审查时尽量一次性给出意见，以缩短反馈周期。

相互尊重在代码审查的方方面面都有体现，以上只是其中的几个具体表现而已。我们要随时记得多为对方考虑，才能让代码审查顺畅进行。

原则二：基于讨论

在代码审查执行不好的团队中，大家常常会因为意见不同而发生不健康的争执，甚至争吵。解决这个问题的办法是在审查的过程中谨记**代码审查的目的是讨论，而不是评判**，管理者一定要在团队中强调这个原则。

讨论的心态可以帮助大家在技术交流过程中放下不必要的自尊心，让代码审查可以更加流畅地进行，提高审查效率。另外，这种心态也可以促进大家提早发出审查，从而尽早发现结构设计方面的问题。比如在 Facebook 时，我们常常会发出一些目的只是进行架构讨论的代码审查，待讨论结束之后就会将其抛弃，效果非常不错。

另外，还有一些基于讨论的建议，如下所示。

- 审查者切记不要说教。说教容易让人反感，不是讨论的好方式。
- 审查者提意见即可，不一定要提供解决方案。我曾经见过一个团队要求审查者提出问题时必须给出解决方案，结果大家都不愿意提问题了。
- 想办法增加讨论的趣味性。在 Facebook 做代码审查的时候，我们常使用图片进行讨论，用有趣的方式表达自己的意见。这种"斗图"的方式有两个好处：一是容易被对方接受，二是可以帮助建设良好的团队氛围。

比如，如果审查者觉得代码提交太大，他就可能会贴一张有很多星球的图片。星球按由小到大的顺序排成一行，最左边的是地球，地球右边是木星，再右边是太阳。天体越来越大，最右边一个超级大，但是标签上写的不是星球的名字，而是"你的提交"，如图 24-2 所示。

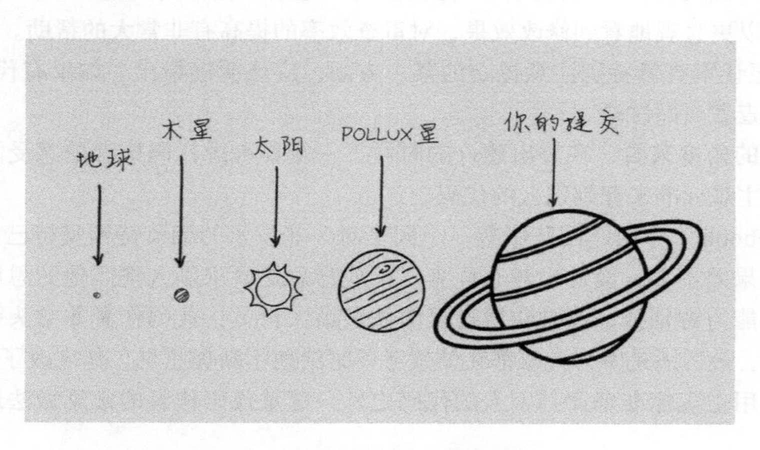

图 24-2 代码审查讨论中的图片

以上就是两个与文化相关的原则：相互尊重和基于讨论。只有依照这样的原则进行代码审查，才能在团队中逐步形成有效而持久的代码审查文化。

24.4 小结

基于 Facebook 以及硅谷其他高效能公司的成功经验，我们可以从引入、推进、深化这三个层面来有效落地代码审查实践。

在引入阶段，可以采用以下四个步骤有序执行：

1）团队统一思想，代码审查是有效工作的一部分，应该计入工作量；

2）选择合适的试点团队；

3）让机器检查和人工审查结合，使得人工审查更聚焦；

4）制定代码审查指南。

在推进实施的阶段，推荐充分利用提高提交的原子性与提高提交说明质量这两个有效抓手。

最后，建议通过相互尊重和基于讨论这两个原则，从文化的角度促进和固化优秀的代码审查实践。

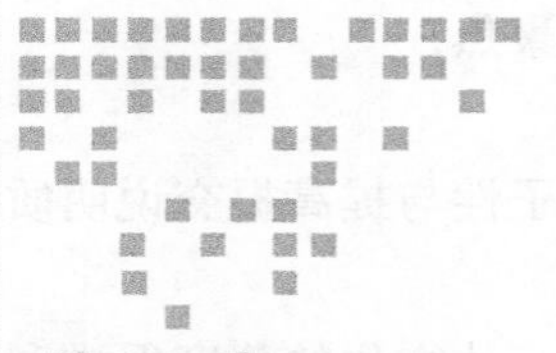

Chapter 25 第 25 章

合理处理技术债：让快速研发可持续

最近几年，一提到开发效率，很多人想到的都是"天下武功，唯快不破"。也就是说，开发过程越快，就越有竞争力。这的确是软件开发，尤其是互联网行业软件开发的不二法则。前面章节中也多次提到，快速开发可以让我们快速获取用户反馈，更快地验证用户价值假设。这无疑是高效开发的重要原则。

于是，我们在工作中常常会为了快速开发而选择各种"捷径"。比如：

1）要开发已有功能的一个相似功能，因为时间很紧就先复制、粘贴，保证功能按时上线；

2）需要在一个函数里增加功能，这个函数已经有 800 行了，加上新功能后会有 1000 行，但重构这个函数是来不及了，先把功能加上去再说。

说这些做法是"走捷径"，是因为它们都不是长期的最优解，都有一些投机取巧。虽然它们的确能让我们在短期内保证快速交付，满足业务发展需求。但如果没有任何补救措施的话，时间长了就再也快不起来了。

1）复制、粘贴方式的编程，会导致后续添加功能时，需要在很多地方做类似修改，工作量大且容易出错；

2）无视函数变大的操作，造成函数的复杂度呈指数级提高，导致后续的修改、调试异常困难。

这些问题都会成为开发工作中的**技术债**，也就是**在开发产品或者功能的过程中，没有使用最佳的实现方法而引入的技术问题**。无疑，技术债会为将来的产品维护和开发带来额外开销，对研发效能三要素中的"可持续性"造成严重负面影响。只有正确地处理技术债，才能让我们的研发持续地快下去。

本章我们详细讨论技术债的成因、影响，以及对应的处理方法。

25.1　技术债的成因

从成因来看，技术债的引入包括主动和被动两种。

- 主动引入，即开发人员知道某一个实现会产生技术债，但仍采用这样的实现。最常见的情况是，由于业务压力，在时间和资源受限的情况下不得不牺牲质量。
- 被动引入，即不是开发人员主动引入的技术债。常见的情况有两种：一是产品不断演化，技术不断发展，导致原先的设计、实现落伍；二是开发团队的能力和水平有限，没有采用好的开发方法、实践。

从这两种成因可以看出，技术债是无法避免的，我们要做的是明确它的影响，然后做好相应的处理。

25.2　技术债的影响

提到技术债，我们想到的往往是它的坏处，比如导致软件难以维护、难以增加新功能等，但实际上它也有很多好处。

对于技术债的好处，我们可以对应金融领域的经济债务来理解。我们知道，经济债务的最大好处在于它可以作为杠杆，帮助我们完成很多本来不可能完成的任务，贷款买房就是最直观的例子。类似的，技术债也可以帮助我们在短期内快速完成业务，满足用户需求。

另一方面，技术债和经济债务一样，需要偿还，也会有利息，这个利息还是利滚利的。也就是说，每一步累积的技术债都会叠加起来，为下一步开发增加越来越大的难度。长期来看，如果一直借债不还，开发新功能的速度就会越来越慢，产品维护也会越来越难，最终甚至导致无法维护、必须推倒重来的结果，就像还不上房贷房子被银行收回一样。

那么，技术债应该如何处理、如何偿还呢？

25.3　处理技术债的两个基本原则

处理技术债的基本原则有以下两个，具体分析如下。

原则一：要利用技术债的好处，必要时要大胆“举债前行”

也就是说，在机会出现时，使用最快的方式完成业务服务用户，抢占市场先机，不要在意那些细节。

RethinkDB 在与 MongoDB 的竞争中失利，就是这个原则的一个典型的反面教材。在技术上，RethinDB 比 MongoDB 更追求完美，一直深受开发人员的追捧。但不幸的是，RethinkDB 的稳定版本发布比 MongoDB 晚了三年，错过了 NoSQL 的黄金时机，最终导致 RethinkDB 在 2017 年 1 月宣布破产。在这个过程中，没有充分利用技术债抢占市场，是 RethinkDB 竞争失败的一个重要原因。这里有对 RethinkDB 的失败进行反思的文章

“RethinkDB: why we failed”[㊀]，供参考。

原则二：要控制技术债，并在适当的时候偿还部分技术债

如果技术债大量积累，会导致研发成本急剧升高而无法持续，所以需要对其进行控制，并在适当的时候偿还一部分技术债。这一点比较容易理解。

一般来说，大部分公司的业务驱动做得都很足，能够充分利用技术债的好处。但在技术债的管控方面，通常做得不太够，常常会有大量的技术债堆积，给业务长期发展带来巨大阻碍。所以下面我们主要讨论如何控制技术债。

25.4 控制技术债的四个步骤

控制技术债主要分以下四个步骤，具体分析如下。

步骤一：让公司管理层意识到偿还技术债的重要性，从而愿意对其投入资源

通常来说，如果开发人员能直观感受到技术债的坏处，那么他们大都愿意偿还技术债。所以技术债积累的主要原因是管理层没有认识到技术债积累给业务发展带来的巨大坏处。

因此，解决技术债的第一步，就是让管理层意识到偿还技术债的重要性，从而愿意投入资源去解决。一个比较直观、有效地让管理层理解技术债的通用方法，就是使用上面提到的技术债与经济债务的类比去解释。

除此之外，还有一种方法是将偿还技术债与业务发展联系起来。如果你能够说明某一项技术债已经阻碍了公司重要业务的发展，那说服管理层投入资源解决该技术债就会比较容易。

步骤二：采用低成本的方式去预防技术债的产生

所谓具体问题具体分析，我们在预防技术债时，也需要根据技术债的成因采取不同的措施。

对于主动引入的技术债，要尽量让管理层和产品团队了解技术上的捷径将会带来的长期危害，从而在引入技术债时客观地对其短期收益和长期损害进行权衡，避免引入不必要的技术债。

在被动引入的技术债中，由产品演化导致设计落伍的问题不是很好预防，而由开发团队的能力问题引入的技术债，则可以使用加强计划和代码审查等方法实现低成本的预防。

其中，加强计划，可以帮助开发人员更合理地安排工作，从而有相对充裕的时间去学习并选择更优秀的功能实现方案。而代码审查的作用就更好理解，它可以帮助我们在早期发现一些不必要引入的技术债，从而以更低的成本去解决它。

关于技术债的预防，还有一个小技巧，就是多在接口部分下功夫。因为接口涉及实现

㊀ https://www.defmacro.org/2017/01/08/why-rethinkdb-failed.html。

方和多个调用方，所以接口部分积累的技术债，与其对应的模块内部实现相比，影响范围通常要大很多。所以，在涉及主动引入的技术债时，我们应该对接口部分和实现部分做区别对待。

步骤三：识别技术债并找到可能的解决方案

对于不能预防的技术债，我们需要高效地把它们识别出来，并了解其常见解决办法，以方便将来寻找合适时机进行处理。其中，对于主动引入的技术债，可以在引入的时候就产生任务添加到 Backlog 中去。而对于被动引入的技术债，则需要周期性地审视，这需要技术管理者对技术债问题主动进行收集整理。

总结来说，技术债可以分为两大类：复杂度相关和重用性相关。我们可以通过这两个方面来识别技术债。

（1）复杂度相关技术债

史蒂夫·迈克康奈尔在其经典著作《代码大全》中提出一个核心观点：**如何处理复杂度是软件开发最核心的问题**。我个人非常认同这个观点，因为人类大脑的容量有限，大概只能同时记住 7 项内容，而软件包含的元素非常复杂，远超过 7 项。所以，要实现可维护的软件，我们必须想尽办法去降低其复杂度。

我们在开发时，要时刻注意会增加代码复杂度的“坏味道”，比如：

- 组件间依赖混乱，职责不清晰；
- 组件、文件、函数太大，包含的内容太多；
- 使用不必要的、复杂的设计范式；
- 函数、接口参数太多等。

解决复杂度问题的基本原则是，把一个系统拆解为多个子系统，用抽象和分层的方法，让我们的大脑只需同时面对有限的信息，并且能够有条理地深入每一个子系统中查看细节。具体的解决方法如下：

- 对系统进行二进制组件或者代码层面的解耦；
- 使用简单化的设计编码原则，避免不成熟的优化；
- 对常见的“坏味道”做出一些规范，比如限制代码行的长度、禁止循环依赖、限制圈复杂度；
- 对复杂的设计添加注释等。

（2）重用性相关技术债

代码重复是另外一个很常见的技术债，在软件抽象的各个层次（比如应用、架构、组件、代码）都会出现。前面提到过的 DRY 就是解决重用性问题的基本原则。具体方法如下所示：

- 应用层面，复用业务单元，典型案例就是业务中台；
- 架构层面，复用基础设施后台；
- 组件层面，避免出现责任重叠的组件、数据存储等；

- 代码层面，避免出现重复函数、代码块。

步骤四：持续重构，有节奏地解决高优先级技术债

在对技术债进行主观识别之后，就进入了处理技术债的最后一步，解决技术债。作为技术管理者，除了业务目标外，还要制定团队的技术目标，以持续解决最重要、最紧急的技术债任务。

技术债任务的具体处理方法有两种：一种是把技术债的任务和业务相关的任务放到一起，在每一个迭代中持续完成。这种方式的好处是可以通过技术债和业务的联系，更清晰地显现出每一个技术债任务的价值。

另一种则是使用突击的处理方式，在某个特定的时间段集中解决技术债问题。比如，我在 Facebook 和微软的时候，我所在的团队都使用 Bug Bash 来处理 Bug。所谓 Bug Bash，就是在每几个迭代以后，专门花几天时间来解决前面遗留下来的 Bug，而不开发新功能。这样做的好处有两个：

- 因为提高质量和写新功能的思路是有区别的，所以集中精力修复 Bug 可以减少上下文切换，能够让研发人员更高效地解决 Bug，聚焦在提高产品质量上；
- 能够让团队成员短暂地从紧张的业务开发气氛中脱离出来，从而能够精力充沛地投入下一个业务开发迭代中去。

25.5 小结

要想做到快速开发，并且做到持续的快速开发，我们需要有正确的技术债处理办法。首先要在恰当的时机“举债前行”，其次是要持续定位技术债任务，并有节奏、有计划地解决。

为了帮助读者理解技术债与公司业务发展的关系，下面给出一个具体案例。有三家公司，分别是 A、B、C，它们对待技术债的态度分别如下所示。

- A 公司：只关注业务，不偿还技术债。
- B 公司：持续关注技术债，但对业务时机不敏感。
- C 公司：持续关注业务和技术债，对业务机会很敏感，敢放手一搏大量借贷，也知道什么时候必须偿还技术债。

A 公司在开始的时候，业务产出会比较多，但由于技术债带来的负面影响，效率会逐渐降低。

B 公司在开始的时候，业务产出比较少，但由于对技术债的控制，所以能够保持比较稳定的产出，在某一时间点会超过 A 公司。

C 公司在有市场机会的时候，大胆应用技术债，同时抽出一小部分时间精力做一些技术债预防工作。这样一来，开始时，C 的业务产出介于 A 和 B 之间，但和 A 的差距不大。随后，在抢占到一定的市场份额之后，C 公司开始投入精力去处理技术债，于是逐步超过

A。另外，虽然C公司此时的生产效率低于B公司，但因为市场份额的优势，所以总业绩仍然超过B。在高优先级技术债任务处理好之后，C公司的生产效率也得到了提升，最终将B公司也甩在了身后。

图25-1展示了不同技术债对比示例。

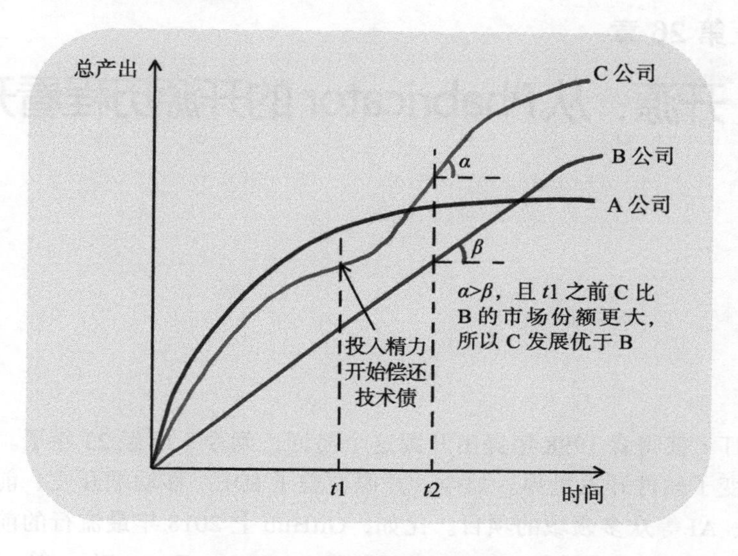

图25-1　用技术债对比实例

这个例子很有代表性，可以用来帮助说服管理层在偿还技术债上投入。

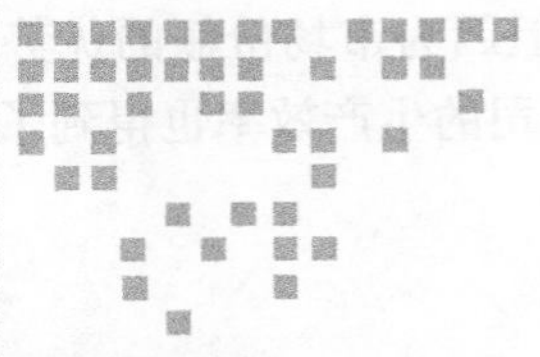

Chapter 26 第 26 章

开源：从Phabricator的开源历程看开源利弊

从克莉丝汀·彼得森 1998 年提出开源这个名词，到今天已经 23 年了。可以说，在这些年里开源改变了软件开发世界。如今，开源覆盖了 IDE、移动端开发、前后端开发、运维、服务治理、AI 等众多领域的项目。比如，GitHub 上 2018 年最流行的前十个项目，包括 VSCode、React Native、Angular、Ansible、Kubernetes、TensorFlow 等，对这些领域都有覆盖，如表 26-1 所示。

表 26-1　2018 年 GitHub 上最流行的前十个项目

项目名称	支撑公司 / 机构	星　数
Microsoft/vscode	Microsoft	19K
facebook/react-native	Facebook	10K
tensorflow/tensorflow	Google	9.3K
angular/angular-cli	Google	8.8K
MicrosoftDocs/azure-docs	Microsoft	7.8K
angular/angular	Google	7.6K
ansible/ansible	Ansible	7.5K
kubernetes/kubernetes	Google	6.5K
npm/npm	NPM	6.1K
DefinitelyTyped/DefinitelyTyped	Microsoft	6.0K

从使用者的角度看，开源软件的价值不言自明。可以说，99% 的科技公司都在使用开源软件。

从贡献者的角度看，前十个项目中有八个都有公司在做支撑。毫无疑问，开源对公司来说是有吸引力的，是提高公司研发效能的一个手段。本章就对这个话题进行深入探讨。

虽说很多管理者都知道开源可以免费获取社区开发资源，并提高公司声望，但真正选择参与开源的公司却不多。之所以会出现这种情况，是因为参与开源在获取上述好处的同时，也存在很多弊端。我个人在 Facebook 时经历了 Phabricator 开源的全过程，见证了其为公司带来的好处，比如因为模块化带来的代码质量提升、从开源社区获得的资源支持等，也看到了开源存在的各种问题，比如因为和开源社区目标不一致而带来的运维成本增加，以及最终导致的项目复刻（Fork）而产生浪费等。

下面，我们就详细介绍 Phabricator 开源的全过程，以它为例介绍公司参与开源的利弊，并从中总结出利用参与开源来提高研发效能的原则和实践。

26.1　Phabricator 开源过程的关键步骤

一般来说，开源一个项目的完整流程包括以下八步：

1）公司 / 员工对某项目有开源的意愿；

2）管理者权衡利弊，决定是否开源，确定开源后的项目维护计划；

3）进行法律和信息安全方面的审核；

4）选择授权协议；

5）选择版本控制代码服务商（比如，GitHub、GitLab、BitBucket、Gitee 等）；

6）代码模块化，与公司代码分离；

7）正式开源，发布信息；

8）项目维护和持续开发。

下面对 Phabricator 开源在上述步骤中的一些关键步骤进行详细讲解。

关键步骤一：决定对 Phabricator 进行开源

Phabricator 源于 Facebook 内部的代码审查工具，逐步发展为一个完整的软件研发工具套件，包括代码审查、代码仓托管、缺陷跟踪、项目管理、团队协作等应用程序。

开源之前，Phabricator 主要由开发工具团队维护并添加新功能，同时其他开发人员也会向其贡献代码。Phabricator 不断向前发展，为 Facebook 的高效开发和质量保障提供了强有力的支持。但是，Phabricator 存在一个恼人的情况，它会周期性出现性能问题。具体来说，Phabricator 的速度会随着时间推移而逐步下降，每隔一年左右，就会达到让开发人员无法忍受的地步。

导致这个性能问题的主要原因有以下两个方面。

1）Phabricator 和 Facebook.com 代码位于同一代码仓，使用 Facebook.com 的底层代码库，但开发人员对 Phabricator 的响应速度要求比 Facebook 用户对 Facebook.com 的要求要高。

2）非开发工具团队的开发人员在给 Phabricator 贡献代码时，由于不了解全貌，可能会给 Phabricator 带来一些负面影响。一个功能造成的速度降低不容易察觉，但日积月累，总体速度的下降就会很明显。

所以每隔一年左右，工具团队就需要对 Phabricator 做一次重构，来提高响应速度。2010 年年中的时候，这个性能问题再度爆发，开发工具团队决定寻找更好的办法，从根本上彻底解决这个问题。经过仔细分析，我们得出的结论是需要将 Phabricator 与 Facebook.com 解耦。

正好这时开源社区对 Phabricator 的代码审核功能非常感兴趣。我们认为开源或许是一个可行的办法。经过调研确认，开源 Phabricator 有以下几大好处：

1）Phabricator 是一个内部工具，不是面向用户的产品，开源非但不会影响公司的核心竞争力，还会提高公司影响力；

2）开源自然而然会把 Phabricator 从主代码仓剥离出来，实现与 Facebook.com 的解耦；

3）开源意味着代码对更多人可见，这会给 Phabricator 的开发人员带来压力，让他们更关注产品质量，从而为 Phabricator 的性能提供更好的保障；

4）可以利用开源社区的开发资源，减少公司对 Phabricator 的资源投入。

当然，开源 Phabricator 也有缺点，其中最主要的是以下两个：

1）开源之后，Phabricator 势必要支持更加通用的开发场景，这可能会对 Facebook 特有场景的支持带来负面影响；

2）开源之后，代码不再像内部工具那样容易管控，灵活性可能会有大幅降低。

经过分析，我们认为这两个问题都是可以解决的。首先，可以使用插件的形式，从技术上解决对 Facebook 特有开发场景的支持问题。也就是说，在 Facebook 内部创建一个单独的代码仓作为插件，集成到开源的 Phabricator 中。而对于代码管控问题，我们可以把开源 Phabricator 放到 Facebook 组织之下，从而保留比较强的管控力。

关键步骤二：开源准备工作

在确认了开源 Phabricator 之后，我们首先要完成一系列非开发的准备工作。

第一，法律和信息安全方面的审核。

这一步主要是确认该项目的开源是否会给公司带来法律和信息安全方面的风险，由公司的律师团队和安全专家来操作。通常来说，在法律风险方面，重点关注它是否会泄露公司本身以及第三方公司的知识产权；在信息安全方面，关注它是否会暴露公司代码的安全漏洞。

第二，选择授权协议。

授权协议包括开源软件授权协议（Open-source License）和开源贡献协议两种。

开源软件授权协议用来规定使用者一方享有的权利和受到的限制。这是大家比较熟悉的一类协议，包括 GPL、MIT、Apache 等。有两篇文章可以帮助我们进行选择：《怎样选择开源协议？》[1]和《开源指南》[2]。Phabricator 选择的是 Apache 2.0。

开源贡献协议，则是对软件贡献者一方进行权力和责任的限定。它赋予开发人员对开源项目贡献代码的权利，也授权项目管理者按照软件授权协议去发布软件。具体协议包括 CLA（Contributor License Agreement，贡献者许可协议）和 DCO（Developer Certificate of Origin，开发者原创证书）两种。Phabricator 选择的是 CLA。关于开源贡献协议的选择，可以参考《CLA 和 DCO 的区别》这篇文章。

协议的选择与法律相关，不在本书讨论范围。在开源项目之前推荐咨询律师获取专业意见。

第三，选择版本控制代码服务商。当时我们选择的是开源方面最流行的 GitHub。

关键步骤三：开源具体步骤

完成了准备工作之后，接下来就是开发工作了。Phabricator 的这部分开发工作主要包括以下四个步骤。

第一步，把 Phabricator 代码和 Facebook 代码解耦。

我们做了一次彻底的重构，把原先分散在各处的代码整理为底层的 API 库 Libphutil、网站应用集 Phabricator、客户端 Arcanist、文档系统 Diviner，以及 Facebook 内部功能插件五个模块。然后把这几个模块从大仓中抽取出来形成各自独立的仓库，在解耦的同时完成了 Phabricator 的模块化。

第二步，进一步优化性能。

针对代码的性能，尤其是底层的 API 库，我们进行了大量优化。因为开源以后只需要支持开发场景而不必考虑 Facebook.com 场景，优化起来更加方便也更有成效。

第三步，支持功能定制。

功能定制是开源的主要难点。我们需要保证 Phabricator 在与 Facebook.com 解耦之后，仍然能够灵活地添加 Facebook 开发人员需要的定制需求。我们主要采用以下三种方法来支持功能定制：

- Phabricator 提供对象字段（Field）、类、库 3 个级别的扩展。针对 Facebook 的定制功能，主要采用库级别的扩展方式实现；
- Phabricator 提供 API 接口，供 Facebook 内部工具调用；
- Facebook 内部工具提供 API 接口，供 Phabricator 反向调用。

这样一来，我们就实现了 Phabricator 和 Facebook 其他内部工具的无缝集成。

第四步，独立部署。

除了编码工作之外，我们还需要完成以下任务，把 Phabricator 的部署从 Facebook 内部工具拆分出来。

---

[1] https://choosealicense.com。

[2] https://opensource.guide。

- 数据库的迁移，即把 Phabricator 的相关数据从 Facebook 的数据库中迁移出来。
- Phabricator 的服务部署。开源前 Phabricator 属于内部工具网站的一部分，不需要单独部署。开源后我们需要给它重新设计和实现一套部署系统。

上述工作完成之后，Phabricator 不仅从 Facebook 中剥离了出来，代码质量也有了显著提高。比如模块化更好、注释更清晰、性能更好等。同时，因为参与开源项目可以回馈社区并提升个人影响力，所以公司内部 Phabricator 的开发人员也都热情高涨。这些都是开源为 Facebook 带来的重要好处。

不过在获得以上收益的同时，开源 Phabricator 也给我们带来了额外的开发成本。除了上述的解耦工作之外，我们还需要投入额外的精力去设计、实现 Phabricator 与其他内部工具之间的无缝集成，以确保不会影响 Facebook 开发人员的使用体验。

关键步骤四：开源初期发展

完成开发工作后，Facebook 正式对外宣布 Phabricator 开源，同时把独立出来的几个代码仓在 GitHub 上公开。随后，公司内部开始使用新部署的 Phabricator 集群。在切换过程刚开始的时候，Phabricator 和其他工具之间的联动出现了几个 Bug，修复之后就稳定下来了，整个过程比较顺利。

于是，Phabricator 就进入了其生命周期的下一个阶段，开源的代码仓和内部的插件代码仓同时进行开发和维护。针对 Facebook 的内部需求，我们尽量把它通用化，放到开源的代码仓中实现；实在需要定制的，才会放到 Facebook 的插件代码仓中。

这时，Phabricator 的一位同事从 Facebook 离职，加入开源社区全职为 Phabricator 工作。他还创立了一家公司，致力于 Phabricator 的商用。这样，我们在开源社区也有了更强大的资源支持。

从 2011 年年初开源到 2013 年年底我负责 Phabricator 项目这段时间，Facebook 和开源社区对 Phabricator 的发展目标是一致的，所以双方一直在合力增加 Facebook 需要的功能，合作得非常好。总的来说，我们充分利用了开源社区开发人员对 Phabricator 的贡献。同时，业界的很多著名公司也开始使用 Phabricator，包括 Uber、Pinterest、Airbnb 等，提升了 Facebook 的声望。

关键步骤五：复刻（Fork）

2014 年开始，Phabricator 支持的公司越来越多，而这些公司的使用场景和 Facebook 不太一样，也就是说 Facebook 要想继续使用 Phabricator 的最新版本，就必须花费较大成本进行版本更新及维护。

而因为 Facebook 在 Phabricator 的使用上累积了大量的历史数据，所以每一次 Phabricator 进行数据库的 Shema 变动，都会给 Facebook 带来非常麻烦的数据迁移工作，常常需要 DBA 的帮助才能实现不宕机的版本更新。

考虑到这些新增功能对 Facebook 用处不大，而维护成本又很高的客观现实，Facebook

在2014年下半年决定停止使用外部开源的 Pabricator，而重新在公司内部自己维护一套独立 Fork 的 Phabricator 代码。这样一来，开源版的 Phabricator 引入新功能的时候，Facebook 可以有选择性地引入。不过随着时间的推移，两个代码仓之间的差别越来越大，从开源代码仓直接获取代码的可行性越来越小，更多的是参考外部的做法在内部重新实现。

软件开源之后，公司和开源社区目标不一致是非常普遍的现象。在我看来，这可以算是开源项目的最大挑战。Facebook 对 Phabricator 采取的措施是内部 Fork，让开源社区继续自由发展。既然从开源社区获取资源得不偿失，就把代码挪回公司内部获取完全的管控和自由度。这是处理目标不一致问题的第一种方法。

处理该问题的第二种方法是对开源代码仓实施强管控，但这样做的最终结果往往是开源社区 Fork 一个新项目另起炉灶，和第一种方法其实差不多。

除了 Fork 之外，还有第三种方法，就是采用不同的分支来支持不同的目标。这样做的好处是公司依然可以获得开源社区的资源支持，但坏处是分支管理、版本管理很烦琐，也缺乏 Fork 的灵活性。

26.2　开源对公司的利弊

以上详细介绍了 Facebook 从开源 Phabricator 到最终 Fork 的全过程。可以清楚看到，开源对公司来说有利有弊，总结如下。

开源的好处

开源有以下几点好处。

1）提高代码质量。开源通常需要把代码进行模块化，这会大幅提升代码质量。同时，开源之后代码会对外部可见，激发开发人员提高代码质量。

2）获取开源社区的免费帮助。

3）提高程序员的积极性。开发人员通常都愿意在开源项目工作，因为它对个人成长和个人品牌都有好处。

4）提高公司声望。开源可以扩大公司影响力，也可以增加公司对人才的吸引力。

5）回报开源社区。

开源的缺点和挑战

开源有以下几个缺点和挑战。

1）定制有挑战。开源之后，公司失去了对代码的绝对掌控权，需要仔细设计，才能确保足够的灵活性继续支持公司的使用场景。

2）内外协调有挑战。沟通本来就需要成本。开源之后，沟通成本更大，需要找到合适的方式，提高沟通效率，加强合作。

3）开源社区和公司对项目发展目标不一致。这是开源最大的挑战，需要根据实际情况尽量寻找双赢的解决方案。

总的来说，开源最适合以下两种公司。

1）大公司。不难发现，上面列举的各种好处对大公司比较明显，提高公司声誉就是典型例子。也正因为如此，2018 年 GitHub 前十名开源项目中，除了 NPM 和 Ansible 外，其他的 8 个项目都是由 Microsoft、Facebook、Google 三家大公司在支撑。

2）需要通过开源获取影响力去扩展业务的公司。比如，Docker 公司在开源 Docker 项目之前，并没有什么名气，但是在 Docker 项目开源之后，Docker 公司很快成为明星企业，在改变了 PasS 发展格局的同时，也改变了自己的命运。

另外，从项目类别的角度来看，平台、基础设施、工具等（比如，Phabricator 以及 2018 年 GitHub 前十名开源项目）适合开源，而业务层的项目因为通用性不强，不太适合开源。

26.3 小结

公司决定参与开源之前一定要认真权衡利弊。开源对公司的好处主要表现在提高代码质量、得到开源社区的免费帮助、提高开发人员的积极性、提高公司声誉等方面。而缺点和挑战则主要包括定制困难、内外目标协调，以及版本维护等。

Phabricator 的开源可以算是开源的一个成功案例。首先，在整个过程中，我们充分利用了开源带来的好处。其次，在开源过程中投入的开发资源，绝大部分在不开源的情况下也是必需的。

最后值得一提的是，开源 Phabricator 的过程，也体现了 Facebook 的实用主义。在需要开源的时候，放手去开源；在发现维护的性价比不高时，就果断复刻。虽然从个人情感的角度说，我不愿意看到这样的结果，但理智地看，这的确是一个正确的决定。

第 27 章 Chapter 27

高效上云：运用云计算提高效能

自从 AWS 的出现，云已经成为软件开发不可阻挡的发展趋势。它逐渐像水和电一样，成为软件开发的一项基础设施。

毋庸置疑的是，云计算可以极大提升软件研发的效能。以我之前在 Stand 公司开发社交 App 的工作为例，项目刚开始时只有 3 个研发人员（包括两个后端和一个前端开发人员）。我们充分利用 AWS 的云服务，三个月就上线了第一个手机 App 版本，而且是可以弹性伸缩支撑百万月活的版本。

这样高的研发效率，在云出现之前是难以想象的。所以，如何高效地使用云，包括公有云、私有云和混合云，对每一个希望提高研发效能的团队来说都是一个绕不过去的话题。

云计算的话题很大，本章只涉及它和研发效能最直接相关的部分。首先我们会根据云上进行研发以及运行服务的特点，讨论如何充分利用云计算的优势进行高效研发。这些优势包括服务化、自助化和弹性伸缩等。然后我们会对云计算带来的挑战进行一些简单讨论，并给出解决办法。

27.1 云计算的优势

首先给出云计算的定义：**云计算把许多计算资源整合起来，利用软件实现自动化管理，通过网络为用户服务。其中的计算资源包括服务器、存储、数据库、网络、软件、分析服务等。**

也就是说，云计算通过自动化和自助化，使计算能力成为一种商品，在互联网上流通，让人们可以方便地按需使用。

云计算的特点较多，包括大规模、分布式、虚拟化、按需服务、高可用、可扩展等。其中服务化、自助化和弹性伸缩可以给研发效能带来最大提升。下面，我们分别就这三个方面进行讨论。

优势一：服务化

在服务化方面，云计算服务按照抽象程度可以分为三类：软件即服务（Software as a Service，SaaS）、平台即服务（Platform as a Service，PaaS）、基础设施即服务（Infrastructure as a Service，IaaS）。它们也被称为云计算栈，最下层是IaaS，中间是PaaS，最上层是SaaS。越向上行，服务越抽象，对下层细节的封装也越多，交给云平台处理的工作也越多。图27-1列举了这三种服务方式中，哪些具体服务和资源由云服务商提供，哪些由云服务使用者自己处理。

图 27-1 不同服务方式对比

可以看出，细节抽象得越多，云服务商负责的部分就越多，我们就越能聚焦自己的业务，从而提高研发效能。当然，如果不使用云，这些所有的服务和资源都需要我们自己管理，正如图中最左侧一列显示那样。

所以，**利用云计算服务来提高研发效能的第一个原则是，在业务开发中，尽量使用云计算栈中位置靠上的部分。也就是说，优先使用SaaS，PaaS次之，最后才是IaaS。**

再以Stand的App开发为例。因为这款社交App与金融相关，客户增长速度还不确定，所以我们对数据库的要求包括高可用和可扩展两个方面。如果自己维护数据库的话，需要额外招一个专门的DBA，还需要一定的时间去搭建。所以我们最终选择使用AWS的PaaS的RDS（关系型数据库），由AWS负责高可用和可扩展，我们则可以全身心地投入到业务开发中，快速上线产品。

为什么不完全使用SaaS，即云计算栈的顶层呢？主要有两个原因。首先，云计算栈中的服务，位置越靠上，灵活性越差，所以常常不能满足业务的定制需求。第二，云计算栈中位置靠上的服务，因为给用户提供了很大的价值，所以收费往往也很高。比如Stand使用的所有AWS服务中，RDS服务的花费大概占到了70%。

因此，在选择云服务时，我们还需要综合考虑价格因素。**一个常见的模式是，初创公司在业务刚起步时，使用SaaS或者PaaS快速开发业务；业务成长到一定规模之后，再逐步转到IaaS以及私有云，以降低成本。**

优势二：自助化

云计算服务的第二个特点是自助化。用户在使用云上的资源和服务时，云服务商极少有人工参与，主要采用自动化的方式，通过工具或者API调用来提供服务。

自助化也是云服务的重要优势。它既降低了成本，又提高了使用的灵活性和方便性。比如，我在Stand进行压力测试时，可以使用Web界面一键获取一套新环境，然后用一个API调用部署待测版本。在测试结束之后，又可以在Web界面一键释放环境。相比传统的、用手工填表请运维人员帮助准备环境的方式，效率不知道要高出几个数量级。

云计算服务的自助化在提效工作中的价值，主要体现在开发环境的获取和CI/CD流程实现两个方面。

在开发环境的获取方面，我们应该充分利用云服务，让开发人员自助获取配置好环境的开发机器，以及联调环境，避免IT部门的额外投入。

在CI/CD流程实现方面，应该尽量自助化流水线所依赖的各种服务，包括分支拉取、代码合并、服务构建、测试验证、部署监控，以及可能的功能回滚等。当这些服务都可以自助化使用之后，我们就可以方便灵活地搭建各种CD/CD流水线，大大降低其实现难度。

优势三：弹性和共享

云计算服务的一个基本理念是把大量的资源合并起来，提供给多个客户按需使用。用户在不使用资源的时候，可以将其释放，不必支付费用。同时，在需要大量资源的时候，由于资源共享的原因，资源池中通常可以有足够多的资源供用户使用。这就是云计算服务的弹性和共享。

弹性和共享在提效中的作用，都表现在提高资源的利用率上。

业务量的大小不确定，对很多公司的基础设施建设都是一个巨大的挑战。如果自建机房，不可能非常灵活地添加、删除总体硬件资源，所以需要投入大量精力进行前期的容量规划，以防止后期业务超过系统承载量而导致宕机。但这样的容量规划在业务还不够成熟的时候必然会造成资源浪费。而云计算就可以很好地避免这种浪费。

如果使用的是公有云，它提供的很多服务本身就可以自动扩容，实现弹性伸缩，所以一定要充分利用。比如，我在Stand公司的时候，我们的网站后端服务器、消息队列中间件、数据库、压测环境等，都使用了弹性伸缩功能。

比如，我们会根据CPU的负载量来调节后端服务器节点数量。当负载量达到一定阈值之后，系统会自动产生新的服务器并添加到集群中；当负载量降低到某一个阈值时，系统又会自动从集群中释放一些机器。这样既实现了在业务量激增时服务仍然能够持续运转，又始终把资源利用率维持在一个较高的程度，最大限度降低了成本。

如果使用的是私有云，那么我们的资源就不能跟其他公司共享。在这种情况下，我们要尽可能地实现公司内部的各种不同服务、不同团队之间的资源共享。虽然不如公有云提供的好处大，但也可以给公司和团队带来不错的收益。

比如，可以让开发环境、测试环境、类生产环境、内部工具系统环境都使用同一套Kubernetes集群，并使用不同的命名空间进行隔离，从而实现这几个环境的资源共享。注意，这里没有把生产环境放到一起是为了确保生产环境不会被其他的环境所影响。又比如，可以在公司内部署一套OpenStack私有云环境，让公司的各个产品线都在这个私有云上工作，从而实现团队之间、产品之间的资源共享，享受弹性和共享带来的好处。

27.2 云计算的挑战及解决方法

云计算在给我们带来巨大方便的同时，也因为其新特性给研发带来了相当大的挑战。在我看来，**云计算带来的最大挑战在于，为了充分使用云的弹性伸缩能力，我们必须实现分布式的软件架构，以支持其水平扩展。**

这种分布式的架构和传统的单体架构区别很大。如果处理不好，会给产品的稳定性和可维护性带来很大负面作用。其中最典型的例子当属微服务。微服务架构非常适合云计算，如果使用得当，可以充分利用云计算的弹性伸缩能力。但如果使用不当、管理不好的话，就会出现调用混乱、依赖不清晰、难以维护等问题。

以我的经验看来，应对分布式计算带来的挑战，首先要把集中管理和团队自治进行有机结合，其次要做到高效的错误处理。

方法一：集中管理和团队自治相结合

要做好分布式计算，首先要让解耦的产品团队能够独立进行产品的设计、开发、测试和上线，这样才能真正利用解耦带来的灵活性。但同时必须要有一定的集中式管理，这样才能把控全局。集中管理和团队自治，两者相辅相成，缺一不可。然而重视后者而忽略前者，是分布式开发模式中一个非常常见的错误。

加强集中管理的最重要手段是信息可视化，具体分析如下。

- 提供整体系统的质量看板，让大家可以一眼看到整个系统中各部分的运行状况，从而快速寻找瓶颈、定位问题。
- 建设微服务调用链追踪系统，收集每一个客户服务请求从收到请求到返回结果的全流程日志，包括过程中的所有组件、微服务、请求处理时长、日志细节等信息，以帮助开发人员解决由调用链复杂而导致的调测困难问题。

方法二：高效的错误处理

在分布式系统中，很多组件同时运行，必然会有很多局部错误（即独立的组件错误）发生。我们必须要对这些局部错误进行恰当而及时的处理，确保局部错误不会对全局带来太大负面影响。具体来说，可以使用的方法包括如下几种。

- 信息可视化。通过数据可视化、监控、预警，迅速发现错误以便及时处理。
- 错误隔离。把错误控制在一定范围内。比如，微服务的一大好处就是可以把错误限制在单独的服务中。
- 提高系统容错性。确保一个服务的问题不会影响其他服务，形成所谓的“雪崩效应”。具体办法包括限流、熔断机制等。
- 自动修复。能够自动探测到问题并采取修复措施。其中最常见的一个办法是重启服务，对无状态服务非常有效。

27.3 小结

云计算这个话题很大，本章只对它与研发效能最直接相关的部分进行讨论，并给出一些使用原则和建议。

云计算对提升研发效能的作用，主要体现在服务化、自助化，以及弹性伸缩三个方面。在产品设计和日常工作中，我们应该注意考虑如何利用云计算的这几个特性来提高效能。比如通过在更高的抽象级别使用资源服务，快速获取环境、自动扩容等，来提高生产效率。同时，云计算也给研发带来了不小的困难。其中分布式计算的安全和控制是最大的挑战。具体的解决方法有集中管理和团队自治相结合、信息可视化、错误隔离、提高系统容错性、自动修复等。

如果使用得当的话，云计算可以大大提高产品上线的效能和开发体验。Facebook 在这方面做到非常出色。比如，Facebook 使用自研的容器及管理系统 Tupperware，极大地方便了各个环境的获取以及系统的使用效率；又比如，Facebook 的测试、构建、分支管理都做到了很好的服务化、自助化，为产品的快速发布和高质量奠定了基础。另外，Facebook 也在处理分布式计算方面投入了很多精力。举一个使用混沌工程主动在分布式系统中引入故障的例子：Facebook 会在某一时刻对某一个数据中心的所有服务器断电（事前会通知每一个服务的所有者）进行测试，确保自己的服务在这样的极端情况下仍能健康运行。

而我在创业公司的时候，更是充分利用了公有云提供的各种服务来快速上线产品，实现了传统基础设施环境下难以想象的高效能。虽然云计算现在还没有像水、电、煤气那样普遍，但我相信那一天不会太遥远。

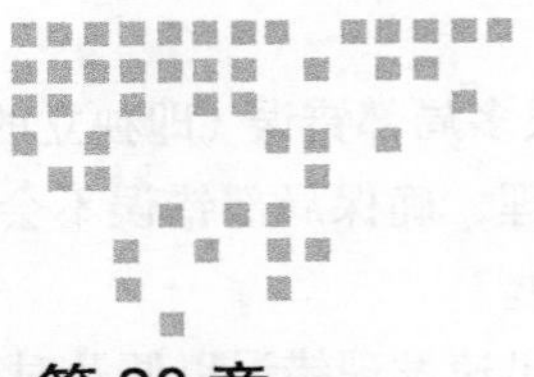

Chapter 28 第28章

测试左移：测试如何应对新的开发模式

测试是保证产品质量的关键环节，其重要性不言而喻。然而，要做好测试工作并非易事。传统的测试流程大致如下：

1）测试人员接到项目后参与需求评审，然后根据需求文档写用例、准备脚本；

2）开发提测之后，运行测试用例、提交 Bug 报告、运行回归；

3）测试通过之后，项目交给运维上线，回到步骤 1，开始下一个项目。

类似这样的流程存在两大问题。

- 测试人员比较被动。当需求质量、开发质量较差的时候，测试人员只能被动接受。
- 测试被认为是质量的负责人。如果因为需求质量、开发提测质量差而导致上线延期，大家通常会首先追责于测试团队。

这些问题在持续交付、敏捷开发等新兴开发模式下愈发严重。首先，在这些开发模式中，产品的交付周期越来越短，能够专门留给测试环节的时间越来越少。在极端的情况下，比如在持续部署的模式下，所有测试都是自动化的，已经完全没有留给测试人员专门进行手工测试的时间了。与此同时，测试的能力和质量又是这些开发模式能否成功的关键。没有测试验证保证质量，频繁交付会完全失去意义。

于是，在这些快速开发模式的挑战下，测试左移、测试右移等新型测试模式应运而生。它们让测试人员拥有更多主动权，以及更多时间进行测试。本章详细介绍测试左移实践，下一章则会详细讨论测试右移以及相关的各种部署模式。

28.1 测试左移的定义

测试左移的定义，简单来说就是，**在研发流程中，把测试的覆盖范围从传统的测试节**

点中释放出来，将其向左扩展，介入代码提测之前的部分。

首先测试可以扩展到开发阶段，让研发人员在架构设计时就考虑产品的可测试性，并尽量进行开发自测。更进一步，测试还可以扩展到需求评审阶段，让测试人员不只是了解需求，更要评估需求的质量，比如分析需求的合理性以及完整性等。

28.2 测试左移的四个原则

要做好测试左移，可以遵循四个基本原则：调整团队对测试的态度，把测试添加至开发步骤中，把测试添加至产品需求步骤中，频繁测试、快速测试。

下面我们就对这四个原则进行详细探讨。

原则一：调整团队对测试的态度

测试左移对团队成员职责有所调整，**所以首先必须解决人的主观态度问题。**必须调整团队对测试的态度，以打破竖井的工作方式和思维方式。**一个有效的办法是按照功能的维度管理团队，让整个功能团队都对最终产品负责。**如果产品质量出现问题，不再只是测试团队的责任，而是会影响整个功能团队的绩效。同时，让质量问题的直接负责人承担更多的责任，以此来进一步增强团队成员的责任心。这种利益绑定的办法，虽然简单但非常有效。不过需要注意的是，要记得进行根因分析，以避免类似问题再次出现。

其次，**要改变团队成员对测试工作的认知。**在传统的工作方式中，我们通常认为发现 Bug 最重要，但其实为了提高产品质量，预防 Bug 更为重要。所以，在测试左移的各个环节中，应该集中精力思考如何预防 Bug 的产生。

原则二：把测试添加至开发步骤中

测试向左移，首先是把测试融入开发步骤中。

第一个常用的办法是让测试人员参与开发阶段的方案设计。和开发人员相比，测试人员往往对全局更加了解，所以测试人员的参与可以提高开发方案的可测试性。

另外一个办法是开发人员全栈开发，这样更彻底，也更有效。前文中关于 DevOps 的章节中，我们已经讨论过全栈开发在打通开发和运维团队时的作用和实现办法。它对于测试同样适用。我们可以让测试团队转型，更多地进行工具开发，通过“使能”的办法，让开发人员完成功能测试，包括单元测试、集成测试。值得一提的是，测试团队转型之后，专项测试，比如性能测试、安全测试等，仍然需由测试团队负责。

提到让开发人员去完成测试工作，常常会有人质疑。反对者认为，开发人员的心理模型跟测试人员不一样。测试人员更倾向于去找问题，而开发人员面对自己开发的产品，潜意识里就不愿意去找，不愿意把自己的开发成果搞崩溃。所以，这些反对者认为，测试应该由专门的测试人员来做。

这种观念，在十多年前瀑布开发模式盛行时深入人心。我曾经也非常认同。但在 Facebook

的工作经历改变了我的看法。如果能够把最终产品的质量划为开发人员的职责，那么开发人员自然而然地就会去努力做好测试。Facebook 采用了这样的方法，发现开发人员都会主动学习测试方法论。同时由于开发人员最了解自己写的代码，所以他能够更加高效地对自己的代码进行测试。

原则三：把测试添加至产品需求步骤中

测试左移到了开发阶段之后，再往左移一步就到了产品设计阶段。

这一步最基本的办法是让测试人员参与到产品的方案设计中去，从而在研发流程的启动部分就融入对可测性、可靠性的思考。测试人员除了要了解需求外，更重要的是评估需求的质量。

另外，为促进需求评审过程中可以更好地做到对测试的考虑，推荐使用 BDD（Behavior Driven Development，行为驱动开发）研发方法。BDD 通过特定的框架，用自然语言或类自然语言，按照编写用户故事的方式，从用户的视角描述功能并编写测试用例，能够让业务人员、开发人员和测试人员始终关注业务的可测性。

这里有一篇关于 BDD 的文章"BDD：Behavior-Driven Development（行为驱动开发）"[⊖]，推荐阅读。

原则四：频繁测试、快速测试

测试左移的第四个重要原则是频繁测试、快速测试。在测试左移之前，测试人员需要等待开发人员提测，比较被动，不容易做到频繁测试。但测试左移到开发阶段之后，测试人员就有了很大的自由度去频繁测试，从而更好地发挥测试的作用，尽早发现更多问题。

频繁测试、快速测试的最重要方法在第 17 章已经有过介绍，具体包括：

- 规范化、自动化本地检查；
- 建设并自动化代码入库前的检查流程；
- 提供快速反馈，促进增量开发。

另外，为了能够顺利、频繁地运行测试，我们还要提升测试运行的速度。测试提速的常见办法如下。

- 并行运行测试用例。比如把测试用例放到多台机器上运行，用资源换时间。
- 提高构建速度。比如使用精准构建缩短构建时长，从而降低总体测试运行时间。
- 精准测试。在代码改动时重点关注与之最相关的测试用例。
- 分层测试。在不同流水线中运行不同测试用例集。
- 减少不必要的用例。比如，识别不稳定的用例，定期对其删除或者优化。

最后**推荐两个精准构建和精准测试的工具**。一个是 Facebook 使用并开源的 Buck 系统，可以用来提高构建速度；另一个是 Google 开源的 Bazel，支持精准构建和精准测试。

⊖ https://segmentfault.com/a/1190000012060268。

28.3　小结

在敏捷、持续交付等开发模式越发流行的今天，产品的研发节奏越来越快，传统的测试模式受到很大的挑战。测试左移方法应运而生。

测试左移把测试向左扩展到产品设计、开发流程步骤中去，本质上是尽早发现问题、预防问题。其基本原则包括：从人的角度出发，让产品、开发、运维人员统一认识，重视测试；从流程角度出发，把测试融入产品设计和开发步骤中；从流水线角度出发，快速测试、频繁测试。

软件开发行业早已达成共识：问题发现得越晚，修复代价越大。《代码大全》一书从软件工程实践的角度说明了修复 Bug 的成本在产品需求分析阶段、设计阶段、开发阶段、测试阶段有着天壤之别。比如，在集成阶段修复一个 Bug 的成本是编码阶段的 40 倍。除了成本悬殊之外，在修复难度、引入新问题的可能性、沟通成本、团队状态等方面也有巨大的区别。

在我看来，Facebook 成功把测试融入整个研发流程中，是他们能够实现“去 QA”的关键。

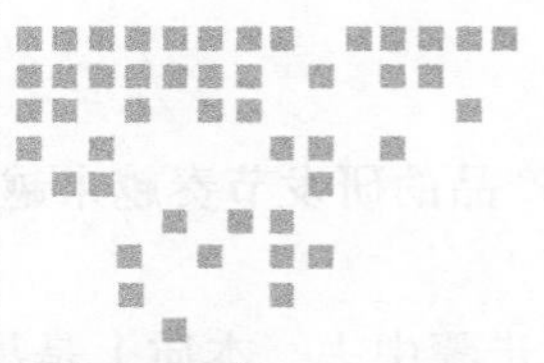

Chapter 29 第 29 章

测试右移与高效部署：应对频繁发布带来的挑战

上一章提到，在快速开发模式的挑战下，测试左移、测试右移应运而生。这一章我们讨论测试右移。

测试右移的定义，简单来说就是，**把测试的覆盖范围从传统的测试节点中释放出来，将其向右扩展，更多地融入代码部署、发布，甚至上线之后的步骤中。**

比如，测试人员在产品上线过程中，利用线上的真实环境进行测试。又比如，产品上线之后，测试人员仍然介入，通过线上监控和预警，及时发现问题并跟进解决，从而将故障影响范围降到最低。通过测试右移，测试人员不但有更多的时间进行测试，还能发现在非生产环境中难以发现的问题。

由于测试右移有机结合于各种部署、发布方式，所以我们会从这些方式入手，首先对它们进行正规的介绍和阶段划分，然后根据这些阶段做有针对性的测试右移的讨论。

29.1 三种部署方式的定义

针对快速开发模式，最近这些年产生了多种部署、发布方式。有趣的是，它们往往用颜色来命名，比如蓝绿部署、红黑部署、灰度发布等。这些颜色命名只是为了方便讨论，通过不同颜色表明它们会在系统升级时运行不同的版本。下面我们具体介绍蓝绿部署（Blue-Green Deployment）、红黑部署（Red-Black Deployment）和灰度发布（Gray Release 或 Dark Launch）的定义和流程。

方式一：蓝绿部署

蓝绿部署采用两个分开的集群对软件版本进行升级。它的部署模型中包括一个蓝色集群和一个绿色集群，在没有新版本上线的情况下，两个集群中有一个对外提供服务。另外一个运行旧版本，如图 29-1 所示。

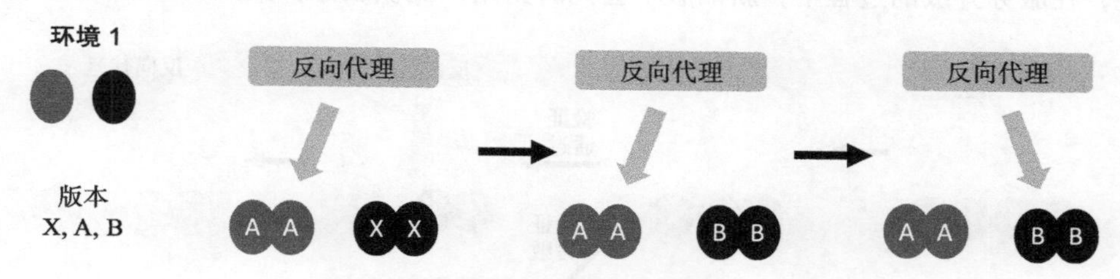

图 29-1 蓝绿部署示意图

系统升级时，以图 29-1 为例，蓝绿部署的流程如下：

1）初始状态，绿色集群运行当前版本 A 对外单独提供服务，蓝色集群运行旧版本 X 但是不对外提供服务；

2）在蓝色集群上部署新版本 B；

3）蓝色集群升级完毕后，把负载均衡列表全部指向它，由它单独对外提供服务。绿色集群继续运行旧版本 A，在紧急情况时可以将负载均衡列表再指向它实现版本回滚。

至此，我们就完成了两个集群上所有机器的版本升级。

方式二：红黑部署

与蓝绿部署类似，红黑部署也是通过两个集群完成软件版本的升级。在没有新版本上线的情况下，只存在一个集群对外提供服务，如图 29-2 所示。

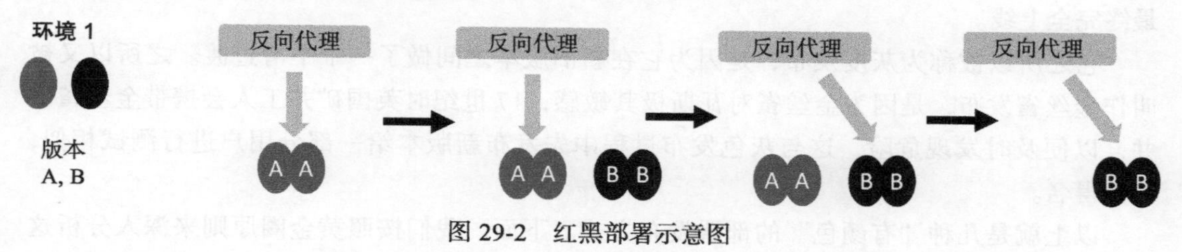

图 29-2 红黑部署示意图

系统升级时，以图 29-2 为例，红黑部署的流程如下：

1）初始状态，只存在一个红色集群运行当前版本 A 对外提供服务；

2）在云上获取一个黑色集群，进行新版本 B 的部署；

3）黑色集群部署完毕之后，一次性地把负载均衡全部指向它，由它单独对外提供服务；

4）释放红色集群中的所有机器。

红黑部署与蓝绿部署非常相似，唯一区别在于红黑部署在部署过程中动态获取一个集群，并在部署结束后立即释放，从而充分利用云计算的弹性伸缩优势，避免蓝绿部署方式始终有一半机器闲置的情况，大大提高资源使用率。

方式三：灰度发布

灰度发布又名金丝雀发布。与蓝绿部署、红黑部署不同，**灰度发布属于增量发布**。也就是说，在服务升级的过程中，新旧版本会同时为用户提供服务，如图 29-3 所示。

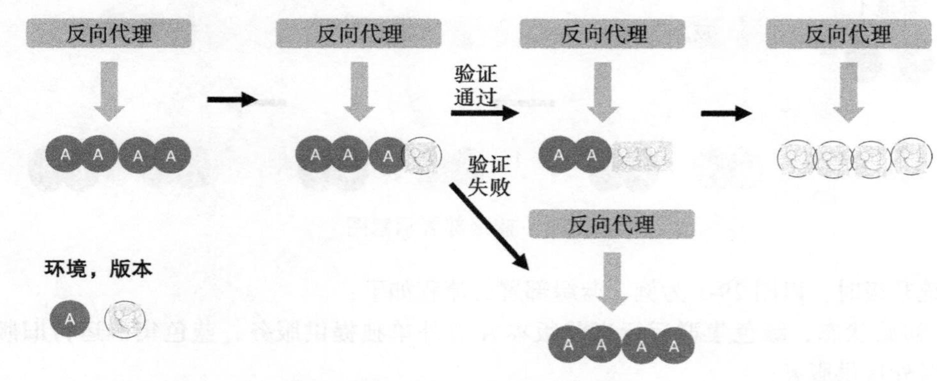

图 29-3 灰度发布示意图

灰度发布的具体流程如下：

1）在集群的一小部分机器上部署新版本，供部分用户使用，以测试新版本的功能和性能；

2）如果验证失败，回滚到旧版本；

3）如果验证成功，对整个集群进行升级。

简单地说，灰度发布就是把部署好的服务分批次、逐步暴露给越来越多的用户，直到最终完全上线。

它之所以被称为灰度发布，是因为它在新旧版本之间做了一个平滑过渡。之所以又被叫作金丝雀发布，是因为金丝雀对瓦斯极其敏感，17 世纪时英国矿井工人会携带金丝雀下井，以便及时发现危险，这与灰色发布过程中先发布新版本给一部分用户进行测试相似，因而得名。

以上就是几种“有颜色”的部署发布方式。下面，我们按照黄金圈原则来深入分析这些部署、发布方式的目标、原则和具体实践。

29.2 目标

究其根本，这些部署、发布方式都是为了更好地面对频繁发布的研发模式带来的挑战。具体来说，它们有以下两个目标：

1）减少发布过程中新旧服务切换造成的服务中断时间，蓝绿部署和红黑部署都能实现无宕机部署（Zero Downtime Deployment）；

2）控制新版本上线时带来的质量风险，灰度发布就是一个典型例子。

29.3　原则

实现以上两个目标的基本原则把服务上线过程拆分为部署、发布和发布后三个阶段，并充分利用这三个阶段的特点来提高服务上线的效率和质量。

首先给出这三个阶段的详细定义和特点。

- 部署（deploy），指的是我们把可执行软件包复制到生产环境的服务器上运行，但暂时还不使用它为用户提供服务。这个阶段比较耗时，不过因为还没有面向用户，所以风险很小。
- 发布（release），指的是把部署好的新版本暴露给用户的过程。这个过程可以通过负载均衡的切换快速实现，但因为新版本开始正式上线，所以风险很大，一旦出现问题就会造成较大损失。
- 发布后（post-release），指的是服务完全上线以后的阶段。因为此时产品已经完全上线，我们的主要工作不再是预防，而是监控和降低损失。

以红黑部署为例，从开始在新生成的集群 B 上部署新的版本，到线上的流量通过负载均衡指向 B 之前，是部署阶段；而负载均衡从 A 指向 B 的过程，是发布阶段；等到负载均衡完全指向 B 之后，就进入了发布后阶段。

部署、发布、上线这几个名词的区别并不明显，我们平时在讨论服务部署上线时，也经常会混用。这里之所以要对它们进行明确区分，是因为这几个阶段各有特点。要实现高效部署发布的两个目标，我们必须对这几个阶段做针对性的优化，也就是下面要讨论的具体实践。

29.4　具体实践

要实现高效部署发布的第一个目标，也就是减少发布过程中新旧服务切换造成的服务中断时间，有两种实践方法：利用负载均衡切换线上流量，使用功能开关切换线上流量。这两种方法都比较简单，我们在此就不对其进行详细讨论了。

而要实现高效部署发布的第二个目标，也就是控制新版本上线时带来的质量风险。这个目标相对复杂，但又至关重要。因为在快速开发模式下，我们必须在部署、发布，以及上线之后进行持续的测试，也就是测试右移，从而保证开发的顺利进行。

下面我们详细讨论如何在部署、发布、发布后这三个阶段利用测试右移来提高上线产品的质量。

29.4.1　部署阶段的实践

在部署阶段，因为服务还没有真正面向用户，所以比较安全。在这一步，我们可以尽量运行比较多的测试验证。但**一定要注意的是，检验过程中不能产生副作用，也就是不能影响到正在给用户提供服务的系统**。具体来说，我们可以采用集成测试、流量镜像测试（shadowing，也叫作 Dark Traffic Testing or Mirroring）、压测，以及配置方面的测试来进行检验。

第一种检验方法：集成测试

集成测试，指的是对模块之间的接口，以及模块组成的子系统进行测试。集成测试介于单元测试和系统测试之间。传统的集成测试在测试环境或类生产环境上运行，这些环境与生产环境差别较大，所以有一部分问题不能检测出来。而在部署阶段，软件包是运行在生产环境中的，所以在此处运行集成测试可以在很大程度上避免上述状况的发生。

我们一般采用以下两种方法避免集成测试产生副作用。

1）给测试产生的数据添加一个测试标签，同时修改业务代码逻辑，对所有包含测试标签的数据都进行特殊处理。

2）对测试用例产生的 API 请求进行特殊处理，不产生数据。一个实现方法是在业务逻辑代码中添加特殊处理的逻辑。而如果服务框架使用了服务网格（Service Mesh），则可以有一个更简单的办法，即使用服务代理（比如 Sidecar Proxy）来实现。

第二种检验方法：流量镜像测试

流量镜像测试，指的是对全部或者一部分线上流量进行复制，并把复制的流量定向到还没有面向用户的服务实例上，从而达到使用线上流量进行测试的效果。

关于引流，通常是使用代理实现，比如 Envoy Proxy 和 Istio 配合使用。感兴趣的读者可以参考《使用 Envoy 做镜像引流》[⊖]这篇文章深入了解。使用引流进行测试时，也不能给生产环境带来副作用，其具体处理办法与集成测试的处理方法类似，这里不再赘述。

除了运行普通的检测之外，流量镜像测试还有一个比较有用的使用方法。我们可以通过对测试流量与实时服务流量的运行结果的对比，来检查新服务的运行是否符合预期。Twitter 在 2015 年就开源了一款代理工具——Diffy，可以在镜像流量的同时调用线上服务和新服务，并对结果进行比较。

第三种检验方法：压测

压测也是在部署阶段比较有价值的一种测试方法。比如，我们可以把新服务部署到一个比较小的集群上，然后把线上环境的流量全部复制并指向这个新集群，以相对客观地了解最新服务的抗压能力。

第四种检验方法：配置方面的测试

系统配置方面的变更一旦出现问题，往往会给业务带来重大损失。部署阶段是测

⊖ https://www.envoyproxy.io/docs/envoy/latest/api-v2/api/v2/route/route.proto.html?highlight=shadow#route-routeaction-requestmirrorpolicy。

试配置变更的好时机。如果需要深入了解这部分内容的细节，可以参考“Fail at Scale: Reliability in the face of rapid change”[1]这篇文章。

29.4.2 发布阶段的实践

在发布阶段，我们主要可以使用灰度发布和监控两种方法来及早发现错误，减少错误带来的损失。

第一种检验方法：灰度发布

在发布阶段中控制质量风险，灰度发布是最基本、最常见的实践。这里给出它的两个使用技巧：

- 让灰度发布的服务先面向内部用户，也就是通过 Dogfooding，来降低出现问题时造成的损失；
- 使用现有的一些部署工具和平台发布，比如 Spinnaker 已经对灰度发布有了比较好的支持，可以考虑直接使用，从而降低引入成本。

第二种检验方法：监控

监控是安全发布必不可少的关键环节。在发布过程中，应该注意监测用户请求失败率、用户请求处理时长和异常出现数量这几个信息，以保证快速发现问题并及时回滚。

29.4.3 发布后阶段的实践

产品成功发布之后的主要工作就是监控和补救，具体检验方法包括三种：监控、A/B 测试和混沌工程（Chaos Engineering）。

第一种检验方法：监控

服务上线后，我们需要通过有效的实时监控来了解服务的质量。关于监控的内容，推荐参考可观察性（Observability）的三大支柱，即日志、度量和分布式追踪。如果需要深入了解这部分内容，推荐参考《利用 Jaeger 打造云原生架构下分布式追踪系统》这篇文章。

第二种检验方法：A/B 测试

系统上线之后发现问题的一个快速的补救办法是继续使用旧的服务代码。对于这一点，我们可以通过 A/B 测试的方法来实现。

也就是说，添加风险比较大的新功能时，使用 A/B 测试让新旧功能并存，通过配置或者功能开关决定使用哪一个版本服务用户。如果发现新功能的实现有重大问题，可以马上更改配置（而不需要重新部署服务），就能重新启用旧版本。

第三种检验方法：混沌工程

混沌工程，指的是主动在生产环境中引入错误，从而测试系统可靠性的工程方法。奈

[1] https://queue.acm.org/detail.cfm?id=2839461。

飞（Netflix）公司的 Chaos Monkey 是它最广为人知的典型代表。这种方法可以引入的错误主要包括：

- 杀死系统中的节点，比如关闭服务器；
- 引入网络阻塞的情况；
- 切断某些网络链接。

混沌工程有一定的使用场景限制。通常是对达到了很好的稳定性之后，对稳定性有更进一步的需求的公司，或者是对稳定性要求特别高的公司来说，混沌工程的价值才比较大。

29.5 小结

这一章首先介绍了常用的部署、发布方式，包括蓝绿部署、红黑部署和灰度发布。这些方式都是为了解决频繁发布的生产模式带来的问题。解决这些问题的最基本原则是，把服务上线的过程拆分为部署、发布和发布后三个阶段，并分别进行优化。而测试右移正是这些优化的最主要手段。

在部署阶段，我们要充分利用服务还没有暴露给用户的特点，尽量进行集成测试、流量镜像测试、压测、配置方面的测试等检验方法；在发布阶段，我们主要采用灰度发布并配合使用监控的方法，在出现问题时，马上进行回滚；而在发布后阶段，我们主要采用监控、A/B 测试以及混沌工程等检验方法。

快速发布模式没有给测试留下足够的时间，逼迫我们必须测试右移。Spinnaker 这种原生支持灰度发布的工具的出现和流行，也正验证了这一趋势。对于这种在生产环境上进行测试的方式，最关键的是要做好风险控制。另外，这种模式给测试团队带来了非常大的挑战。在不久的将来，传统测试方式应该会逐渐被淘汰。测试团队需要尽快转型，来适应这种新的开发模式。

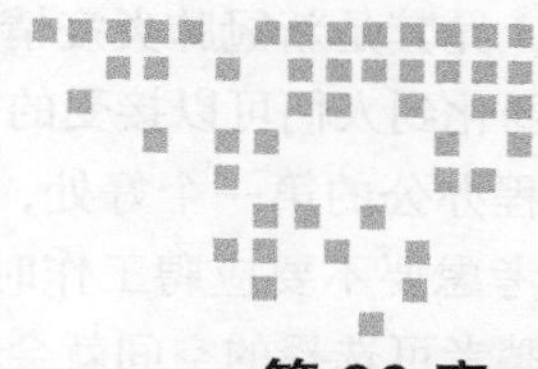

第 30 章 Chapter 30

持续进步：研发流程、工程方法趋势解读和展望

这是团队高效工程实践模块的最后一章。我们将对高效工程实践的趋势做一些大胆的解读和展望。

软件行业自诞生之日起，就一直在不断发展和变化。各种工程方法、研发模式不断涌现，而且加速度越来越快。这对于开发团队和个人来说是一个很大挑战，因为我们需要持续学习才能跟得上它的发展。但这也是一个机会，因为如果能够快速学习并应用这些实践的话，我们就可以在竞争中取得优势。

同时，这些挑战和机会并不强依赖于资源、背景，客观上为我们提供了一个相对公平的竞争环境。这也正是软件行业这些年来白手起家的成功企业不断涌现的重要原因。

所以这里我针对当前比较流行的研发流程、工程方法的趋势，尤其是与国内研发比较相关的部分，做一些解读和展望，说说我个人的理解、预测。希望为读者个人及团队，在技术选型以及工程方法选择上提供一些参考。

下面我会分别从协作方式、云计算平台、应用开发和 AI 这四个方面展开讨论。

30.1 协作方式的发展趋势

在我看来，协作方式的发展趋势，主要表现在以下两个方面：

- 首先，团队远程办公、灵活工时办公会越来越普遍；
- 其次，聊天工具和其他工具的集成会越来越深入和多样化。

团队远程办公、灵活工时办公会越来越普遍

远程办公之前并不流行，主要原因在于其沟通效率较低，也不利于掌控团队氛围。不

过，最近几年，尤其是新冠肺炎疫情发生之后，视频会议以及团队协作工具有了长足发展，上述问题逐渐弱化到人们可以接受的范围之内。

于是，远程办公的第一个好处，**即克服人才的地域局限性**，就凸显了出来。比如，之前，很多人在考虑要不要应聘工作时，都会首先考虑通勤距离。如今，一旦能够打破这个地域限制，应聘者可选择的空间就会开阔很多。

远程办公的另一个好处是，**大量减少通勤时间，进而提高研发产出**。近些年来，交通拥挤、通勤时间过长的情况越来越严重。有科学研究表明，如果每天上班时间单程超过30分钟，人的情绪就会受到较大的负面影响。所以，越来越多的公司开始采用远程办公的方式来缓解通勤时间过长给员工造成的压力。有些公司做得比较彻底，其开发人员可以每天远程办公，比如GitHub和Atlassian。而更多的公司，则每周允许员工部分时间在家办公，比如Facebook的开发人员每周三可以在家办公。国内交通情况也很糟糕。从我接触到的样本看，一线城市，上班单程低于30分钟的情况大概只占20%。所以远程办公在这方面可以给我们带来较大收益。

至于使用灵活工时办公，本质是任务驱动。这一点比较符合软件开发的特点，前文已经讨论过，这里不再赘述。在硅谷，基本所有的软件公司都不打卡。在国内，这种情况也越来越普遍。

关于远程办公方式，这里给出两个小技巧。

1）尽量使用视频会议而不是电话会议。有研究表明，由于缺少了由面部表情和肢体语言传递的信息，电话会议的效率会比面对面沟通的效率低很多。

2）做好信息的数字化。建设好任务系统、文档系统等，让研发人员在工作中能自助式地从这些系统中获取信息，减少对面对面沟通或者实时聊天系统的依赖。

聊天工具和其他工具的集成会越来越深入和多样化

最近几年，聊天工具和研发流程中其他工具的紧密集成愈发普遍。其中最典型的例子莫过于Slack。它可以和任务工具、代码审查工具、部署工具、监控系统，Oncall系统等进行集成，从而实现前文中提到的工具网状互联，提高研发效能。

所以，我觉得下面这种工作方式会越来越普遍：聊天工具里有针对不同主题的聊天室，每个聊天室有多个聊天机器人。研发人员大量通过和聊天机器人直接沟通去获取信息和执行任务。比如，可以询问聊天机器人当前线上运行的服务细节，包括版本号、相关需求、提交，以及具体的开发和测试人员等。又比如，可以通过运维机器人快速添加两台服务器到集群中去，实现扩容。

聊天是人类最自然的沟通方式之一，所以在聊天室和机器人的帮助下，执行这些操作会非常高效，自然也会提高研发效能。

30.2 云计算平台的发展趋势

前文提到，云计算正在改变软件开发的方式。关注并利用好云计算平台的发展趋势，是提高团队研发效能必须要做的事。其中，**云计算最大的发展趋势应该是 Docker 和 Kubernetes 带来的各种可能性**。

Kubernetes 自诞生以来，背靠着 Google 的强大技术支撑和经验积累，发展得异常迅猛。现在，它已经成为容器编排的事实标准。在我看来，Kubernetes 的最大作用在于可以用它高效建设 PaaS。

PaaS 位于云计算栈中靠上的位置，如果使用得当，可以大大提高研发效能。通过使用 PaaS，我们可以快速部署和管理应用程序，把容量预配置、负载均衡、弹性扩容、应用程序运行状况监控等细节统统交由云平台管理，从而让研发团队聚焦于业务。但是不幸的是，PaaS 平台有一个缺陷，它容易出现灵活性不足的问题。

比如，我之前在 Stand 公司开发后端服务时，非常希望能够使用 AWS 提供的 PaaS 服务 Elastic Beanstalk，来减轻团队在运维方面的工作压力。但试用之后，我发现它无法支持我们的定制化需求，比如平台对技术栈的支持不够灵活，更新的时候透明度不够造成问题排查困难等。最终我们只能忍痛放弃 PaaS，选择使用更下一层的 IaaS 服务，通过自己管理虚拟机来部署和管理服务。

解决 PaaS 灵活性不足的一个方法是灵活生成新的支持定制化需求的 PaaS 平台。不过，PaaS 平台的建设必须依托于下层的 IaaS 才能实现，所以技术要求很高，工作量很大，资源要求也很高，只有专门做 PaaS 的公司和云厂商才有能力提供 PaaS。

但这一情况在 Kubernetes 出现后有了改变。Kubernetes 提供了强大的容器管理和编排功能，**事实上是实现了一种基于容器的基础设施的抽象**，也就是实现了 IaaS 的一个子类。通过它，我们可以方便地建设定制化的 PaaS。比如 FaaS 是一个定制化的 PaaS。Kubernetes 的出现，极大地降低了建设 FaaS 的工作量，所以很快出现了基于 Kubernetes 的 FaaS 实现，比如 OpenFaaS、Fission。

考虑到 Kubernetes 提供了构建 PaaS 的能力，我认为将来越来越多的产品会构建在基于 Kubernetes 的定制 PaaS 之上。今天，很多公司已经开始直接在 Kubernetes 上建设 PaaS，即通过一个对 Kubernetes 比较了解的运维团队，来支持公司的服务可以运行在 Kubernetes 集群上。但 Kubernetes 的学习成本比较高、学习曲线比较陡峭，整个系统的运行并不是那么顺畅。所以，将来的趋势很可能会是这样：

- 如果研发团队较小，会选择使用第三方服务商通过 Kubernetes 提供的 PaaS 平台；
- 如果研发团队较大，很可能会基于 Kubernetes 建设适合自己的 PaaS 平台。

另外，我觉得还可能会出现这样的情况：整个公司运行一套 Kubernetes 作为 IaaS，上面运行多个不同的定制 PaaS 平台，公司的服务运行在这些 PaaS 平台上，从而同时获得较高的资源使用效率和研发效能，如图 30-1 所示。

注意：CaaS（Container as a Service，容器即服务）是一种允许用户通过基于容器的虚拟化来管理和部署容器、应用程序、集群的云平台，属于 IaaS 平台的范畴。

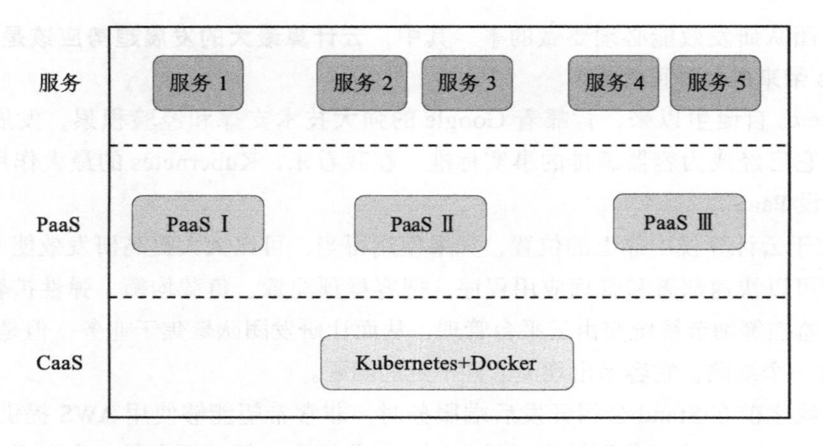

图 30-1 基于 Kubernetes 和 Docker 的 PaaS 应用展望

30.3 应用开发的发展趋势

随着云计算的普及，分布式计算会越来越流行。设计正确的架构来支持产品在分布式环境中的开发和部署，是云时代高效研发的重要因素。

在我看来，未来应用开发的发展趋势将主要表现在云原生开发方式和服务网格两个方面。

云原生开发方式

应用程序运行在云端，需要基于云的架构设计，这就意味着我们需要一套全新的理念去承载这种开发模式。这套理念，就是云原生开发（Cloud Native）。由 Heroku 创始人 Adam Wiggins 提出并开源、由众多经验丰富的开发人员共同完善的 12 原则，是云原生开发理念的理想实践标准。

服务网格

复杂的服务拓扑结构，是云原生应用的一个重要难点。而服务网格是解决这个难点的一个有效手段。

服务网格是用来处理服务间通信的专用基础设施，它提供了应用间的流量、安全性管理，以及可观察性等功能。在服务网格架构中，流量管理从 Kubernetes 中解耦出来。每一个服务对网络拓扑并不知情，通信都是通过代理来实现。所以，我们可以通过代理来方便地完成复杂拓扑结构中的很多任务。

比如，我们可以借助它来实现部署阶段的集成测试。假设 A 和 B 是系统中的两个服务，并且 A 会调用 B。我们希望在部署 A 的一个新版本时，在生产环境进行 A 和 B 的集成测试。可以利用服务网格按如下步骤实现：

1）运行集成测试时，通过 A 的 egress 代理，在它对下游服务发出的所有请求中都自动添加一个 x-service-test-b 的 header；

2）B 的 ingress 代理接收到有 x-service-test-b header 的请求时，自动通知 B 这是一个测试请求。测试完毕之后，修改代理去除这个 header 即可。

目前，服务网格有两款比较流行的开源软件，分别是 Linkerd 和 Istio，都可以直接在 Kubernetes 中集成，也都比较成熟。

30.4 AI 方面的发展趋势

最近几年，AI 绝对是最火的话题之一。我们讨论研发流程和工程方法，自然绕不过 AI。不过，AI 在软件研发上的应用还处于起步阶段。在我看来，AIOps、CD4ML（Continuous Delivery for Machine Learning，机器学习的持续交付）、语音输入是比较适合在软件研发中落地的。

AIOps

做好 AI 的前提是有大量的数据积累，而运维相关的工作就涉及大量的线上日志、监控，告警等数据，所以 AIOps 是 AI 比较容易落地的一个方向。具体来说，我觉得 **AI 可以从以下两个方面来提高运维效率。**

1）检测并诊断异常。通过对历史故障数据进行分析学习，找到规律，从而在新故障出现或者即将出现时，及时发现，并给出一些可能的诊断。

2）智能弹性扩容、缩容及流量切换。目前，我们通常采用 CPU 利用率、内存利用率等少量维度的指标，去判断是否要扩容或缩容，判断逻辑比较简单。而利用 AI，我们可以收集更多维度的数据，综合分析后自动进行扩容或缩容，从而更合理地利用资源。另外，我们还可以利用 AI 做更智能的流量切换，更进一步提高资源利用率。

CD4ML

机器学习中有很多需要人工参与的步骤，我们可以通过提高这些步骤的自动化程度来提高其效率。CD4ML 将持续交付实践应用于机器学习模型的开发，以便随时把模型应用到生产环境中去。

语音输入协助软件开发

今天，语音输入应该算是 AI 中最成熟的一个领域，它的识别率已经相当精准。我个人就经常使用语音输入。比如，我会用 Amazon 的 Echo 玩游戏、用小米音箱控制家里的空调，以及通过 Siri 打车等。实际上，我在进行本书的创作时，就经常使用语音输入形成第一版稿件，再手工编辑完善，节省了不少时间。

在我看来，语音输入将来同样可以应用到软件开发工作中去。比如，用语音来输入程序；再比如，通过移动设备上的语音输入完成一部分研发相关工作，包括申请机器、运行流水线、查看系统状态等。

30.5 小结

本章从协作方式、云计算平台、应用开发和AI这四个方面讨论了如何在软件开发工作中运用这些趋势去提高研发效能，同时对这些趋势做了一些大胆预测。

除此之外，软件开发行业还有很多创新性的方法和实践，这里无法一一展开。比如，在移动端开发中，GraphQL可以高效、灵活地从后端获取数据；又比如，Vapor可以让我们使用JavaScript之外的语言进行Web开发。

我一直很庆幸，能够在软件研发这个行业工作。因为它有足够的想象力，给了开发人员持续发展的空间。上面提到的这些趋势和方向，都让我非常兴奋。希望这些讨论能带给你一些帮助，引发你的一些思考。

第五部分 Part 5

管理和文化

在前面的模块中，我们从个人高效研发实践、研发流程优化、团队高效研发实践这三大方面介绍了高效研发的重要原则、方法和具体实践。然而，要把这些实践真正落实到团队的日常工作中，还需要高效的管理和文化。

管理是提高团队研发效能的基石。我们需要制定计划引入高效研发实践，并通过诸如绩效考评等管理手段推动这些实践。文化则是持久高效的保障。规定并不能穷尽所有可能，所以我们还需要形成无须规定的大家默认的行为规范。同时，管理又决定了团队文化，它们的关系如下所示。

没有有效的管理和文化，再好的研发实践也只是纸上谈兵。所以，在本书的最后一部分，我会参考硅谷高效能公司的一些管理实践和原则，结合我在国内外公司的落地经验，介绍如何通过管理和文化来提高团队的研发效能。

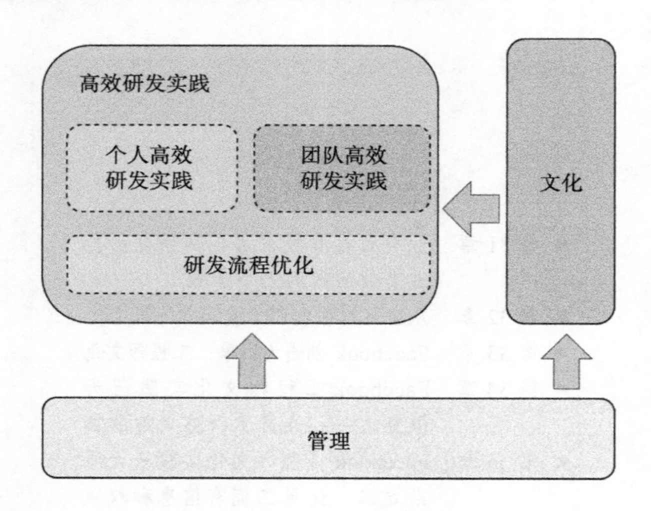

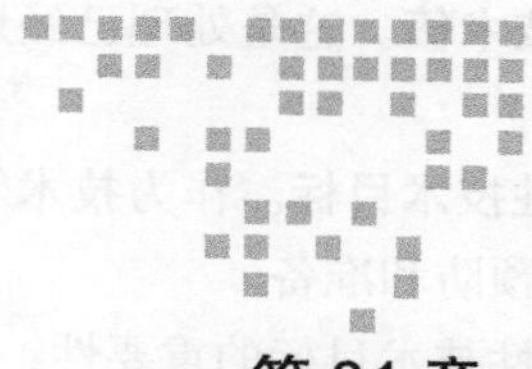

第 31 章 Chapter 31

业务目标和技术目标两手抓：打造高效团队的三个步骤

建设高效的研发团队，实现高效高质量的业务产出，是每一个技术管理者追求的目标。那么，如何打造一个高效的研发团队呢？要回答这个问题并不容易，不过，通常来说，我们可以按照三个具体步骤来有目的、有计划地逐步提高：寻找目标、目标管理、任务执行。其中，任务执行又包括人、流程和工具三个方面。

31.1 寻找目标

研发效能的三要素中，第一条就是准确性。要想建设高效的研发团队，技术管理者的首要任务就是为团队寻找目标和方向。

首先，技术团队的根本目标就是业务目标。毋庸置疑，业务目标是团队存在的意义，完成它是一切的基础。

业务目标的设定有两个层次：

1）弄清楚公司和上级对团队的预期，并达到这个预期，是团队的基础目标；

2）在基础目标之上，还要给团队设定一个进取目标。我们需要分析公司的发展方向，以及团队的实际情况，找到那些既符合公司利益，又能通过额外努力实现的目标。

除了业务目标之外，还有**另外一种技术管理者一定要关注的目标，即技术目标**。如果只关注业务，我们的行动就容易短视。有这么一句话我非常赞同："技术常常在短期被高估，在长期被低估。"作为技术管理者，我们需要坚信技术在长期可以发挥的巨大作用，在技术上持续投资，制定合理的技术目标并带领团队实现。

技术目标主要有两种。

1）偿还技术债。这是处理已经形成的问题。关于技术债的处理，请参考前面章节所做的详细讨论。

2）前瞻性技术目标。作为技术管理者，我们要有灵敏的技术嗅觉，对即将出现的技术挑战，做一些预防和准备。

关于前瞻性技术目标的重要性，这里举一个 Facebook 的例子来说明。

2013 年左右，我们从公司开发人员的使用数据观察到，由于代码仓的迅速增大，Git 对它的支持有些吃力，一些操作的速度越来越慢。于是，我们内部工具团队抽出人力做调研，以确认 Git 的性能问题是否会在不久的将来给研发造成阻碍。我们克隆了一份 Facebook 的代码仓，并按照当时的提交增长速度进行模拟测试。结果发现，再过半年，许多常用的 Git 操作速度都将下降到不可接受的程度。于是，我们团队专门成立项目组来解决这个问题。最终，我们采用切换到 Mercurial 的解决方案，在 Git 性能问题真正发生前就把它解决掉了。这种具有前瞻性的技术目标，确保了公司业务能够持续高速发展，给公司和团队带来的好处显而易见。

关于技术目标的设定，有两个常见问题。

1）业务目标和技术目标的时间占比应该是多少？从我个人的经验看，80% 是一个合适的点。80/20 原则无处不在。

2）技术目标是否需要立项？这要视公司情况而定。如果你的主管对技术目标认可，那最好能够单独立项；否则，就把技术目标合并到业务目标中。比如，要实现某一个业务，我们必须重构某一个组件。这里，重构组件就是一个技术目标。

无论采用哪一种方式，我们都需要持续关注技术目标。

31.2 目标管理

目标管理的第一步是制定计划。推荐使用 SMART 和 OKR 这两种方法。

SMART

SMART 是一个有效设定目标的原则。SMART 是 Specific（具体）、Measurable（可衡量）、Attainable（可达成）、Relevant（与主目标相关）和 Time-bound（有明确的截止期限）五个英文单词首字母缩写。具有这五个特点的目标更能够驱动团队高效执行。

比如，一个目标可能被定义为今年下半年实现用户讨论功能，但很明显这个定义不够清晰。而另外一种定义方法是今年 12 月 31 日之前，实现用户讨论功能模块，在主页以及至少一个其他页面使用，并且用户使用率大于 10%。

可以清楚地看到，第二种定义方式更为明确，团队成员可以专门针对具体的使用场景和用户使用率努力。同时，这个目标定义包含具体的指标和截止期限，更容易跟踪项目进展。

事实上，这个定义正是使用了 SMART 原则中的具体（S）、可衡量（M）和有明确截止日期（S）三个原则，变得更为有效。如果它还可达成（A），又与团队主要目标一致（R），那么团队工作起来会更有动力，目标的价值也更大。

总的来说，SMART 目标更明确、具体，更利于团队完成好的业绩，也为管理者实施绩效考核提供了更好的标准。网络上有很多 SMART 原则的相关资料，比如《SMART 原则以及实际案例》，读者可自行查阅。

OKR

OKR 是另一个很好用的目标管理工具。我们经常会听到领导者（Leader）和管理者（Manager）这两个概念，两者经常混用，但实际上它们有一个本质区别：领导者告诉团队需要去哪里，而管理者告诉团队如何去那里。在我看来，**每一个管理者都应该努力成为一个领导者**，给团队制定目标，让团队成员自己找到达成目标的方法。OKR 正是帮助管理者做到这一点的工具。

OKR 中的 O 表示目标（Objective），该目标需要能够鼓舞人心，使每个成员达成一致并受到启发；而 KR 则表示关键结果（Key Result），是达成目标需要注意的度量。OKR 在 Google 得到广泛使用之后，最近几年很流行，效果的确很好。如果需要系统了解并在团队落地的话，推荐订阅极客时间上《黄勇的 OKR 实战笔记》这个专栏。

OKR 的内容比较多，这里只强调一下**用好 OKR 的两个关键点**。

第一，牢记 OKR 最重要的目的是让全公司对齐目标。这是执行 OKR 最关键的原则。基于这个原则，我们可以扩展出很多实际操作：

- 可以在公司级别定义两个目标，然后每个团队和个人根据这两个目标制定各自的目标和关键结果，从而实现目标的对齐；
- 让所有人的 OKR 都透明，全公司可见。
- 定时回顾、调整和复盘。

第二，OKR 不是一个 HR 工具，也不是绩效管理方法。绩效管理方法通常包括目标、度量和考核（激励 / 惩罚），与之相比，OKR 只包括目标和度量，没有考核，是一个目标导向工具。

OKR 之所以在目标对齐上非常有效，在很大程度上得益于团队成员可以自己制定与公司目标一致的关键结果，从而发挥主观能动性，真正体现 OKR 的指导作用。如果 OKR 跟绩效挂钩，团队成员承担风险的意愿和内驱力就会大大减弱，倾向于制定更容易实现的 KR，于是失去了 OKR 的目标导向的意义。所以，OKR 不应该跟绩效挂钩。

那么**使用 OKR 之后怎样进行绩效考评呢**？答案很简单，只要评估团队成员具体完成的工作对公司的贡献度即可。甚至可以继续使用 KPI，让它与 OKR 并存。比如，公司高层可以使用 KPI，利用数字衡量绩效，而整个公司则同时使用 OKR 帮助进行目标对齐。

31.3　任务执行

在具体的任务执行这一步，作为技术管理者，我们应该从人、流程和工具三个方面入手，去提高研发效能，高效达成业务目标和技术目标。

人：调动主观能动性

在人这方面，基本原则是把团队成员的利益统一起来，从而激发大家的主观能动性，自己想办法去达成目标。

统一团队利益的主要方法是采用康威定律来组织团队结构，让它与产品结构相吻合，使产品的成功成为团队成员一致的努力方向。

Facebook 通常针对产品和功能，组织 10 人左右的团队，包括前后端开发人员、设计师、产品经理、数据科学家等。所有团队成员的目标都是如何把自己团队的功能、产品做好。小团队之间松耦合，有比较高的自主权。不同团队间则主要通过目标的一致性来进行协调。这种方式不但让大家目标一致，而且灵活机动，所以可以很快出产品。

把这种小分队的方法用到极致的是 Spotify 公司。他们在产品层面把各个功能模块隔绝开，某个功能出现问题，不会影响其他功能的正常使用。每个功能由 8 人左右的自主运营小组负责，称为 Squad。Squad 主管的职责是确认、沟通团队需要解决的问题，以及解决这些问题的意义，而团队成员的职责是自己决定如何解决这个问题，自主性非常强。

在把组织架构和产品对应起来的时候，还有一个重要原则：DRY。对个人开发者来说，DRY 是不要重复自己；而对公司或者团队来说，DRY 就是要建设针对基础设施和共享业务的平台，以避免重复造轮子。

以 Facebook 为例，基础平台团队（Infrastructure 团队）人数众多，话语权大，对公司的业务发展至关重要（我之前所在的内部工具团队，就是基础平台团队的一部分）。各项业务之所以能够快速开发、验证、上线、迭代，并实现高可用、高并发，支持上亿日活用户，都跟基础平台团队的工作密不可分。

最近非常火的业务中台，也是 DRY 的一个体现。

最后，绩效管理和企业文化也对调动人员的意愿起重要作用，后文中会详细介绍这些内容。

流程：选择恰当的方法论、原则、实践

针对流程的优化，前面章节已经有过详细讨论，这里做一个简单的回顾。

优化流程中特别需要注意的是，寻找符合软件开发行业特性的方法，并根据团队情况不断优化。**具体来说，推荐使用先从全局的端到端流程入手，寻找系统瓶颈，再集中精力解决瓶颈，完成一轮优化。**

这样可以让我们从全局出发，避免以偏概全，从而更高效地使用团队的人力、物力。在优化过程中，要尽量采用数据驱动的方式，用数据来寻找问题，并通过数据的比较来检查改良措施的有效性。

另外，作为团队的技术负责人，想要提高团队的研发效能，必须保持技术判断力。技术判断力包括技术选型的能力以及方法论的选择能力。具体可以参考前三个模块中给出的各种高效方法论和实践。

工具：根据实践进行选择

完成了人、流程的工作之后，工具的选择就相对容易了。团队**根据方法论选择适用的工具即可**。前面章节对许多方法论的适用工具都做过详细介绍，这里只给出**团队选用工具的两个原则**。

1）选择工具时要根据场景的复杂程度选择自建或者第三方服务 / 工具。对简单、单一场景，推荐使用开源工具；而对复杂的系统和流程，则可以考虑使用付费工具，这样通常比自建工具的性价比高。作为技术管理者，我们要时刻考虑投入产出比。在硅谷，小公司使用付费软件服务的现象也很普遍，国内公司也慢慢出现这个趋势。

2）工具虽然重要，但背后的方法论和原则更重要。比如 OKR，如果使用得当，即使只使用一套简单的 Wiki 系统就可以做起来；但如果概念不清、原则不对的话，即使引入专门的 OKR 工具，效果也不会好。作为技术管理者，我们一定要花时间了解隐藏在工具背后的原则。

31.4　小结

本章从寻找目标、目标管理，以及任务执行这三个步骤介绍了一些打造高效研发团队的管理方法。

首先，也是最重要的一点，技术管理者需要同时关注业务目标和技术目标。只有这样才能让团队持续发展。如果这一章你只能记住一个观点的话，我希望是“业务目标和技术目标两手抓”。

在目标管理方面，SMART 和 OKR 是不错的工具。不过，使用 OKR 时一定注意，目的是对齐目标，一旦与绩效挂钩，效果就会大打折扣。

在具体的任务执行方面，技术管理者要从人、流程、工具三个方面入手。即想办法调动人的主观能动性，从流程全局入手把时间花在最需要优化的地方，以及根据具体方法论和场景复杂度选择恰当工具。

最后，每一个技术人员都应该花些时间去了解管理，原因如下：

- 它可以让我们对公司、团队的管理措施有更清晰的理解，可以帮助我们更高效、有的放矢地工作；
- 管理是职业发展的一个方向，了解管理可以帮我们尽早弄清楚这条路是否适合自己。

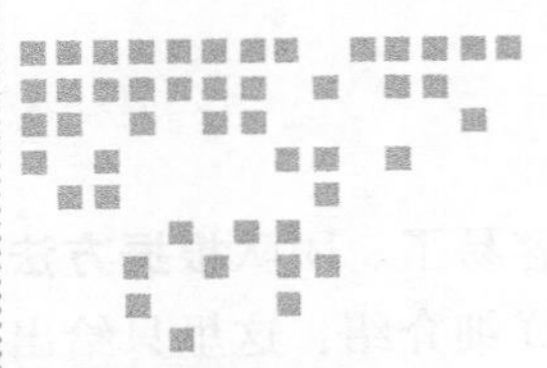

Chapter 32 第 32 章

从奈飞的著名 PPT 谈硅谷公司文化

硅谷的高效能研发公司，往往都有很好的企业文化和工程师文化作为支撑。下面我们就从公司文化的维度来讨论如何提高研发效能。

首先，什么是文化？定义很简单：**文化是决定一群人行为方式的共同认知、价值观和信念。**

对于一个公司或者团队来说，文化就是决定其成员行动的基本价值观。文化决定行动，它的价值自然巨大。可以说，**一个团队能否高效产出，文化起到关键作用**。所以，硅谷的很多公司都特别重视公司文化。

比如，Spotify 对公司文化的态度就是，如果远见是你想实现的目标，那么文化就是确保你能够实现这个目标的根本。再比如，工程师文化，正是 Facebook 这些年来的创造力引擎。

最近几年，国内公司也越来越重视文化建设。比如，阿里巴巴的面试官中有一个角色是“闻味官”，考察候选人是否和公司文化对味儿；再比如，有很多公司把核心价值观以红底黑字的形式做成条幅，挂在墙上。但事实上，能够真正理解文化，并推行下去的公司却很少。

这是因为，**文化更像是潜规则，写到横幅上的标语并不一定是公司文化；文化的建设，更是技术活和力气活的合体，绝不是喊几句口号就可以完成的。**

比如，美国 2001 年爆发的安然丑闻案，就是因为许多高级职员参与了销毁、篡改、编造财会记录的行为，欺骗了股东，导致了这一起美国历史上最大的破产案，给股东造成超过 600 亿美元的损失。而“诚信”是安然公司价值观的第一条，被凿刻在大理石上，装潢精美地放置在公司一楼的大厅。所以说，“墙上的价值观”真正践行起来，才能形成公司文化。

那么，如何推进好的文化在公司和团队落地呢？从硅谷的成功案例来看，推行文化主要包括三步：

1）定义核心价值观；

2）在招聘、流程方面设计方案推动文化建设；

3）持续推动文化建设。

下面我们就以奈飞为例，详细探讨如何通过这三个步骤落地文化，提高研发效能。之所以选择奈飞，是因为这家公司在推行公司文化方面做得非常彻底，并且他们对外公开的关于文化讨论的资料也比较多。

2004 年，奈飞公司发表了一篇关于公司文化的 PPT，叫作《自由和责任》，详细阐述了他们的公司文化及背后的思考。Facebook 的 COO 雪莉·桑德伯格曾经说，这个 PPT 是硅谷产出的文章里最重要的一篇，没有之一。

32.1　定义核心价值观

从公司文化的维度提高研发效能，首先需要定义公司所需要的文化。由于文化比较抽象，所以**常见的定义文化的方式是定义核心价值观**。价值观是团队成员做事的思考依据，是文化的具体体现。

定义价值观，需要从公司的发展目标出发，寻找最能够促进公司达成这些目标的价值取向。一般来说，价值观可以帮助公司实现以下四个方面的目标：产品上线速度、产品有效性、客户满意度、员工满意度。

价值定义精准，对公司业务成功会有巨大帮助。以奈飞公司为例，1997 年，奈飞成立并进入 DVD 租赁市场。当时的市场竞争已经非常激烈，除了几个很成功的线下连锁店，比如，BlockBuster、Hollywood Video、Movie Gallery 以外，沃尔玛等巨头也开始加入。在这种情况下，**奈飞仔细思考，制定了追求业绩和创新两条最基本的价值取向**。基于这两个基本取向，他们细化出了判断力、创新、好奇心、沟通等十条核心价值观。

这些价值观看似常见，似乎并没什么稀奇，很多公司也有类似列表，但奈飞公司真正做到了把这些价值观的追求落到实处。以创新为例，奈飞在刚成立时，将小众电影作为一个突破点。因为线下连锁店通常只关注当前票房较好以及历史上比较流行的电影，于是小众电影难以找到就成为一些电影爱好者的痛点。这个突破点正是奈飞得以生存下来的一个重要战略。创新这条价值取向的确帮助他们在红海中杀出了一条血路。

在定义价值观的时候，注意一定要基于公司的实际情况做选择，不能简单复制其他公司的成功经验。比如，美国有相当一部分互联网公司推崇创新。但如果是一家 ToB 或者与金融相关的公司简单地引入这样的创新文化，肯定会让客户不满意，因为他们往往更重视安全和低风险。

定义了公司的核心价值观之后，下一步是推动落地。

32.2 在招聘、流程方面设计方案推动文化建设

仅仅提出价值观是没用的，必须找到合适的方法落实到招聘、流程、组织结构上。奈飞关于创新的分析思路是这样的：一家小公司，在刚创立的时候，效能和创造性都很好，属于创新者。但随着公司规模逐渐变大，复杂度也随之变大，进而产生混乱。为控制混乱，公司就会引入流程和规则。但流程和规则存在副作用，常常会导致死板、僵化的局面出现，从而降低团队成员的生产效率和积极性，导致一流人才的流失。所以，很多公司变大之后，往往竞争不过新出现的小公司。

如何破局？答案是引入人才，基于信任进行管理。

引入人才控制混乱

奈飞公司认为，**在公司规模变大时，不应该引入规则，而是应该引入更多人才来控制混乱**。只要招收到优秀的、负责任的人，并给予他们自由发挥的空间，他们就能够灵活高效地解决公司在成长过程中遇到的各种复杂问题。因此，**只要引入人才的速度超过复杂度的增长速度，就可以让公司在成长的同时，持续保持高效能和创新能力。这就是奈飞的基本思路。**

基于这个思路，在HR方面，他们高薪招聘人才、奖励优秀员工；同时对不合适公司发展的员工则容忍度很低。基本思路是：一个员工如果称职，就用高于市场平均水平的薪酬去招聘或留住他；否则，就尽快解聘。

在具体操作上，他们使用了很多非常直接而非常规的方法。比如，取消每年定时的绩效考评，也没有年终奖。仅在平时实时考评，绩效考评结果只有合格与不合格两种。评判依据是员工能否胜任当前工作，并不太考虑过往表现。对于绩效考评不合格的员工，没有其他大公司常用的PIP计划（绩效提高计划），而是直接用丰厚的遣散费解雇；而对于绩效考评合格的员工，也不是按照每年以一定的百分比提升工资，而是根据市场价进行调节。也就是说，在绩效考评合格的前提下，不管你的表现怎样，你的薪资都会根据市场平均水平来调高或者降低，但肯定会高于市场平均水平以保证你愿意留下来。

这些操作在很多软件公司看来有些匪夷所思。但奈飞公司认为，这些措施能够确保员工始终有能力应对当前的挑战，并且是负责任的“成熟”人才（所谓成熟，是指这些人才理性、有主观能动性）。原因如下：

- 高薪可以招聘到胜任当前工作的人才；
- 如果个人能力发展跟不上公司的发展，就淘汰；
- 因为成熟人才理性，所以他们能够接受这些非常规但特别客观的评定标准，愿意留下来。

事实证明，从公司业务成功的角度来看，这些举措大部分都是成功的。

建立基于信任的管理机制

有了这些有能力并且负责的成熟人才后，**在流程方面，奈飞就可以对员工进行松散的、基于信任的管理了。**

比如，奈飞是硅谷最早使用无限制假期政策的公司之一。在上市之前，奈飞的假期政策是员工每年有 10 天带薪假、10 天节日假期，以及几天病假。这个政策没有专门的系统跟踪执行，而是由员工及其主管自己简单统计即可。这个系统本来运行得很好，但在上市时，审计程序要求必须有正式的系统来统计员工放假时间。

这时，常规方法是引入一个正式系统进行管理。不过，CEO 里德·哈斯廷斯了解到，如果员工没有假期的话，那么上市审计程序也就不需要这样一个假期管理系统。所以，为了节省精力、资金，他干脆决定不引入正式的管理系统，而是由员工自己决定什么时候放假，以及放多长时间假。公司只是提供一些建议和简单规定，比如财务人员应尽量避免在年终工作特别忙的时候请假；再比如，连续请假超过 30 天，需要向 HR 说明原因等。

奈飞敢做这样貌似风险很大的决定，是因为他们相信成熟员工能够基于公司利益做选择，所以没有必要花费额外的时间来处理不必要的流程。至于极少数不自觉的员工，只能说招聘时看走眼了，尽快解雇就是。事实证明，他们的无限制假期政策也很成功。

这种松散的、基于信任的管理可以充分利用人的灵活性来解决复杂度，可以在公司运行的方方面面对研发效能提供帮助。

32.3　持续推动文化建设

有了公司的目标价值观以及相关的机制设计之后，我们还需要持续用行动去推动文化建设。文化是一种潜规则，需要借助行动才能真正表现出来。在推动的过程中至少要注意以下三点。

管理者以身作则

团队的领导者，一定要以身作则，用实际行动去推动文化建设。还是以奈飞的无限制假期政策为例。这种政策可能导致一个问题：团队成员会担心，如果其他同事都没有休假，只有我休假了，那我的绩效很可能会受到影响。每个人都这样想，结果是大家都不敢休假。所以，为了避免这个问题，奈飞要求比较高层的领导，每年必须要休一定时长的假期，并且要向团队成员公布他的假期日程。

明确提出价值观

虽然说文化是潜规则，但推广文化还是需要把这些文化强调的价值明确地提出来，并尽可能多地和员工沟通，使他们对公司的价值观更加明确。所以，奈飞一直很强调他们的文化，甚至还将其总结成 PPT 对外公布。类似的，Facebook 也很强调文化，甚至有海报文化，到处都贴满标语，推动文化建设。

注意文化的演进

为了适应并跟随社会的发展变化，公司文化也不应该一成不变。所以，我们在建设公司文化时，也要时常进行一些复盘，以确认公司的文化和价值观是否仍然适合当前的研发现状。奈飞今天的十条价值观和当初相比也有不少改变和调整。

32.4 关于奈飞公司文化的思考

以上就是以奈飞公司为例进行讲解的建设公司文化的全过程。最后，分享一些关于奈飞公司文化的思考，通过他们在推广文化上的操作和得失，加深对公司文化建设的理解。

首先，**奈飞在文化执行上非常坚决彻底**。这一点在《自由和责任》PPT的作者帕蒂·麦科德身上得到了很好的体现。

帕蒂是制定这些政策的核心成员，在公司文化建设上功勋卓著。但在2012年，她本人却因为跟不上公司发展而被解雇。虽然她在过去对公司有很大贡献，但公司的绩效考评制度不关注过往，只考虑当前。所以当时这个解雇事件还在互联网上掀起了一段热烈讨论，很多人认为她是自掘坟墓。不过我倒认为，这正说明她当年制定的策略被成功执行了，真正起到了作用。

正因为奈飞采用了很多非常规的，甚至极端的方式去推行文化，所以这些年来确实做到了持续的高效能和创造性，业绩也非常亮眼。从2012年（帕蒂被解雇）到2018年，奈飞的股票涨了25倍，用户数达到1.37亿，覆盖190个国家。可以说，他们关于自由和责任的公司文化功不可没。

但**极端政策在给奈飞带来成功的同时，也产生了相当的负面作用。**因为公司对低绩效员工的容忍度非常低，解雇人员的频率比较高，所以有些人认为奈飞内部存在一种“恐惧”文化，他们时常处于害怕的状态，担心自己会不会突然被解雇。

这种状态让员工工作得并不开心，对创造性也会有负面影响。在公司满意度调查网站（glassdoor.com）上，奈飞的满意度只有3.7分，而相比之下，Facebook、Google的满意度都在4.5分左右。2018年10月，华尔街日报发表了关于奈飞文化的文章，针对其负面影响对奈飞的政策提出了一些质疑，在互联网圈造成了不小的轰动。

其实，我个人对奈飞的文化有两点不太认同。

第一，他们超级强调透明，认为一个成熟的人可以接受任何客观的评价。比如，奈飞会对一些被解雇的员工的解雇原因进行分析，甚至出现过让他们亲自参加的情况。虽然招聘的都是成熟员工，应该能够客观看待因为绩效不合格被解雇这件事，但人终究还是有感性的一面，这种极端透明的措施肯定会对一部分人造成不好的影响。

第二，太强调当前表现而不考虑过往贡献。这一定会降低员工的归属感，进而降低工作积极性。相比起来，我更喜欢Facebook的文化。关于这个话题后续章节会详细。

32.5 小结

本章讨论了什么是企业文化，以及应该如何设计和推动文化落地，从而提高公司的研发效能。

文化是团队成员做事的潜规则，所以好的文化是高效能的基础。而要通过文化建设来提高研发效能，可以按照以下三个步骤：

1）根据公司目标，定义核心价值观；

2）围绕核心价值观，制定HR、流程方面的方案；

3）管理者以身作则，用行动去推动文化建设，明确提出价值观来统一团队认识，并保持公司文化与时俱进。

最后，了解公司文化，对我们个人有什么帮助？

如果你是管理者，或有志成为管理者，关于公司文化的讨论能够帮助你设计并实施适合自己团队的文化。如果你现在还不是管理者，了解公司文化对你会有两方面的帮助：一是可以推动团队进步，提高自己对团队的价值；二是可以衡量团队文化是否适合自己，这也是衡量是否要加入一个新团队或公司的重要考量因素。

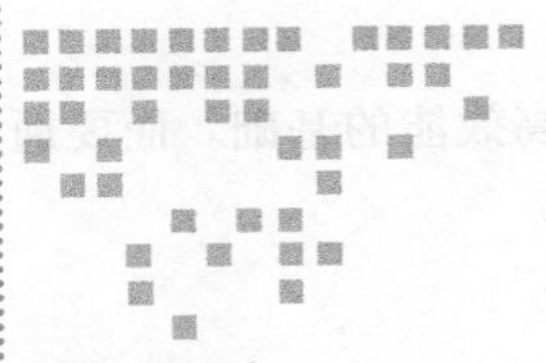

Chapter 33 第 33 章

Facebook 创造力引擎：工程师文化

上一章以奈飞为例介绍了公司文化建设的三部曲，即定义核心价值观，在招聘、流程方面设计方案推动文化，以及持续推动文化建设并总结提高。下面我们以 Facebook 的工程师文化为例，详细讨论高效企业文化的实践和效果。

从我的亲身经验来看，工程师文化的确可以极大地激发开发人员的内驱力和创造性。这是一个双赢的局面：既可以为公司产生更多更有价值的产品，也可以大幅提升开发人员个人的成长速度和幸福感。遗憾的是，相比之下，国内很多公司在这方面比较欠缺，团队成员很多都处于简单执行的状态，内驱力和创造性远远没有激发出来。

通过上一章的内容，我们了解了“文化是决定一群人行为方式的共同认知、价值观和信念”。那什么是工程师文化？

工程师文化的本意是工程师这个群体的行为方式的共同认知、价值观和信念。本来工程师团队的做事方式可能千差万别，有好有坏，但后来“工程师文化”逐渐演化成**正面**的工程师的做事方法。也就是**用正确的工程方法、思路来完成工作的文化**。

33.1 Facebook 的工程师文化

Facebook 的工程师文化可以用**一句话总结：黑客之道**。这里的黑客并不是贬义词。事实上，黑客在程序员界本是一个褒义词，指的是动手能力极强的程序员，他们创造、实验、打破常规，可以让计算机做任何他想做的事，即使计算机本身不同意。

但现在，黑客却和入侵电脑系统去为非作歹的罪犯画上了等号。这个误解极深，以至于业界大神保罗·格雷厄姆专门写了一篇文章“The Word‘Hacker’”来澄清。

为什么 Facebook 要把“黑客之道”作为自己的企业文化呢？因为它可以帮助公司实现

其企业使命。Facebook的企业使命在2017年7月有过一次演化，不过总的来说，一直都是“提高信息的传播和消费方式，把世界更好地连接起来”。这样的社交网络系统规模庞大，在研发上有着很多前所未有的分布式、高并发等挑战。同时，因为这是第一次把社交映射到网络上，所以有无限的创新可能。构建这样的系统需要大量优秀人才不断创新，打破常规。

扎克伯格和Facebook的其他管理层认为，黑客的做事方式很适合公司快速发展，进步、创新，能支撑公司实现使命。所以，Facebook一直把黑客之道作为自己最根本的工程师文化。2012年Facebook上市时，扎克伯格的公开信中甚至直接给出了黑客的四个特质。

- **优化无止境**：黑客认为优化无止境，产品无完美。在大部分人认为服务已经无法改善，或者满足现状的时候，会直接上手做进一步的优化。
- **持续进步**：黑客不追求一蹴而就，一劳永逸。他们更喜欢快速发布小规模更新，并从中吸取经验教训，通过长久努力不断进步。
- **代码为王**：黑客更在意代码实现。代码胜于雄辩，只有真正实现了的东西才有价值。
- **能力为王**：黑客有极度开放和精英为王的心态，不会因为谁的头衔高就默认其权威。相比之下，黑客更看重的是技术，以及把想法变为产品的能力，说白了就是谁行谁上。

针对这些特质和企业使命，Facebook又总结了五条核心价值观，分别是专注于影响力（Focus on Impact）、迅速行动（Move Fast）、勇往直前（Be Bold）、保持开放（Be Open）和创造社会价值（Build Social Value）。

下一步，我们深入了解Facebook是如何推行黑客文化的。

33.2　Facebook推行工程师文化的具体实践

与奈飞推动企业文化建设一致，Facebook也采取了一系列措施来有效推行其工程师文化落地，包括重视工程师文化的宣传，以及从流程、工具方面进行推动。

重视工程师文化的宣传

Facebook一直有一个很大的“The Hacker Company”的标牌，公司几次搬家，它都始终被放到最显眼的地方。扎克伯格在上市的公开信中也详细讨论了公司的工程师文化。

此外，他们的海报文化也非常有名，是Facebook园区的一大特色。园区中有很多写着各种各样标语的海报，比如“我们的旅程只完成了1%”，“敞开大门”，“完成比完美更重要”，“专注于影响力”，“快速行动，打破陈规”等。还有一句我个人最喜欢的中文口号：“出来行，最紧要是勇”，是勇往直前的意思。

很明显，这些标语与Facebook的工程师文化以及核心价值观紧密相关。Facebook的COO雪莉·桑德伯格在一次访谈中谈到这些海报时说，公司的文化正体现在这些海报当中。

虽然这些标语看似在打鸡血，但在Facebook工作过后你就会理解，公司的确是在践行这些工程师文化，它们也的确为公司发展和个人成长带来了巨大好处。而且，这些标语绝大部分都是开发人员自己打印了贴到墙上的。

这些对工程师文化的宣传，都对它的落地起到了很大帮助。

从流程、工具方面进行推动

下面是针对黑客文化和核心价值观的一些具体实践。

能力为王方面，扎克伯格没有独立办公室，工位和其他员工的一样普通（当然，他有一个私人会议室）。另外，员工互相看不到对方的职级，所以讨论技术问题时，不会因为级别而束手束脚。

持续进步方面，公司搭建了强大的实验框架、功能开关，无论何时都可以测试上千个不同版本的Facebook服务，给开发人员创造了能够迅速行动、快速迭代的环境。另外，公司的容错文化也落到了实处。只要不是故意的，首次犯错通常都不会影响绩效。当然同样类型的错误重犯会有惩罚，另外有一些隐私、安全相关的红线也不能触碰。

代码为王方面，所有研发岗位新员工入职时都被要求参加一个长达六周的培训，叫作Bootcamp。在这六周中，无论你是什么级别的管理者，都要学习公司的代码库、工具和方法，并实际编码完成任务。业内许多工程师团队的管理者，并不愿意亲自动手编写代码，这在Facebook是行不通的。因为，Facebook更看重的是实践型人才。

专注影响力方面，Facebook会定期举办的Hackathon活动，让大家依照自己的创意开发原型产品，然后在公司范围内演示。这给了员工一个发挥想象力和能力来产生价值的机会。Facebook最成功的产品有些就来自Hackathon，包括时间线、聊天、视频、点赞按钮等。

类似这样的流程、实践，在公司的各个方面都有体现，不一而足。这里只是简单列举了其中一小部分。后面的几个章节中会给出详细、系统的分析。通过这些流程、实践，Facebook把它的工程师文化落到了实处。

33.3 个人角度感受Facebook工程师文化带来的效果

前文给出了Facebook的黑客文化和一些具体实践。**这些文化的效果如何呢？**从Facebook业务的持续高速发展和业界口碑来看，效果非常好。下面，我从一名普通开发人员的角度，来介绍Facebook工程师文化对个人成长的效果。

Facebook的工程师文化鼓励的优化无止境、持续进步、代码为王、能力为王，都是优秀技术人员的重要特质，对个人技术成长和创造产品帮助非常大。在Facebook工作几年后，我的做事方式自然而然地向这些方向靠拢，可以说是润物细无声。

比如，“快速行动，破除陈规”，是Facebook最有名的一句文化口号，也是对我影响最大的一句。

2010年，我离开微软加入Facebook时，比较习惯瀑布式开发，非常谨慎，体会不到这句口号的精髓。入职后大概两个月，我从Bootcamp毕业，加入了Phabricator团队，收到的一个任务是查看MySQL数据库中开发人员的信息。

我希望找到只读模式，来保证不会把数据库搞坏。但因为我对公司的MySQL命令行工具不是很熟悉，就去向同事请教。同事是Facebook资深员工，他对我的问题很惊讶，了解到我的担忧后，他说你小心一点就行了。可我还是不放心，最后自己花时间找到了只读模式的命令参数。但事实证明，在Facebook四年多的时间里，我从未误操作过MySQL。当年花在寻找只读命令上的时间，完全是浪费。

这件事对我的职业成长影响很大。我逐渐体会到**"快速行动，破除陈规"的意思，就是要尽量快地去做事儿，不要担心搞砸，跟"Fail Harder"类似**。后来，我愈发适应这种方式，对公司的贡献速度也快了很多。

比如，我在负责Phabricator时，带领两个同事共同负责公司所有开发人员的代码审查、代码浏览工具，Phabricator和其他工具的集成，以及与开源社区的合作的相关工作。任务很重，责任很大。正是"快速行动，破除陈规"这种工作方式，让我能够快速行动、快速迭代、持续学习，最终顺利完成各项任务。当时，我们三个开发人员就支撑起了几千名开发人员使用的一个核心开发工具，这正是工程师文化为我们带来的个人能力成长，以及团队研发效能的提高。

33.4 小结

Facebook的工程师文化，简单来说就是黑客之道，即能够打破常规，突破界限的做事方式，其特质可以概括为优化无止境、持续进步、代码为王、能力为王。

正是这些特质，帮助Facebook快速发展业务，不断实现创新，最终达成公司愿景。所以，Facebook一直在文化宣传、流程和工具等方面推动其落地，效果确实非常好，实现了公司成功和个人成长的双赢。

在工作和生活中，我们都会面对一套现有的规则（感知规则），告诉我们什么可以做到，什么不可能做到。我们常常以为这套规则就是事情的真相。但其实，感知规则背后常常隐藏着另一套规则，它才是事实真相（真实规则）。只有认识到这一点，我们才能突破感知规则，以非常规的方式去完成一件事，也就是我们所说的创造奇迹。而黑客精神，正是突破感知规则，寻找真实规则的精神。

Chapter 34 第 34 章

Facebook 工程师文化实践三大原则之一：让员工做感兴趣的事

在上一章，我们详细介绍了 Facebook 工程师文化的核心——黑客之道，并给出了一些落地实践。从这些实践中，我们可以体会到这种工程师文化推行得非常成功，已经融入了 Facebook 的血液中。也正因为如此，Facebook 的工程师文化大大激发了员工的创造性、生产力和凝聚力，对整体的研发高效能和良好的个人成长环境起到了关键作用。

然而，与工程实践等方法论一样，知道好的实践还远远不够，我们更需要弄清楚这些实践背后的原则。只有这样才能把它应用于自己的公司和团队。

所以，在接下来的三章，我会系统分析 Facebook 是如何高效落地工程师文化的。同时，我也会结合我在其他公司、团队推行工程师文化的实战经验，分析落地工程师文化的切入点和需要注意的问题。希望这样的讨论思路，能够帮助读者更深入地理解这些实践和原则，从而将工程师文化更顺畅地引入自己的团队，提高研发效能。

34.1 Facebook 工程师文化落地的三大原则

在讨论 Facebook 工程师文化实践落地的原则之前，我们首先对它的目标进行一些思考。首先需要明确的是，**推行工程师文化的目的是提高开发人员的积极性和创造性，从而更高效地进行软件生产，在竞争中取得优势。**

要最大化地激发开发人员的自我驱动能力，根本出发点是理解开发人员这个群体的特性：**每一名开发者首先都是知识工作者**。管理学大师彼得·德鲁克在《卓有成效的管理者》中说："我们无法对知识工作者进行严密和细致的督导，我们只能协助他们。知识工作者本人必须自己管理自己，自觉地完成任务，自觉地做出贡献，自觉地追求工作效益。"从这个角度来看，每一个知识工作者，都是管理者。

也就是说，要提高开发人员的效率，强管理不是办法，根本之道在于激发他们的内驱力。正因为如此，**有效激励员工的积极性，是硅谷高效能公司文化的共同点**。

那怎样才能有效激发开发人员的积极性呢？Facebook 主要关注以下三个原则：

- 让员工做感兴趣的事；
- 让员工拥有信息和权限；
- 绩效调节。

员工可以做自己喜欢的事，并有施展拳脚的空间，自然能最大限度地发挥主观积极性；而绩效的调节，能够让团队成员的积极性与公司的利益更有效地对齐，从而最大化员工积极性带来的成果。可以说，这三个原则正是 Facebook 工程师文化落地的三大原则。

下面，我们先来介绍第一大原则的一些具体实践。

34.2　让员工做感兴趣的事

首先要说明的是，这里的感兴趣，不只是狭义地觉得任务有意思，而是开发人员对工作的整体状况感兴趣，包括项目前景、技术栈、挑战性、团队成员等。有研究证明，如果任务有意思、有挑战性，又是加以努力就能完成的，那么员工的参与度和满意度就会非常高。

让员工做感兴趣的事，主要在于可以让员工尽量灵活地选择岗位和转岗。但这是一把双刃剑。它很可能会在短期内给公司和团队带来负面影响。尤其是团队较小的话，每个人都很关键，自由选岗、转岗更难实现。

下面，我们来了解 Facebook 是如何用好这把双刃剑的。Facebook 让员工做感兴趣的事，主要涵盖入职、日常工作和转岗这三个场景。

第一个场景：入职

在 Facebook，新员工入职时都要参加 Bootcamp，一方面可以帮助员工熟悉公司的产品、研发流程和工具，另一方面可以帮助员工灵活选择岗位。

Bootcamp 的具体操作是：几乎所有工程师在入职时，都没有明确的团队分配。进入公司后的前六周，新员工会先到一个特殊的区域办公，工作任务则是从一个特殊任务池中挑选。这个任务池中的任务来自公司各个产品团队。有 Bug 修复，也有小功能的实现。通常难度不大、优先级较低，但又能让新员工快速了解业务。新员工通过执行具体任务来了解产品和流程，同时接触这个产品团队的成员。

在 Bootcamp 结束时，新员工和他们感兴趣的团队主管沟通，以决定最后的归属。这是一个双向选择的过程。不过由于公司业务一直在扩张，很多团队都缺人，而且这些新员工的素质普遍不错，所以一般来说都是“卖方市场”，即绝大部分新员工都能进入自己感兴趣的团队。

让新员工选择并进入自己感兴趣的团队，可以极大提高其积极性，还可以在员工间建立关系网，提高凝聚力，长期收益非常可观。不过，这个实践也有弊端，较为显著的弊端是有的团队可能一直招不到合适的成员，在短期内影响产品进度。

所以说，**这个实践比较适合有一定规模且发展较快的公司**，因为新员工多，容易调节。Facebook 也是在 2008 年员工数接近 1000 时，才开始实施这个实践的。关于 Bootcamp 的更多细节，可以自行查阅相关内容。

第二个场景：日常工作

在日常工作中，Facebook 提高员工工作兴趣的一个关键实践是 Hackathon。

Hackathon 非常强调趣味性。它的一个原则是鼓励大家尽量不要做与日常工作直接相关的项目，而是做一些感兴趣的项目。而且在开始的时候，还有一些好玩的仪式。组织者和参与者会敲锣打鼓，在公司园区里做一个游行。游行结束才宣布 Hackathon 正式开始。另外，Hackathon 通常会在公司的餐厅进行。餐厅会摆放桌椅、提供小零食，被整理得很舒适，适合三四个人的小团队讨论问题。所以，我们在做 Hackathon 的时候，都是把它当作一个好玩的事，而不是当成任务看待。

但有意思的是，虽然 Hackathon 并不要求做出可落地的产品，但它却孵化出很多很有价值的项目。上一章提到，Facebook 最成功的产品中有些就是来自 Hackathon，比如时间线、聊天、视频、点赞按钮、图像标签和大拇指等。出现这种情况的原因有二。一是大家感兴趣的项目常常还是会和工作相关，二是这种兴趣驱动的做事方式可以极大释放大家的创造性。

总的来说，Hackathon 没有强制的业务目标，做不出东西也没关系，所以大家都很放松，抱着创造一个新东西的心情去做事，体验非常好。

在落地实践方面，Hackathon 不涉及转岗，所以比较容易实施。也正因为如此，国内不少公司都尝试过这个实践，也取得了一些效果。

第三个场景：转岗

在转岗制度上，Facebook 采用的是 Hackamonth（Hack A Month），即员工可以离开当前工作岗位，去另一个团队全职工作一个月。每个员工在团队工作满一年后，都可以参加这个活动。

跟 Bootcamp 类似，Hackamonth 也有一个任务池。每个团队都会把一些一个月左右即可完成的，又相对独立的项目放入这个任务池中。有兴趣参加 Hackamonth 的员工，在这个池子中寻找任务，然后跟该任务的团队负责人确认，之后就可以和自己的主管提出参加 Hackamonth 的要求。

只要该员工在原团队工作超过一年，他的主管就没有权利阻止他去参加 Hackamonth。该主管需要做好安排，确保当前工作岗位上的任务在这一个月有人处理。安排妥当之后，该员工就正式进入 Hackamonth，直接到新团队的办公区工作。在这月中，他完全作为新团队的一个成员全职工作，全身心投入新项目，不需要处理原团队的任何事务。

Hackamonth 结束后，他可以选择决定加入新团队，当然前提是新团队愿意接收。整个 Hackamonth 实际上是一个员工和他感兴趣的团队互相了解，并双向选择的过程。由于花了一整个月一起做项目，所以双方的了解具体而深入。另外，Hackamonth 还提供了更进一步的灵活性。在做 Hackamonth 的时候，如果员工觉得这个团队不是很满意，也可以私下接触其他团队。如果双方觉得合适的话，等 Hackamonth 结束后，他可以选择加入第三个团队。

Hackamonth 对提高开发人员的工作兴趣有两大好处：

1）开发人员可以比较自由地转岗，而且大概率能够找到感兴趣的项目；

2）即使最终没有转岗，也可以通过这一个月的项目变化，减少职业倦怠的可能性。比如我有一个同事在 Facebook 待了五年，参加了三次 Hackamonth，但每次都回到原来的组。用他的原话表达就是："去度一个月的假！"

不过，Hackamonth 也有弊端。它会直接影响原团队的工作进度，容易对公司和团队造成短期伤害。与 Bootcamp 相比，Hackamonth 更不适合小公司。Facebook 是在 2011 年员工数量达到几千时，才开始采用 Hackamonth 政策。

34.3 Hackathon 落地经验

上面介绍了 Facebook 为达成"让员工做感兴趣的事"这个目标的三个重要实践。下面，我以我在国内某公司实施 Hackathon 的过程为例，介绍具体落地实践。

当时，我所在团队的执行力很强，但员工的自驱力不够，创造性比较欠缺。针对这一情况，我决定引入 Hackathon。在这之前，公司其他团队实际上尝试过 Hackathon，但由于太关注业务产出，效果都不太好。所以，这次 Hackathon，我强调了以下两个规定：

1）明确要求 Hackathon 的目的是让大家享受做项目（Have Fun），不追求产品落地，尽量不做与工作直接相关的任务；

2）评选结果时，由团队成员投票决定优胜者，而不是由专家或者管理层评选。

关于这两个原则，我的主管和人事部门开始是持怀疑态度的，但在我的坚持下还是执行了下来。

另外在时间段的选择上，我采用了和 Facebook 类似的方式：周五上午开始，周日结束，周一下午在团队内部进行演示和评选。这样一来，只会占用一天多一点的工作时间。这次 Hackathon 下来，效果出奇得好。大家热情高涨，100 人左右的开发团队一共产生了 12 个项目，其中很多都很有意思，也出现了有业务价值、可以落地的项目。

比如，三个开发人员做了一个卫生间管理系统。大家登录网页即可查看办公楼的卫生间占用情况。这个项目，既解决了大家的痛点，又很有意思，所以高票当选第 1 名。

再比如，两个运维人员和一个开发人员做了一个 ChatOps 的项目。他们开发了一个聊天机器人，在产品发布上线时，实时公布部署进展，同时开发人员也可以直接向聊天机器人询问当前的部署状态。这个项目，很大程度上解决了部署上线时团队的沟通不畅问题，所以后来成功落地到了实际工作中。

这种形式的 Hackathon，给团队带来了很好的正面影响。首先，大家对技术更感兴趣，也更愿意主动思考各种项目的技术可能性。另外，团队氛围更活跃，成员关系更加紧密。

总结来讲，几乎所有包含开发人员的团队都可以使用 Hackathon，利用它提高大家的工作积极性和团队氛围。不过在实施中特别需要注意的是，要强调鼓励兴趣而不是业务产出，否则会事半功倍。可以考虑使用我在上述实践中采用的两个规则。

34.4 小结

Facebook 工程师文化落地的三大原则：让员工做感兴趣的事、让员工拥有信息和权限，以及绩效调节。

在“让员工做感兴趣的事”这一方面，Facebook 在入职、日常工作和转岗三个场景上，分别采用了 Bootcamp、Hackathon、Hackamonth 等实践，以提高员工内驱力。

在这三个实践中，Bootcamp 和 Hackamonth 比较适合规模较大（千人左右或者以上），且发展较快的公司。如果你的公司符合这些特点，可以考虑落地这两个实践。过程中要注意根据实际情况做一些调整。比如，存在一些冷门团队，引入 Bootcamp 后新员工都不愿意去，如何处理？一个可能的解决办法是对这些职位进行定向招聘，专门寻找对它们感兴趣的研发人员。

如果你的公司不具备这些特点，可以尝试 Hackathon 这个轻量级的实践。Hackathon 花费的时间不多，但如果执行合理的话，效果也还不错。

尽量让员工做感兴趣的事，是 Facebook 工程师文化实践的第一条原则。技术管理者在日常管理工作中应该时时留意。除了考虑实施以上几个具体实践之外，在安排任务时也要多考虑团队成员的意向。尽量在条件允许的情况下，提高员工兴趣和任务的吻合度。

第 35 章 Chapter 35

Facebook 工程师文化实践三大原则之二：让员工拥有信息和权限

上一章介绍了 Facebook 工程师文化原则之一：让员工做感兴趣的事。本章介绍第二个原则：让员工拥有信息和权限。该原则提供空间让大家能够施展拳脚，在工作中自由发挥、充分发挥。

国内公司在信息和权限管理方面大多相对保守。在拥有信息方面，通常过于严格。信息的不透明，会降低员工的主人翁意识，也会因为信息不通畅导致工作效率和有效性的下降。在权限和信任方面，相当一部分公司都偏向于使用不信任的管理方法。这种方法容易导致公司和员工互不信任。在这种情况下，难以期望员工能积极地为公司创造价值。

事实上，国内的开发人员和硅谷的开发人员一样，都有很强的创造性，能力也没什么大的差别；只要能给他们创造好的环境，提供信息并给予信任，就可以更好地激发他们的内驱力，从而提高公司和团队的研发效能。

所以这个原则对国内的公司有较大的参考价值。下面我们具体了解 Facebook 的实践。

35.1 让员工拥有信息

作为知识工作者，拥有信息是我们能够做出正确判断的一个必要条件。但信息的开放又具有两面性。如果暴露过多的敏感信息，势必会对公司带来负面影响。

面对这样一把双刃剑，Facebook 的态度是权衡公开信息的利弊，在确保安全的前提下尽量实现信息透明化。下面来看三个具体实践。

实践一：代码共享

在 Facebook，几乎所有的代码都是全员共享，开发人员可以非常方便地查看这些代码。

这一点跟国内很多公司的情况差别非常大。我在和很多国内公司的管理层谈到 Phabricator 时，对方的第一个问题通常就是如何管控代码仓的权限。比如，如何让前端开发人员看不到后端的代码，如何让后端开发人员看不到算法的代码，等等。

但事实上，**代码的共享可以在开发、调测时节省很多沟通成本，大幅提高效率**。比如，某个前端开发人员发现后台 API 返回值不符合预期，如果他有代码权限，就可以自己去查看对应的代码，寻找问题。即使没能自己找到问题，也可以在之后和后端开发人员沟通时提供更有价值的信息。

但如果他看不到后端代码，就只能直接求助于后端开发人员。一方面会浪费后端开发人员的时间（有可能这个问题前端人员自己就可以解决），另一方面双方的沟通效率也会因为信息不对称而大打折扣。

国内公司大多对代码权限控制得非常严格，甚至对所有代码进行严格控制的情况。这跟国内的 IP 保护不力有直接关系。不过即使在考虑了这个客观因素之后，国内的代码管理还是偏于严格。这不但会降低开发人员的工作效率，还会降低团队之间的信任。所以我们**应该对风险和收益综合考虑，在可能的范围内尽量放宽对代码的管控。**

实践二：看板

在 Facebook，很多信息都会展示在公司园区的大屏上，包括很多业务的实时监控数据。同时，很多团队也会自己制作看板（Dashboard），显示自己团队关注的信息。这些信息可以极大地方便开发人员的日常工作，从而更好地为用户提供价值。比如，看板上的某一条信息可能不经意间就会在研发人员做某个决策时起到关键作用。虽然有些数据泄露会给公司造成一些负面影响，但权衡利弊，还是应该开放这些信息。

关于信息开放，一个技巧是寻找公布出来风险小但收益大的消息进行展示，举例如下。

- 线上服务使用情况。它可以拉近员工与用户的距离，让员工更直观地感受到业务的价值，从而提高工作积极性。
- 当前的部署发布进展。可以让开发人员清晰掌控当前进展，对交付更有紧迫感。

在落地看板展示时，还需要注意两个问题：

1）不要做给外人看，而是应该用来激励内部员工；

2）不要展示个人负面排名，比如 Bug 数、造成故障数等。这种公开的负向激励方式，容易降低团队成员的积极性。

实践三：使用 Wiki 来记录信息

Facebook 在公司内部大量使用 Wiki 来记录信息。很多对格式要求不严格的信息都用 Wiki 来记录，包括部分设计文档、团队成员列表、新员工入职手册、个人笔记等，甚至有些团队的 OKR 也用 Wiki 来记录。

这样一来，我们在日常工作中遇到问题时，第一步就是到内部 Wiki 上查找，而且通常都能找到有用的信息。这也使得绝大部分员工都愿意在 Wiki 上添加信息，包括笔记、心得等。于是形成了一个良性循环，Wiki 系统的内容越来越丰富，对开发人员的帮助越来越大。

对比而言，国内很多公司的大量信息都是口口相传，或者是放到某些有严格权限控制的文档里。即使使用 Wiki，也需要申请权限才能查看，这就导致大家在查找信息时花费大量的时间。

所以，建议在公司内部使用对全员公开的 Wiki，并采取措施鼓励大家在 Wiki 上做共享。这种方式风险较小，又比较容易落地。另外，在建设这样的 Wiki 时一定把文档的默认权限设置为公开，有内容需要控制权限时再特殊处理收紧权限。这会大大降低团队成员分享信息的门槛。跟默认保密，有需要再放开权限的操作相比，看似差别不大，实则效果天差地别。

35.2　让员工拥有权限

让研发人员拥有信息和权限原则的第二部分，是让员工拥有权限去做事。这里，我们再一起看三个具体实践。

实践一：对于商业软件，先购买再获取授权

Facebook 对商业软件的态度是，相信每个开发人员会从公司利益出发，权衡一个软件是否需要购买，如果需要可以先斩后奏。具体可以回顾前文第 2 章的相关内容。

事实上，国内有些公司也已经在采用类似方式。员工可以在一定金额之内自行决定是否购买。我在跟这些公司的员工聊到这个政策时，能够明显感觉到他们的开心和对公司的认同。一般情况下，员工不会擅自做离谱的决定去购买某一款软件，所以这个操作是很安全的，推荐尝试。

实践二：鼓励互相贡献代码

在 Facebook，除了代码全员公开外，公司还鼓励开发人员互相修改和提高对方的代码。比如，前端开发人员发现后端 API 返回结果不符合预期时，可以直接修改后端代码，提交一个 PR。后端开发人员接受之后即可入库。又比如，开发人员发现其他团队实现的功能有 Bug 时，也可以直接修改。

这种情况在内部工具方面尤其明显。因为内部工具代码上线的风险比较小，所以很多人在看到工具的问题时，就会主动上手进行优化，甚至自己开发一些新工具。这也是 Facebook 内部工具超级强大的一个重要原因。举一个具体的例子，Phabricator 在开源之前，很多功能和改进都是非内部工具团队的开发人员贡献的。

落地这个实践，有两个建议：

- ❑ 先从风险小的项目试点，鼓励互相贡献代码；
- ❑ 这种代码贡献虽然并非本职工作，但也要根据它对公司的贡献大小，在绩效考评中加分。

实践三：提供宽松的容错环境

Facebook 对待事故的态度是，关注吸取经验教训和预防，不关注追责。前面章节提到过，只要不是故意犯错或者重复犯相同的错，一般不会被追责。Facebook 鼓励大家快速行动，破除陈规，就是对这种态度的一个有力证明。这样的容错环境，能够让开发人员放开手脚，最大限度地释放自己的创造力和潜能，保证公司持续快速发展。

我刚进入 Facebook 时，曾见过一次事故：有一个开发人员由于操作错误，破坏了公司最大的 SVN 代码仓。公司找来两个 SVN 专家，花了一天半的时间才把它完全恢复。这次事故给公司造成了巨大损失，但这个开发人员并没有因此被裁掉或者考评大受影响。还有人因为误操作造成线上事故，影响了 Facebook 网站的功能，但因为不是故意犯错，也不是重复犯错，所以也没有被追责。

关于在自己团队落地宽松的容错环境这一实践，推荐尝试 16.2 节中提到的“线上事故回溯讨论会”方法。以我个人的经验看，效果很不错。

35.3 Facebook 之外的落地经验

在本章的最后部分，我再分享两个我在其他公司的落地实践，帮助读者理解“让员工拥有信息和权限”这一原则。

实践一：使用 Q&A 会议促进信息上下流通

Facebook 在每周五都会举办一个内部的 Q&A 会议，员工可以通过现场或者线上提问的方式，向扎克伯格以及高管们提问。提问内容非常自由，扎克伯格和高管们也都非常直接，尽量把可以公开的信息都坦诚相告。这对公司信息的上下流通有很大帮助。

离开 Facebook 之后，我在国内某公司就采用了类似的方法。使用尽量坦诚开放的问答形式，不说套话，回答成员问题。一开始氛围有些沉闷。不过在坚持做了两三次之后，气氛有所好转，大家开始敢问一些敏感的问题了，对信息上下流通起到很大的促进作用。事实证明，开发人员都很喜欢通过这种直接的方式快速获取公司信息。它加强了员工对公司、对团队的主人翁意识，进一步提高了团队的研发效能。

落实 Q&A 还有一个小技巧，可以采用匿名写纸条的方式去提问。这个方法在国内尤其有效。很多人更愿意用这种方式去问一些敏感的问题。

实践二：使用 Wiki 推动信息共享

上面提到，公司内部公开的 Wiki 是推动信息共享的一个有效手段。我在某创业公司就采用了这个办法。具体方法如下：

- ❑ 使用 Confluence 工具；
- ❑ 把 Confluence 中所有 Wiki 项目的权限都设置为默认公开，只有特殊情况才做更严格的权限控制；

- 要求团队在 Wiki 中写设计文档、流程说明、Oncall 指南等；
- 鼓励团队成员在 Wiki 中建立个人页面，分享笔记、技巧。

这个实践的成功落地是一个比较长期的过程，需要让团队成员逐步习惯做分享。**我在推行 Wiki 时，坚持以身作则**。在推广的第一个月，90% 的新内容都是我写的。后来，大家逐渐看到了这种信息共享的好处，也看到了我的坚持，就开始主动向 Wiki 中增加内容。半年后，我的贡献降到了 10%。

35.4　小结

Facebook 工程师文化落地实践的第二大原则是让员工拥有信息和权限。

因为软件开发是知识性工作，所以拥有信息是高效开发的前提。Facebook 在这方面的实践，主要包括代码共享、看板和公司范围内公开的 Wiki 等。

让员工拥有权限和信任，可以让员工以主人翁的态度去施展拳脚，最大限度地激发其内驱力。Facebook 在这方面的实践，主要包括信任员工自行进行一定额度下的软件采购、鼓励互相贡献代码，以及建设宽松的容错环境等。

以我个人在国内推行文化的实践经验来看，让员工拥有更多的信息和权限，是适合国内大多数软件公司的。而且我也看到，国内越来越多的公司意识到了这一点，也在逐渐放开信息和权限。相信我们会逐步找到更合适国内环境的平衡点，籍此提高员工的内驱力，打造团队的高效能！

Chapter 36 第 36 章

Facebook 工程师文化实践三大原则之三：绩效调节

在管理和文化模块的最后一章，我们来讨论 Facebook 工程师文化落地实践的第三大原则：绩效调节。

在前面两章中，我们详细介绍了 Facebook 如何让员工做感兴趣的事，以及如何让员工拥有信息和权限。这些都可以有效地激发员工的内驱力。但是归根结底，工程师文化是为公司的业务发展而服务的。当员工的工作积极性被充分调动起来之后，还需要让员工努力的方向与公司的发展方向对齐。实现这个目标的主要工具，就是绩效管理。

Facebook 帮助员工调节方向的方法主要有以下两个。

1）持续反馈。主管要随时给员工反馈，帮助其调节工作的方向和方式。

2）360 度绩效考评系统。每年进行两次总结性绩效考评。

关于持续反馈，通常是在一对一沟通中给反馈。一对一沟通是硅谷软件公司常用的一种管理沟通方法。一般每周一次，每次半小时，时间固定，由主管和下级，或者和下级的下级做一对一沟通。

这种沟通的主要作用是实现从下往上的信息收集，以及从上往下的信息传递，也是管理者与员工沟通工作近况的一个有效渠道。比如前文提到过，我刚加入 Facebook 时，在代码审查方面做得不太好，主管就及时在一对一沟通中指了出来，让我能够迅速调整方向。如果需要详细了解一对一沟通，可以参考《浅析一对一沟通》这篇文章。

第二种管理方法，**360 度绩效考评系统，则对帮助员工对齐方向起到了关键作用**。本章将详细讨论第二种管理方法。

36.1　360 度绩效考评系统

Facebook 的 360 度绩效考评系统的核心，是通过收集同事之间的反馈来评价员工对公司的贡献。整个过程尽量关注公司的整体利益而不是小团队的局部利益，尽量收集客观的具体实例来评估贡献而不是简单依赖于客观数字。整体来讲，这个方法可以比较客观、公正地评价员工对公司的全局贡献。

国内的绩效管理政策，真正使用同事间反馈的很少，更多依赖于主管的评价。这种方式的好处是容易产生强执行力，但缺点是容易出现维上、内斗等情况，从而引发较多内耗。所以，我希望通过介绍 Facebook 这一套不太一样的绩效管理系统，能给读者提供一个新的视角，从一些新的角度考虑如何更好地使用绩效考评这个工具，从而提高团队的研发效能。

首先我们从四个关键问题入手，简单介绍这套系统的具体实施办法。

由谁给你写评价

这套考评系统之所以被称作“360 度”，是因为其反馈来源覆盖面广，包括众多能从不同角度提供有效反馈的同事。具体来说，评价来自以下几个方面：

- 被考评对象自选 1～2 个同事写评价；
- 主管指派 1～2 个同事写评价；
- 被考评人员自评；
- 主管的评价；
- 如果被考评者是管理者，他的所有直接下级都要给他写评价。

评价内容是什么

所有种类的评价，包括对其他同事的评价和自我评价，核心问题都是以下两个：

1）这个同事在上一个绩效考评周期中，对公司最大的 1～2 个贡献是什么？请用事例说明。

2）这个同事在上一个绩效考评周期中，在什么方面采取不同的做事方式，可以对公司有更大的贡献？请用事例说明。

此外，对管理人员的评价会有一些管理相关的问题，个人自评可能会有申请晋升的内容，对下级的评价会有是否满足级别要求的额外内容。

如何定结果

评定结果的方式，是汇总对被评估对象的所有评价，并以此为依据，由他的主管和同级的其他主管一起讨论决定。讨论的基本依据是员工对公司的整体贡献。

如何应用结果

绩效考评结果应用包括是否涨级、工资底薪是否要调节，以及年终奖金额。这并没有什么特别之处。不过，值得一提的是，奖金数会综合公司年度表现、团队年度表现以及个人年度表现，使用公式计算得出，而且员工可以看到自己的奖金计算公式。这使得奖金数额的决定更加透明。

如果需要更深入了解 Facebook 的 360 度绩效考评系统，可自行上网搜索相关内容。

36.2 360 度绩效考评系统的两个原则

上一节回答了 360 度绩效考评的四个关键问题。下面我们来看这个考评系统的两个重要原则。

原则一：绩效考评中重点关注贡献度

360 度绩效考评系统要考察的两个核心问题，实际上就是表现中的“好”和“坏”两部分。这是收集反馈的最常见内容，没有什么特别。不过 Facebook 的考察特别强调以下两点。

1）问题描述强调以**贡献度为根本衡量标准**。注意这里并没有提到这个人的技术水平怎样、开发效率怎样。因为技术和效率都是为贡献度服务的，一个员工即使技术再厉害，但如果对公司的贡献不够的话，绩效也不会好。

2）**衡量贡献的维度，是对公司的贡献，而不是对团队的贡献**。因为，对团队的贡献最终也要以对公司的贡献来衡量。这种衡量方式让员工更关注公司的整体利益，从而避免出现团队的局部利益和公司的整体利益不一致的现象。

以上两点，可以有效地让反馈的收集专注于员工对公司的贡献，让每个员工的努力方向都尽量和公司的方向对齐。

原则二：提高绩效考评的客观性和公正性

绩效考评的一个重点是客观性和公正性。客观公正的评价可以让员工继续努力，起到激励效果，反之则会伤害士气，导致员工工作效率下降，甚至离职。

很多公司尝试使用数字化的方式来提高绩效考评的客观性。很多管理者也希望用数字化来衡量员工的开发效率。但由于软件开发行业的灵活性，用指标来衡量生产效率的效果并不太好。详情可以回顾第 3 章关于效能度量的相关内容。

所以，Facebook 采用了这种通过收集主观反馈的方式来进行绩效考评。这一点看似和数字化管理背道而驰，但这是由软件开发行业的特性决定的。从实际结果来看，这种方式的效果反而很好。

为了提高绩效考评的客观性和公平性，Facebook 主要做到了以下四点。

- 每一条评价都一定要有事例支持，有数字的话更好。
- 员工给其他同事做评价的质量，也是他自己绩效考评的重要组成部分。这样可以保证每个人都会尽量做客观的评价。以我为例，在第一次给同事写评价时，写得比较简短、空洞，结果被主管两次打回重写。后来，我每次写绩效考评时都特别认真。
- 意见的收集，覆盖的人群要全面，包括同事、自评、上下级。在给自己选择评价人时，要选择对自己的工作比较了解，可以做出客观评价的同事。不能随便选择和自己关系好的同事。

- ❑ 最终决定绩效结果的讨论中，虽然主管的评价比重较大，但其他同事提供的评价占比也很可观。同时，同事的评价是参会者可见的。这样可以尽量避免出现主管一言堂的情况。

以上就是 Facebook 使用 360 度绩效考评系统时遵循的两个重要原则。通过这两个原则，考评系统做到了尽量客观公正的评价，并依此发放年终奖和股票，从而提高了员工的努力方向和公司方向的一致性。当然，这个系统也有一些缺陷。

36.3　360 度绩效考评系统的问题

360 度绩效考评系统依赖于人的主观反馈，所以容易出现评价不客观的情况。虽然 Facebook 采取了相应措施来避免这样的问题，但仍会出现一些难以避免的情况。一个典型例子是人际关系好的人更容易得到好的评价。这是人之常情，关系的好坏会影响我们对他人评价的客观性。针对这个问题，最有效的解决方案是主管有意识地进行控制。如果发现有不客观的评价，就对评价者的绩效减分。

360 度绩效考评系统的另外一个问题，是耗时较长。一个解决方案是使用第三方提供的专业工具，会有一些效果。不过，考虑到客观地评价给公司带来的好处，多花一些时间是值得的。

最后，分享一下我在其他公司落地这套系统的经验。

36.4　绩效考评落地实践

因为亲身经历了 360 度绩效考评系统给公司带来的巨大好处，所以，在离开 Facebook 之后，我在国内的一家公司引入了这套系统。具体的引入步骤如下：

1）制定职级系统，详细描述每一个级别的技术预期和贡献度预期；

2）对公司的现有员工进行级别评定；

3）对整个 360 度考评系统，进行文档化、正式化，并在公司内宣讲；

4）正式使用这个制度，进行绩效考评。

整个流程下来，效果很不错。虽然有少数员工不满意，但相比之前主要由主管直接决定绩效的方式，团队成员普遍认为这一套系统更客观公正。

以我这次引入绩效考评系统的经验来看，有以下三点需要特别注意：

- ❑ 宣讲时，要强调对公司贡献度的客观评价，是采用这种评定方式的根本原因；
- ❑ 执行时，关注上文中提到的为保证客观公正性的四个关键点；
- ❑ 确保反馈的保密性，为保证大家愿意写出一些真实想法，不能让员工知道对方对自己的评价。

值得一提的是，这个系统比较正规，所以有些员工会觉得太严苛。但在我看来，**一套公平的绩效考评系统，能够大大激励员工朝着公司的前进方向而努力，因此花费一些时间绝对是值得的**。除非是只有几个开发人员的小公司，否则我都推荐尝试这种绩效考评方式。

36.5 小结

Facebook 使用 360 度绩效考评系统，来保证开发人员的努力方向和公司的前进方向一致，从而最大化地应用工程师文化释放出来的巨大能量。这种绩效考评方式，通过全面收集同事间的反馈来评定绩效，并通过一系列规则，提高其客观性和公正性。虽然在执行过程中偶尔会出现因为人的主观因素而不能客观反映事实的情况，但以我的经验来看，这套系统总体的执行效果非常不错。它相对客观公正，而且能够驱动员工以公司整体利益为重，实属难能可贵。

Facebook 的工程师文化，强调尽量去激发员工的内驱力。基于这个目标，Facebook 从让员工做感兴趣的事、让员工拥有信息和权限、绩效调节这三个方面，设计了很多对工程师成长有很大好处，又会给企业带来巨大收益的实践。

如果你是一名管理者，可以以此为参考，尝试引入一些轻量级的实践，比如 Hackathon、线上事故回溯讨论会、内部全员公开的 Wiki 系统等。

如果你是个人开发者，也可以从工程师文化中汲取养分，用于自己的工作和学习中。比如，快速行动、破除陈规，专注于影响力，持续进步，代码为王等文化，都对个人开发者非常有帮助。即使你所在公司没有这样的文化，你也可以培养自己按照这样的方式做事。

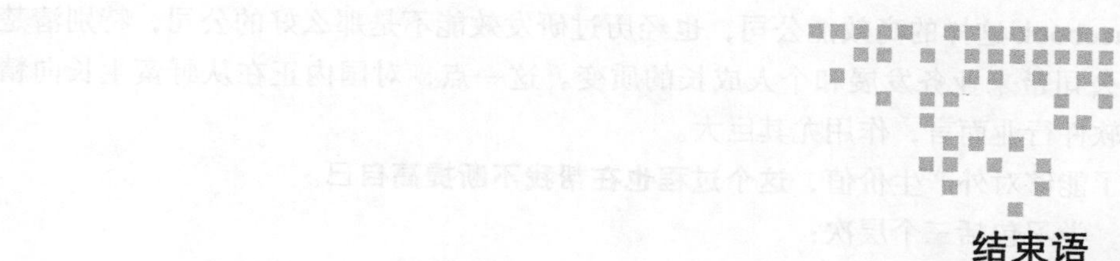

超越昨天的自己，享受成长的快乐

本书的初稿完成于2020年圣诞夜，有些巧合，也让我感触良多。

最近几年，我不止一次听人提到，学习是反人性的。乍一听，似乎有些道理，因为学习过程往往会伴随着汗水。但仔细一琢磨，我发现完全不是那么回事。

学习的确需要克服内在的惰性和环境限制，但这就是世界的客观规律，我们只有努力去克服这些困难，才能通过学习实现成长。而成长带来价值和喜悦，绝非安逸、舒适带来的简单快乐可以比拟。

本书内容基于极客时间专栏"研发效率破局之道"，做了很多的补充。在创作本书的几个月中，我出于家庭原因回到美国，正赶上新冠肺炎疫情严重，家里又正好添了一个小宝宝，压力非常大。**在这样的情况下进行创作非常辛苦，但也因为如此，我更能感受到收获的快乐。**

我写这本书的目的，是总结自己16年软件行业从业经历，系统地分享我对高效研发的理解。我的目标是，根据研发活动的特点，抽象出研发效能的模型，而不是堆砌花里胡哨的各种研发实践。所以，整个写作的思路是系统分析研发效能模型中的各种方法论，并结合Facebook等高效能公司的具体实践，以及我在其他公司落地的经验，让读者能够深入理解这些方法论的目标、原则和具体实践，进而活学活用，真正提高个人和团队的研发效能。

为此，我花了大量的时间去查阅资料、调研、整理和优化文章内容，并针对不同主题进行不同维度的讲解：针对方法论和文化，主要是系统化和实战经验相结合；针对具体工具，则尽量给出具体的示例，帮助读者更直观地理解其应用方法和技巧，因此使用了不少的截图、代码输出，还专门在GitHub上创建了两个项目来帮助讲解。

除了这些挑战和辛苦外，这个过程对我来说价值巨大。

首先，希望这些内容能够帮助国内软件公司提升研发效能，这对我来说意义重大。我亲身经历过 Facebook 这样的高效能公司，也经历过研发效能不是那么好的公司，特别清楚高效能可以给公司带来业务发展和个人成长的质变。这一点，对国内正在从野蛮生长向精耕细作转变的软件行业而言，作用尤其巨大。

其次，除了能够对外产生价值，**这个过程也在帮我不断提高自己。**

在我看来，学习包括三个层次：

- 第一层是被动学习，效果一般；
- 第二层是动手实践，效果较好；
- 第三层是把知识教给别人，效果最好。

在本书的创作中，对上述三个层次我的体会尤其深刻。为了保证逻辑的严谨性，我经常会从读者的角度问自己一些问题，以此来发现盲点，然后做更进一步的调研。在对初稿进行修改的时候，又会发现逻辑中的一些问题，这迫使我进行更深层次的思考。这些都大大加深了我对问题的理解。

所以，我希望读者在学习了这些方法论和实践后，能够学以致用，提高自己和团队的研发效能，然后更进一步地把它们传播到团队中，影响到下级、同事，甚至是老板。这样一来，这些方法论和实践就能产生更大的价值，而你对它们的理解也会更深刻。

"超越昨天的自己，享受成长的快乐"是我的座右铭。每天进步一点点，除了能够产生价值，更可以给我们带来成长的快乐。这也是我一直喜欢研发效能的重要原因。任何一个工作流程、工程方法都有提高的空间，我们需要做的，就是去发现可以改进的地方，然后对值得提高的部分进行优化。

当今的国内软件行业，还有很多值得优化的地方。我一直相信，国内软件研发人员的能力和创造性，绝不亚于硅谷那些高效能公司。只要我们的方向对了，并不断提高，就一定可以大幅提高团队和个人的研发效能，从而把时间花在最值得的地方。加油，我们一定可以！

最后，祝愿你在这个过程中，也能不断超越昨天的自己，享受成长的快乐！

推荐阅读

研发质量保障与工程效率

这是一部从实践角度探讨企业如何保障研发质量和提升工程效率的著作，它将帮助企业打造一个强战斗力、高效率的研发团队。

本书汇聚了阿里巴巴、腾讯、字节跳动、美团、小米、百度、京东、网易、科大讯飞等30余家中国一线互联网企业和领先科技企业在研发质量保障和工程效率方面的典型实践案例和优秀实践经验。从基础设施到技术架构、从开发到测试、从交付到运维、从工具框架到流程优化、从组织能力到文化塑造，几乎涵盖了研发质量和工程效率的方方面面。

本书“轻理论，重实践”，全部以案例形式展开，每个案例都包含案例综述、案例背景、案例实施和案例总结4个模块。读者可以跟着作者的思路，找到各种问题的解决方案。

推荐阅读

高效使用
Greenplum
入门、进阶与数据中台

STRATEGIES
and
METHODS
of
HUAWEI
TEAM MANAGEMENT
华为团队
管理之道
让组织持续保持活力和高绩效的策略与方法

DevSecOps
实战

从0到1
搭建自动化测试框架
原理、实现与工程实践

Dive into Distributed Transaction
深入理解分布式事务
原理与实战

Principle, Architecture and Practice of Distributed Database
分布式数据库
原理、架构与实践

第2版
OpenShift
在企业中的实践
PaaS DevOps 微服务

构建高质量
软件
持续集成与持续交付系统实践
HIGH QUALITY SOFTWARE BUILDING

FENIX
ARCHITECTURE
凤凰
架构
构建可靠的
大型分布式系统